大学计算机基础

主　编　秦海玉
副主编　程学良
参　编　马　俊　赵海燕　赵　荷
　　　　刘杰平　张　跃　杨　佳
　　　　章　仪　任　勉　杨继春

中国林业出版社

内容提要

本书共 10 章,主要介绍计算机基础,Windows 10 操作系统的基本操作和应用,Word 2016、Excel 2016、PowerPoint 2016 等软件的常用功能和应用,多媒体技术及应用以及计算机网络和 Internet 的基本应用等知识。本书既可作为高等本科院校的计算机基础课程教材,也可作为计算机业余爱好者的自学读物。

图书在版编目(CIP)数据

大学计算机基础/秦海玉主编 . —北京 : 中国林业出版社,2019.8
ISBN 978-7-5219-0167-2

Ⅰ. ①大… Ⅱ. ①秦… Ⅲ. ①电子计算机—高等学校—教材
Ⅳ.①TP3

中国版本图书馆 CIP 数据核字(2019)第 146310 号

中国林业出版社

策划编辑:周 喜
责任编辑:吴 卉 韩新严
电 话:(010)83143552

出版发行　中国林业出版社(100009　北京市西城区德内大街刘海胡同 7 号)
　　　　　电话:(010)83143500
　　　　　http://lycb.forestry.gov.cn
经　　销　新华书店
印　　刷　固安县京平诚乾印刷有限公司
版　　次　2019 年 8 月第 1 版
印　　次　2019 年 8 月第 1 次印刷
开　　本　787mm×1092mm　1/16
印　　张　16.5
字　　数　378 千字
定　　价　49.30 元

前　言

随着计算机技术的不断发展,计算机的应用已渗透到人类社会的各个领域。人们生活在以知识经济为主导的信息社会中,学习计算机相关知识,掌握计算机操作技能,进而运用计算机技术解决日常生活中的实际问题,已经成为21世纪人才必须具备的素质之一。因此,提高大学生的计算机操作能力,已经成为高等教育不可缺少的重要任务。

本书是根据教育部高等学校计算机科学与技术教学指导委员会编制的《关于进一步加强高等学校计算机基础教学的意见暨计算机基础课程教学基本要求》,以能力本位为指导思想,注重体现应用型本科教育的新理念和教学特点,在深入分析高等院校学生应有的计算机知识与能力结构的基础上,构建课程体系并设计教材内容的。

本书共10章,主要介绍计算机基础,Windows 10操作系统的基本操作和应用,Word 2016、Excel 2016、PowerPoint 2016等软件的常用功能和应用,多媒体技术及应用,以及计算机网络和Internet的基本应用等知识。本书既可作为高等本科院校的计算机基础课程教材,也可作为计算机业余爱好者的自学读物。

全书由秦海玉、程学良统筹规划,并对全部内容进行了审核。其中,第1章由刘杰平编写,第2章由杨佳编写,第3、9章由章仪编写,第4章由赵海燕编写,第5章由张跃编写,第6章由任勉编写,第7章由杨继春编写,第8章由赵荷编写,第10章由马俊编写。

本书在编写过程中得到了有关领导和部门的大力支持和帮助,在此表示衷心的感谢! 同时,本书在编写过程中还参考了大量文献,在此对这些文献的作者一并致谢。

由于时间仓促且水平有限,书中难免有不足之处,敬请专家、读者批评指正。

编　者
2019年8月

目　　录

计算机基础概述

第 1 章

学 习 导 读

通过本章的学习,应掌握以下内容:

- 电子计算机的诞生及发展历程
- 二进制的含义及二进制的算术运算和位运算
- 常见进制之间的相互转换
- 信息存储及编码的基本原理

计算机是20世纪人类最伟大的科技发明之一,计算机的发明将人类带入了信息化时代,极大地推动了人类社会生产力的发展,同时也在很大程度上重塑了人类社会的生产关系。现如今,计算机已广泛应用于人类生活、学习、工作的各个方面,成为现代信息社会必不可少的工具,因此,我们不仅要掌握计算机的基本操作技能,也要了解计算机的诞生和发展历程以及计算机的基本原理。

1.1 计算机简史

1.1.1 计算及计算工具

尽管现代电子计算机的发明还不到100年,但是人类对于计算的需求却自古有之,在漫长的人类历史中,随着计算需求的不断变化以及人类科技的不断进步,计算工具经历了从简单到复杂、从低级到高级、从手动到自动的发展过程,而且仍在不断地发展进步。回顾计算工具的发展历史,可以发现人类在计算工具领域经历了手工计算工具、机械式计算工具、机电式计算工具和电子计算工具四个漫长的发展阶段,并在各个历史时期发明和创造了各种不同的计算工具。

(1)手工计算工具。在人类文明萌芽之前,并没有数的概念,等到人类渐渐有了数的意识,便使用身体的某个部位进行计数,最常见的就是使用手进行计数,由于人有10根手指,因此便发明了十进制。屈指计数作为一种最古老的计数方式,一直被沿用至今,比如人们在最开始学习数字时,一般会采用屈指计数进行计算,在日常生活中也会采用手势来表示数字,如图1-1所示。

屈指计数虽然可以计数,也可以进行简单的运算,但是不能对数据进行保存。结绳计数是通过在绳索上打结,不但可以计数,也可以对数据进行保存的方法,如图1-2所示。

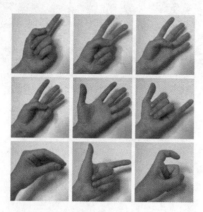

图 1-1　屈指计数

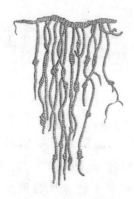

图 1-2　结绳计数

　　在算盘发明之前,算筹堪称世界上最先进的计算工具。算筹最早出现于商周时期,到了春秋战国时期,算筹的使用已经非常普遍了。算筹所使用的计算工具是一根根同样长短和粗细的小棍子。算筹采用十进制记数法,有纵式和横式两种摆法:纵式用竖筹表示1,横筹表示5;横式反之,如图 1-3 所示。

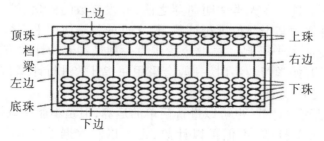

图 1-3　算筹的摆放示意

　　使用算筹进行运算称为筹算,筹算不但能进行基本的加减乘除四则运算,还可以进行乘方、开方运算,甚至能解线性方程、求最大公约数和最小公倍数等,其所用到的负数、小数、分数等抽象的数字概念,比西方早出100年。

　　算盘是由算筹演变而来的一种计算工具,如图 1-4 所示。虽然算盘的具体发明年代不详(大约是唐末宋初),但是直到现在,在个别地区,一些人依然使用算盘进行运算。20 世纪五六十年代,由于我国科研条件有限,计算器不够用,那一代科学家就用算盘打出了原子弹爆炸时中心压力的正确数据,因此,算盘在我国两弹一星的发明中也发挥了不可忽视的作用。

　　　　　　　　　　上边

顶珠　　　　　　　　　　　　　　　上珠

档
梁　　　　　　　　　　　　　　　右边

左边

底珠　　　　　　　　　　　　　　　下珠

　　　　　　　　　下边

图 1-4　算盘

2013年12月4日,联合国教科文组织保护非物质文化遗产政府间委员会第八次会议决议,将我国珠算正式列入"人类非物质文化遗产名录",并称其为世界上"最古老的计算机",珠算也被称为"中国第五大发明"。

算盘的结构虽然简单,但是使用比较复杂,需要背诵很多运算口诀,人们常说的"三下五除二"就是一句算盘运算口诀,其本质是将加3转换成加5再减2,这也是现代计算机中补码概念的雏形。

(2)机械式计算工具。

①帕斯卡加法器。法国物理学家、数学家、哲学家帕斯卡(Pascal)认为人的某些思维过程与机械运动过程没有差别,可以用机械模拟人的思维过程。因此,1642年,19岁的帕斯卡发明了机械式加法器——帕斯卡加法器,如图1-5所示。帕斯卡加法器是人类历史上第一台机械式计算工具,其工作原理对后来的计算工具产生了持久的影响。

图1-5 帕斯卡加法器

如图1-6所示,帕斯卡加法器通过"齿轮"来实现数字的录入和加减法运算,通过一个"连杆装置"来实现进位。不过,在实践中,帕斯卡发现普通的连杆装置在进行大位数的加减法运算时比较费力,因此对普通连杆装置进行改进,发明了被称为"Sautoir"的装置,如图1-7所示。该装置利用重力传导来实现进位,可以轻松实现大位数的录入和进位运算,但是该装置的缺点是只能正向旋转,无法反向旋转,即只能进行加法运算,无法进行减法运算。于是帕斯卡又创造性地提出了"补码"的概念,使得减法运算可以转换为加法运算。现代计算机中一直沿用了补码的原理,将减法运算转换为加法运算,因此有"计算机只会做加法,不会做减法"的说法。

图1-6 帕斯卡加法器的内部结构

图1-7 Sautoir

②莱布尼兹乘法器。帕斯卡加法器的不足之处在于无法快速实现大位数乘法运算。1673年,德国数学家、哲学家莱布尼兹(Leibniz)在对帕斯卡加法器的工作原理进行改进的基础上发明了莱布尼兹乘法器,也称为莱布尼兹四则运算器。该乘法器增加了"梯形轮"和可移动的进位手柄(图1-8),可快速实现连续加法和大位数乘法运算中的进位。

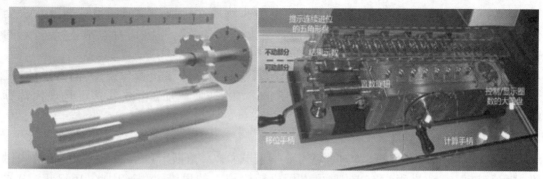

图1-8　梯形轮和可移动的进位手柄

此外，1679年，莱布尼兹还提出了二进制的概念，为现代计算机底层原理的实现奠定了基础。

③巴贝奇差分机。差分是指将函数表的复杂算式转换为差分运算，用简单的加法运算来代替平方运算。

18世纪末，法国组织了大批人力编制用于航海和天文方面的《数学用表》，但是英国数学家巴贝奇（Babbage）发现，编制好的《数学用表》存在很多计算错误。1812年，20岁的巴贝奇从法国人杰卡德发明的提花机上获得灵感，认为可以使用机械装置自动计算《数学用表》，因此提出了分析机的概念。经过10年的研制，1822年，巴贝奇成功研制出差分机一号，如图1-9所示。差分机一号有3个寄存器，每个寄存器有6个部分，每个部分有一个字轮，可以编制平方表和一些其他的表格，还能实现多项式的加法运算，运算精度达6位小数。巴贝奇差分级是最早采用寄存器来存储数据的计算工具，体现了早期程序设计思想的萌芽，使计算工具从手动机械跃入自动机械的新时代。

图1-9　巴贝奇差分机

1934年，巴贝奇提出一个新的、更大胆的设计——分析机。分析机不仅能进行数学用表的编制，还能完成所有的数学运算，是一种通用数学计算机器。但是由于分析机的设想超前至少一个世纪，因此，最终以失败告终。

1991年，为纪念巴贝奇200周年诞辰，伦敦科学博物馆按照巴贝奇留下的图纸制作了完整差分机二号。差分机二号长3.35米，高2.13米，有4000多个零件，重2.5吨（1吨=1000千克）。

（3）机电式计算工具。传统的机械式计算工具虽然可以实现数学运算，但其动力来源主要是人力或蒸汽机,效率相对较低。1821年,英国物理学家、电磁学家、化学家法拉第发明了电动机,使人可以从繁重的体力劳动中解放出来。1829年,美国电学家亨利发明了电磁继电器,如图1-10所示。电磁继电器利用电枢在磁场和弹簧作用下的往返运动,驱动特定的纯机械结构以完成计算任务。

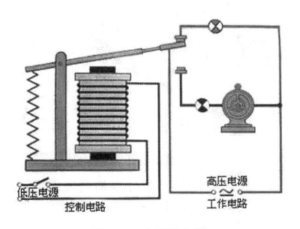

图1-10　电磁继电器

①霍尔瑞斯制表机。1880年,美国进行第10次全国人口普查,共计约5000万人口的信息,美国政府耗时近8年才统计完成,效率非常低下。1889年,美国统计学家霍尔瑞斯(Hollerith)在杰卡德提花机的启发下,发明了霍尔瑞斯制表机。霍尔瑞斯制表机首次将穿孔技术应用到数据存储上,在卡片上以打孔或不打孔来表示并记录一个居民的各项信息,这一点与现代计算机中用0/1二进制表示数据信息一模一样,如图1-11所示。

1	2	3	4	CM	UM	Jp	Ch	Oc	In	20	50	80	Dv	Un	3	4	3	4	A	E	L	a	g
5	6	7	8	CL	UL	O	Mu	Qd	Mo	25	55	85	Wd	CY	1	2	1	2	B	F	M	b	h
1	2	3	4	CS	US	Mb	B	M	0	30	60	0	2	Mr	0	15	0	15	C	G	N	c	i
5	6	7	8	No	Hd	Wf	W	F	0	35	65	1	3	Sg	5	10	5	10	D	H	O	d	k
1	2	3	4	Fh	Ff	Fm	7	1	10	40	70	90	4	0	1	3	0	2	St	I	P	e	l
5	6	7	8	Hh	Hf	Hm	8	2	15	45	75	95	100	Un	2	4	1	3	4	K	Un	f	m
1	2	3	4	X	Un	Ft	9	3	i	c	X	R	L	E	A	6	0	US	Ir	Sc	US	Ir	Sc
5	6	7	8	Ot	En	Mt	10	4	k	d	Y	S	M	F	B	10	1	Gr	En	Wa	Gr	En	Wa
1	2	3	4	W	R	OK	11	5	l	e	Z	T	N	G	C	15	2	Sw	FC	EC	Sw	FC	EC
5	6	7	8	7	4	1	12	6	m	f	NG	U	O	H	D	Un	3	Nw	Bo	Hu	Nw	Bo	Hu
1	2	3	4	8	5	2	Oc	0	n	g	a	V	P	I	Al	Na	4	Dk	Fr	It	Dk	Fr	It
5	6	7	8	9	6	3	0	p	h	b	W	Q	K	Un	Pa	5	Ru	Ot	Un	Ru	Ot	Un

图1-11　霍尔瑞斯打孔卡片

信息记录在打孔卡片上之后,再通过继电器控制电动机工作,将卡片上记录的信息读取出来并实现自动统计,如图1-12所示。

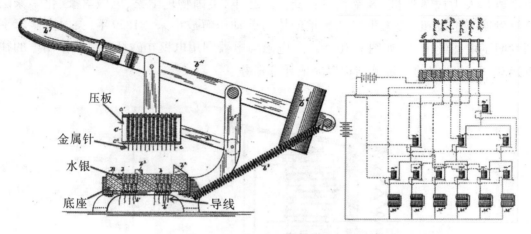

图1-12　霍尔瑞斯制表机原理

　　在1890年美国的新一轮人口普查中,霍尔瑞斯制表机得到广泛应用,平均每台机器可代替500人工作,全国人口信息仅用了1年多时间就统计完成了。

　　②Z系列计算机。1938年,德国工程师祖思(K.Zuse)研制出Z-1计算机,这是第一台采用二进制的计算机。在接下来的四年中,祖思先后研制出采用继电器的计算机Z-2、Z-3和Z-4。Z-3是世界上第一台真正的通用程序控制计算机,不仅全部采用继电器,同时采用了浮点记数法、二进制运算、带存储地址的指令形式等。这些设计思想虽然在祖思之前已经有人提出过,但祖思第一次将这些设计思想进行了具体实现。然而,在一次空袭中,祖思的住宅和包括Z-3在内的计算机统统被炸毁,德国战败后,祖思流亡到瑞士一个偏僻的乡村,转向计算机软件理论研究。

　　③Mark系列计算机。1936年,美国哈佛大学应用数学教授霍华德·艾肯(Howard Aiken)在读过巴贝奇和爱达的笔记后,发现了巴贝奇的设计,并被巴贝奇的远见卓识所震惊,因此,艾肯提出用机电的方法,而不是纯机械的方法来实现巴贝奇的分析机。在IBM公司的资助下,1944年艾肯成功研制出了机电式计算机Mark-I。Mark-I长15.5米,高2.4米,由75万个零部件组成,使用了大量的继电器作为开关元件,存储容量为72个23位十进制数,采用了穿孔纸带进行程序控制。但是Mark-I的计算速度很慢,执行一次加法操作需要0.3秒,并且噪声很大。此外,Mark-I只是部分使用了继电器,1947年研制成功的计算机Mark-Ⅱ全部使用继电器。

　　1947年,美国海军电脑专家赫柏对Mark Ⅱ设置好17000个继电器进行编程后,技术人员正在进行整机运行时,Mark Ⅱ突然停止了工作,于是他们爬上去找原因,发现这台巨大的计算机内部一组继电器的触点之间有一只飞蛾,飞蛾受光和热的吸引,飞到了触点上,然后被高电压击死,导致Mark Ⅱ停止了工作。后来在报告中,赫柏用胶条贴上飞蛾,并用"bug"来表示"一个在电脑程序里的错误",该说法一直沿用到今天。

　　(4)电子计算工具。机电式计算机的典型部件是普通的电磁继电器,电磁继电器的开关速度是1/100秒,使得机电式计算机的运算速度受到限制;此外,电磁继电器高速、频繁地开、关也严重缩短了其使用寿命。1904年,英国物理学家弗莱明发明了电子管,标志着人类从此进入了电子时代。

1.1.2　电子计算机基础

（1）电子计算机的诞生。

①乔治·布尔。人的思维能不能用数学表达？

早在公元前300多年的古希腊时期，著名的哲学家亚里士多德便提出用计算的形式对人类的思维进行描述和演示。到17世纪，莱布尼兹也曾努力发明一种通用的科学语言，可以像数学公式一样对所有思维的推理过程进行计算。

19世纪早期，英国数学家乔治·布尔（George Boole）认为人的思维基础就是一个个集合，每一个命题都是集合之间的运算。例如：

一名顾客走进宠物店，对店员说："我想要一只公猫，白色或黄色均可；或者一只母猫，除了白色，其他颜色均可；或者只要是黑猫，我也要。"如果店员拿出一只灰色的公猫，那么能否满足顾客的要求呢？

如果用x表示交集，用+表示并集，则顾客需求的集合就可以表示为：

公猫 x（白色 + 黄色）+ 母猫 x非白色 + 黑猫

布尔代数规定，个体属于某个集合用1表示，不属于就用0表示，则上述表达式可变为：

1 x（0 + 0）+ 0 x 1 + 0

计算结果为0，因此"灰色的公猫"不能满足顾客的需求。

1847年，布尔出版了《逻辑的数学分析》一书，书中第一次用通常的代数符号并以等式来表示逻辑关系，即后来的逻辑代数。1854年，他又出版了《思维规律的研究》一书，该书奠定了数理逻辑的基础。

逻辑代数，也称为布尔代数，是一种用于集合运算或逻辑运算的公式。布尔代数只有两个基本元素"0"和"1"，分别代表两种相反的逻辑状态"真"和"假"；布尔代数包括三种基本运算"与""或""非"。

布尔代数将人的思维过程转换成数学表达式进行运算，即数理逻辑，数理逻辑是现代计算机的理论基础，因此，可以说没有布尔代数就没有现代计算机。

②香农。布尔代数虽然将人的思维过程转换成数学表达式进行运算，但仍是一种抽象的、无形的理论方法，那么如何将其与硬件结合，变成实实在在的计算工具呢？

1938年，美国数学家、信息论之父香农（Shannon）发表了他的硕士论文《继电器与开关电路的符号分析》，文中指出：把布尔代数的"真"与"假"和物理电路的"开"与"关"对应起来，并用1和0表示。此外，他进一步用布尔代数分析并优化开关电路，奠定了数字电路的理论基础，数字电路是现代计算机的硬件基础。

逻辑简明的布尔代数与只有两种状态的物理电路的开和关不谋而合，再把数据转换成只有0和1两种状态的二进制数，便可以把算术运算转换成布尔运算，把大量数字电路组合起来进行无数的布尔运算就是现代计算机的基本运算原理。

③阿兰·图灵。英国数学家、逻辑学家阿兰·图灵（Alan Turing，1912—1954），是现代计算机思想的创始人，被誉为"计算机科学之父"和"人工智能之父"。

1936年,图灵在其论文《论可计算数及在密码上的应用》中,严格地描述了计算机的逻辑结构,并首次提出了一种理想的计算机通用模型,被后人称为图灵机,图灵机从理论上证明了计算机通用模型的可能性。

图灵机的基本思想是用机器来模拟人用纸、笔进行数学运算的过程,图灵把这种过程看作两种简单的动作:在纸上写上或擦除某个符号;把注意力从纸的一个位置移动到另一个位置。为了模拟这种运算过程,图灵构造出一台假想的机器,如图1-13所示。该机器由一条无限长的纸带(TAPE)、一个读写头(HEAD)、一套控制规则(TABLE)和一个状态寄存器等组成。

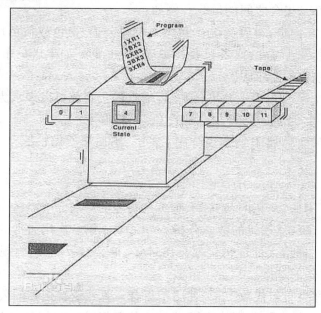

图1-13 图灵机简单模型

1950年10月,图灵在另一篇著名的论文《机器能思考吗?》中提出了图灵测试(图1-14),即如果一台机器能够与人类展开对话而不能被辨别出其机器身份,那么称这台机器具有智能。图灵测试奠定了人工智能的理论基础。

图1-14 图灵测试

为了纪念这位伟大的科学家,美国计算机协会(ACM)于1966年设立了图灵奖,该奖项被认为是计算机科学领域最负盛名、最崇高的奖项,有"计算机界的诺贝尔奖"之称。

④冯·诺依曼。美籍匈牙利数学家冯·诺依曼(John von Neumann,1903—1957),也被认为是现代计算机、博弈论、核武器和生化武器等领域的科学全才,被誉为"现代计算机之父"和"博弈论之父"。

1945年,冯·诺依曼在其撰写和发表的长达101页的《EDVAC报告书的第一份草案》中具体地介绍了制造电子计算机和程序设计的新思想,即著名的"冯·诺依曼体系结构",如图1-15所示。冯·诺依曼体系结构奠定了现代计算机体系结构的基础,因此EDVAC也被认为是真正意义上的第一台现代电子计算机。

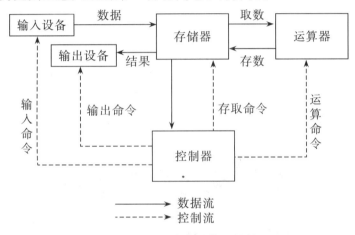

图1-15　冯·诺依曼体系结构

冯·诺依曼体系结构主要包括三种基本思想:

- 从硬件角度,计算机分五大部分:运算器、控制器、存储器、输入装置和输出装置。
- 根据电子元件双稳工作的特点,提出程序和数据在计算机中用二进制数表示,并存放在存储器中。
- 存储程序和程序控制。将根据特定问题编写的程序及相关数据存放在存储器中(存储程序),控制器按照地址顺序取出指令并分析指令,运算器执行指令,如此自动循环,直到程序结束(程序控制)。

(2)电子计算机的发展。从第一台电子计算机问世至今,计算机技术飞速发展,电子元器件的更新换代是电子计算机发展的重要标志之一。电子计算机的基本元器件经历了电子管、晶体管、中小规模集成电路、大规模和超大规模集成电路四个发展阶段。

①电子管计算机(1946—1958)。电子管计算机采用的主要电子元器件为电子管(图1-16),运算速度可达5000~40000次/秒。这一时期的计算机运算速度慢、体积大、耗电多、可靠性差、价格昂贵,软件方面主要采用机器语言编写程序,应用也仅限于科学计算和军事目的。

图1-16 电子管

ENIAC被普遍认为是人类历史上第一台电子管计算机,于1946年2月14日在美国宣告诞生,承担开发任务的"莫尔小组"主要由埃克特、莫克利、戈尔斯坦、博克斯等科学家组成。如图1-17所示,ENIAC共占地150平方米,重达30吨,共使用17468只电子管、7200只电阻、10000只电容、50万条线,耗电功率高达150千瓦。ENIAC的最大特点是采用电子元器件代替机械齿轮或电动机械来执行算术运算、逻辑运算和存储信息,因此,同以往的计算机相比,ENIAC最突出的优点就是高速度。ENIAC每秒能完成5000次加法、300多次乘法运算,比当时最快的计算工具快1000多倍。ENIAC是世界上第一台能真正运转的大型电子计算机,ENIAC的出现标志着电子计算机(简称计算机)时代的到来。

图1-17 ENIAC

需要说明的是,ENIAC虽然被普遍认为是第一台电子计算机,但其并非第一台真正意义上的现代计算机,因为ENIAC采用十进制,而非二进制,此外ENIAC也没有采用存储程序思想,程序是通过接线方式完成的。真正意义上的第一台现代电子计算机一般认为是EDVAC。

事实上,关于第一台电子计算机也是有争议的。如图1-18所示,阿塔纳索夫—贝瑞计算机(Atanasoff-Berry Computer,简称ABC机)是由爱荷华州立大学的阿塔纳索夫和他的研究生贝瑞在1937年设计的,该计算机使用了300多个电子管。1942年,太平洋战争爆发,阿塔纳索夫应征入伍,ABC机的研制及专利申请工作被迫中断。1973年,美国明尼苏达地方法院注销了ENIAC的专利,并得出结论:ENIAC的发明者从阿塔纳索夫那里继承了电子数字计算机的主要构件思想。因此,ABC机被认定为法定意义上的世界上第一台计算机。

图 1–18　ABC 机

②晶体管计算机(1959—1964)。由于电子管具有寿命短、体积大、耗能高、易损坏等特点,因此,1947年,美国贝尔实验室发明了晶体管,晶体管也被认为是20世纪最伟大的发明之一,如图1–19所示。晶体管发明之后,快速取代电子管成为电子计算机的主要电子元器件。

晶体管及晶体管解剖示意图

图 1–19　晶体管

晶体管计算机采用晶体管作为电子元器件,运算速度每秒可达十万到百万次,具有体积小、能耗低、稳定性强等特点;软件方面也有较大进展,用管理程序替代手工操作,出现了FORTRAN、COBOL等高级语言;应用范围从单纯的科学计算和军事目的扩展到事务处理、工程设计、数据处理等方面。

③中小规模集成电路计算机(1965—1970)。1958年,美国德州仪器公司的基尔比在研究微型组件时,提出用同一材料做出晶体管、电阻、电容的设想;同年9月,基尔比发明了世界上第一款集成电路。如图1–20所示,集成电路是指用半导体材料将数亿甚至数十亿的晶体管、电阻、电容和电感等电子元件及布线互联(集成)在一起的物理或逻辑电路。

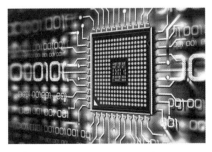

图 1–20　集成电路

集成电路的发明,使得电子计算机集成度更高、体积更小、运算速度更快、能耗更低、可靠性更高,其运算速度每秒可达数百万到千万次;此外,这一时期的计算机软件技术进一步成熟,出现了操作系统、编译系统等系统软件,并出现了 BASIC 等高级语言程序。

④大规模和超大规模集成电路计算机(1971 年至今)。这一阶段计算机集成程度更高,单位面积上集成的晶体管数量也按照摩尔定律的规律快速增加,计算速度达数十亿次/秒;软件系统不断完善,图形化操作系统出现,应用软件更为普及;应用范围也普及到科学计算、数据处理、过程控制、网络、人工智能等各个方面,成为人们生活、学习、工作必不可少的工具。

戈登·摩尔(Gordon Moore)是美国 Intel 公司创始人,1965 年提出摩尔定律,即单位面积集成电路上可容纳的元器件的数目,每隔 18～24 个月便会增加一倍,性能也将提升一倍。换言之,每一美元所能买到的电脑性能,将每隔 18～24 个月翻一倍以上,这一定律揭示了信息技术进步的速度。

如图 1-21 所示,根据摩尔定律,芯片制程以每两年约 7/10 的速率递减,从 2003 年的 90 纳米,经过 65 纳米、45 纳米、32 纳米、22 纳米,到目前主流的 14 纳米和 10 纳米,这意味着在指甲盖大小的芯片上可集成的晶体管数量已达数十亿个。

1971 年,Intel 第一款芯片 Intel 4004,采用 10 微米制程工艺,集成的晶体管数量为2550 个;2017 年,Intel i7-8700K 采用 14 纳米制程工艺,集成的晶体管数量约为 56 亿个(3750 万晶体管/平方毫米);AMD Ryzen 7 1700 采用 14 纳米制程工艺,集成的晶体管数量约为 48 亿个(3050 万晶体管/平方毫米);华为麒麟 970 采用 10 纳米制程工艺,集成的晶体管数量约为 55 亿个(5686 万晶体管/平方毫米)。

架构/代号	世代	年代	制造工艺	架构/代号	类别	年代	制造工艺
Coffee Lake	第八代酷睿	2017—2018年	14nm	Zen+	第二代锐龙	2018年	12nm
Kaby Lake	第七代酷睿	2016年	14nm	Zen	第一代锐龙	2017年	14nm
Skylake	第六代酷睿	2015年	14nm	Piledrever	第二代FX	2012—2013年	32nm
Broadwell	第五代酷睿	2014—2015年	14nm	Bulldozer	第一代FX	2011年	32nm
Haswell	第四代酷睿	2013年	22nm	Godavari	第七代APU	2015年	28nm
Ivy Bridge	第三代酷睿	2012年	22nm	Carrizo	第五代APU	2014年	28nm
Sandy Bridge	第二代酷睿	2011年	32nm	Richland	第三代APU	2013年	32nm
Nehalem/Westmere	第一代酷睿	2008—2011年	32nm	Trinity	第二代APU	2012年	32nm
Conroe	酷睿2	2006—2008年	65/45nm	Llano	第一代APU	2011年	32nm
Netburst	奔腾4/D	2000—2008年	65nm	K10	弈龙/速龙	2007—2011年	45nm
Tualatin	奔腾3	1999—2001年	130nm	K8	速龙64	2003—2007年	65nm
				K7	速龙XP	1999—2004年	130nm

图 1-21　CPU 制程工艺世代表

(3)电子计算机的特点。

①运算速度快。运算速度是衡量计算机性能的重要指标,一般采用主频、每秒执行的浮点运算速度或每秒执行的百万条指令(MIPS/ Million Instructions Per Second)等指标来衡量。例如,1946 年诞生的 ENIAC 每秒仅能执行 5000 次加法运算;1971 年 Intel 公司发明的世界上第一块微处理器芯片 4004 每秒能执行 6 万次运算,主频为 108kHz;现

在普通家用电脑每秒能执行数十亿次运算,主频达数吉赫,而超级计算机每秒可执行的运算速度更是可达数十亿亿次。

②计算精度高。在尖端科学研究中,计算精度非常重要,计算机的计算精度与计算机的字长有很大关系。1971年Intel公司发明的世界上第一块微处理器芯片4004的字长为4位,而现在普通家用电脑字长均为64位,计算精度可达小数点后几十位。

③存储容量大。计算机的存储介质主要是内存和硬盘。1956年,IBM发布了世界上第一台硬盘"IBM 305RAMAC"(图1-22),该存储器的体积约为2台冰箱大小,重量超过1吨,然而其存储容量仅为5MB;而现在普通家用计算机的内存一般都是2G,甚至是8G和16G,硬盘也可达1TB,能存放上百万本图书。

图1-22 IBM 305RAMAC

④自动化程度高。数据和程序储存在计算机中,一旦向计算机发出运行指令,计算机就能在程序的控制下,自动按事先规定的步骤执行操作,直到完成指定的任务为止,而不需要人为干预。

⑤复杂的逻辑判断能力。人类的(逻辑)思维本质是一种逻辑判断能力,通过布尔代数、数字电路等,使得计算机也具有逻辑运算能力,尤其是软件科学的快速进步,使得计算机能够处理越来越复杂的问题,甚至具备人工智能。

(4)电子计算机的分类。电子计算机按照不同的分类方式可以分为不同的种类,如按照信息的表示方式可以分为数字电子计算机和模拟电子计算机,按照应用范围可以分为专用电子计算机和通用电子计算机,按照计算机的体系结构可以分为冯·诺依曼结构和哈佛结构。

常见的分类方式是按照性能进行分类,可分为超级计算机、大型机、工作站、服务器、微型计算机、单片机等;这种分类方式在计算机的结构和原理上并无本质差异,主要是计算机的性能、提供的服务和应用的场景不同。

①超级计算机。超级计算机具有很强的计算和处理数据能力,多用于国家高科技和尖端技术研究领域,是一个国家科技发展水平和综合国力的重要标志,对国家安全、经济和社会发展具有举足轻重的作用。

图1-23 神威·太湖之光

我国的超级计算机主要有"银河""天河""神威""曙光"等系列。2016年6月,在德国法兰克福世界超算大会上,我国"神威·太湖之光"超级计算机(图1-23)以峰值性能达125.436PFlops、持续性能达93.015PFlops(1P=10^{15},Flops是指1秒钟进行浮点运算的次数)的优异成绩排名世界第一,其一分钟的计算能力相当于全球72亿人口同时用计算器连续不间断地计算32年,相当于200万台普通家用计算机。

而www.top500.org在2018年10月公布的全球超级

计算机世界500强名单显示,我国超级计算机数量为227台,美国为109台。其中,美国的 Summit 超级计算机排名第一,其峰值性能达 200.795PFlops,持续性能达143.500PFlops。

②服务器。如图1-24所示,服务器是网络中专门提供计算和文件存储服务的设备,其基本结构与普通计算机没有区别,但是由于服务器需要同时向多个用户终端提供高可靠的服务,因此在处理能力、稳定性、可靠性、安全性、可扩展性、可管理性等方面要求较高。另外,服务器使用的操作系统是 Windows Server、Netware、Unix、Linux 等专门的操作系统,而不是普通家用电脑一般使用的 Windows 7、Windows 8、Windows 10 或者MacOS 等操作系统。

图1-24　服务器

③微型计算机。微型计算机俗称"微机"或者"电脑",又可以分为台式机、一体机、笔记本电脑、平板电脑、PDA 等。

(5)电子计算机的发展。

①巨型化。巨型化不是指计算机的体积大,而是指计算机的运算速度更快、存储容量更大、功能更强,主要应用于科学计算、基因测试、互联网智能搜索等领域。巨型化计算机的运算速度通常在每秒数亿亿次以上。

②微型化。微型化是指计算机进一步提高集成度,利用高性能的超大规模集成电路研制质量更加可靠、性能更加优良、价格更加低廉、整机更加小巧的微型计算机。这种集成不仅仅体现在微处理器中集成的晶体管数量上,也体现在计算机的硬件结构上,如之前计算机主板流行的南北桥结构中的北桥早已被集成到CPU内部,而手机芯片集成度更高,基本采用SoC(系统级芯片)技术。

③网络化。计算机网络是计算机技术与通信技术结合的产物,是信息技术应用的核心。网络技术已成为21世纪人们生存与发展所必须具备的基本技能。现在网络技术的发展使得接入网络的终端不仅仅局限于计算机,所有信息化终端均可以接入网络,即物联网(IoT)。

④智能化。人工智能技术的出现,使得现代的计算机能够模拟人类的智力活动,如学习、感知、理解、判断、推理等;具备理解自然语言、声音、文字和图像的能力;具有说话的能力,人机能够用自然语言进行直接对话;甚至可以利用已有的和不断学习到的知识,进行思维、联想、推理。

2016年3月,谷歌公司研制的Alpha Go与围棋世界冠军、职业九段棋手李世石进行围棋人机大战(图1-25),以4∶1的总比分获胜。2017年5月,Alpha Go又与当时排名世界第一的围棋世界冠军柯洁对战,以3∶0的总比分获胜。

图1-25 Alpha Go对战李世石

⑤未来计算机。现代计算机都是基于大规模和超大规模集成电路的电子计算机,但是随着技术的发展,一些新概念计算机正在研究和开发中,如超导计算机、纳米计算机、光计算机、生物计算机和量子计算机等。可预想的是,未来计算机在集成度、运算速度、存储容量、智能化、能耗等方面的性能将远远超过现代计算机。

1.2 计算机信息表示

1.2.1 数制和进制

(1)数制和进制的含义。数制也称计数制,是用一组固定的符号和统一的规则来表示数值的方法。数制包括进位数制和非进位数制两种。

进位数制也称进制。在进位数制中,不同位置数码表示的数值大小(权重)不同,典型的进位数制如十进制,此外二进制、八进制、十六进制等也是计算机科学中常用的进位数制。

在非进位数制中,不同位置数码表示的数值大小(权重)相同,典型的非进位数制如罗马数字。

①数码。数码是指数制中表示基本数值的数字符号。例如,十进制有10个数码:0、1、2、3、4、5、6、7、8、9。

②基数。基数是指数制中数码的个数。例如,十进制有10个数码,所以基数为10。

③位权。在进位数制中,不同位置数码表示的数值大小(权重)不同,不同位置数码表示的数值为"基数的幂(位置−1)"。例如:十进制数222,第一个2的位权为10^2,第二个2的位权为10^1,第三个2的位权为10^0;而在非进位数制中,如罗马数字中,Ⅰ表示数字1,而Ⅲ表示数字3,并非111。

在计算机中,所有信息都是以二进制的形式表示和存储的,不过在书写计算机程序时,常用十进制、八进制和十六进制的形式,如表1-1所示。

表1-1 几种常用数制的对比

进 制		数 码	位 权	基 数	标 志
二进制	Binary	0,1	$2^0,2^1,2^2,2^3,\cdots$	2	B
八进制	Octal	0,1,2,3,4,5,6,7	$8^0,8^1,8^2,8^3,\cdots$	8	O
十进制	Decimal	0,1,2,3,4,5,6,7,8,9	$10^0,10^1,10^2,10^3,\cdots$	10	D
十六进制	Hexadecimal	0,1,2,3,4,5,6,7,8,9,A,B,C,D,E,F	$16^0,16^1,16^2,16^3,\cdots$	16	H

（2）数制的写法。由于不同数制之间可能存在相同的数码,为了区分某一数值的数制,需要规定数制的写法(表1-2),具体包括:

①括号法。用括号将数值括起来,右边用下角码标明基数。

②标志法。在数值后面写上进制的英文简写标志。

表1-2 数制的写法

进 制		括号法	标志法
二进制	Binary	$(1011)_2$	1011B
八进制	Octal	$(7110)_8$	7110O
十进制	Decimal	$(9527)_{10}$	9527D
十六进制	Hexadecimal	$(92AF)_{16}$	92AFH

（3）进制的位权展开式。任何一种进制都可以表示成"按照位权展开的多项式之和"的形式。具体写法是:从小数点位开始,整数部分的位权为"基数$^{位置-1}$",小数部分的位权为"基数$^{-位置}$"。例如:

$432.5D=4*10^2+3*10^1+2*10^0+5*10^{-1}$

$(527.12)_8=5*8^2+2*8^1+7*8^0+1*8^{-1}+2*8^{-2}$

$201ABH =2*16^4+0*16^3+1*16^2+10*16^1+11*16^0$

1.2.2 二进制及其运算

（1）二进制的含义。1679年,莱布尼兹发明了二进制。由于二进制具有适合逻辑运算、易于物理实现、运算规则简单、工作可靠性高等特点,因此被应用于布尔代数及数字电路等理论,并最终在计算机技术中得以广泛应用。借助于二进制等理论,计算机可以进行"算术运算"或"逻辑运算",因此,计算机中所有的信息都是以二进制形式表示和存储的。

在二进制中,只有0和1两个数码,其基数为2,二进制的英文名称为Binary,简写标志为B。

（2）二进制的算术运算。二进制的算术运算,即二进制的加减乘除四则运算。二进制作为一种进位数制,其算术运算遵循进位数制一般的进位及借位规则。

①进位规则:逢基数进1。

②借位规则:借1当作基数。

● 二进制加法。例如:

$0+0=0$ $1+0=1$ $0+1=1$ $1+1=10$

【例1-1】 $1101+1011=11000$。

```
    1101
  +  1011
  ─────────
   11000
```

● 二进制减法。例如:

$0-0=0$ $1-0=1$ $0-1=1$（向前借位） $1-1=0$

【例1-2】 $1110-1001=10$。

```
    1110
  -  1001
  ─────────
     101
```

● 二进制乘法。例如:

$0\times0=0$ $0\times1=0$ $1\times0=0$ $1\times1=1$

【例1-3】 $1001\times11=11011$。

```
     1001
   ×   11
  ─────────
     1001
    1001
  ─────────
    11011
```

● 二进制除法。例如:

$0\div1=0$ $1\div1=1$

【例1-4】 $100100\div110=110$。

```
        110
   110)100100
        110
       ─────
        110
        110
       ─────
          0
```

（3）二进制的位运算。与二进制的算术运算不同,二进制的位运算没有进位或者借位规则,其运算过程是按照二进制数的位数进行逐位比较。

①二进制的加运算。二进制的加运算,运算符号用∨或Or表示,运算规则如下:

$0\vee0=0$ $1\vee1=1$ $1\vee0=1$ $0\vee1=1$

②二进制的与运算。二进制的与运算,运算符号用∧或 And 表示,运算规则如下:

0∧0=0　　　　　1∧1=1　　　　　1∧0=0　　　　　0∧1=0

③二进制的非运算。二进制的非运算,运算符号用¬或 Not 表示,运算规则如下:

¬0=1　　　　　¬1=0

④二进制的异或运算。二进制的异或运算,运算符号用⊕或 Xor 表示,运算规则如下:

0⊕0=0　　　　　1⊕1=0　　　　　1⊕0=1　　　　　0⊕1=1

(4)算术运算与位运算的转换[①]。在计算机中,所有的运算都可以转换为加法运算,而加法运算也最终被转换成二进制的位运算。因此,事实上,计算机只能完成位运算。

下面假设计算机字长为8,并以4+5为例来说明计算机如何通过位运算实现算术加法运算。

第一步:将4和5转换成二进制机器数,结果为:00000100 和 00000101。

第二步:进行异或运算,结果为:00000100⊕00000101=00000001。(说明:在不考虑进位的情况下,异或运算的结果与算术加法运算的结果相同。)

第三步:进行与运算,判断是否有进位,结果为:00000100∧00000101=00000100。由于结果不为00000000,因此说明有进位。(说明:只有当同时存在2个1时才会出现进位,因此判断进位的方法是与运算。)

第四步:对第三步结果进行移位运算,结果为:00001000。

第五步:将第二步的结果与第四步的结果继续进行异或运算,结果为:00000001⊕00001000=00001001。

第六步:进行与运算,继续判断是否有进位,结果为:00000001∧00001000=00000000,即没有进位。

因此,第五步的结果00001001为最终结果,转换为十进制,结果为9。

(5)进制的转换。

①任意进制转换为十进制。任意进制转换为十进制的方法是将该进制数按照位权展开成多项式,然后对多项式进行十进制求和。

例如:二进制转换成十进制。

$$11001.01B=1×2^4+1×2^3+0×2^2+0×2^1+1×2^0+0×2^{-1}+1×2^{-2}$$
$$=16+8+0+0+1+0+0.25$$
$$=25.25D$$

同理:

$$134.2O=1×8^2+3×8^1+4×8^0+2×8^{-1}=92.25D$$

$$20ABH=2×16^3+0×16^2+10×16^1+11×16^0=8363D$$

②十进制转换为任意进制。十进制转换为任意进制时,需将整数部分和小数部分分别转换,其方法是整数部分除以基数倒序取余,小数部分乘以基数顺序取整。

例如:将十进制数105.25D转换为二进制数。

● 整数部分:除以2(二进制基数为2),倒序取余。

---

① 本小节内容属于延伸内容,可以结合本章1.2.3节中原码、反码和补码的相关知识介绍进行理解。这里主要是向读者展示计算机如何通过位运算实现算术加法运算。

$$105÷2=52 \cdots\cdots 1$$
$$52÷2=26 \cdots\cdots 0$$
$$26÷2=13 \cdots\cdots 0$$
$$13÷2=6 \cdots\cdots 1$$
$$6÷2=3 \cdots\cdots 0$$
$$3÷2=1 \cdots\cdots 1$$
$$1÷2=0 \cdots\cdots 1$$

用整数部分除以2,取余数,并将商继续与2相除,直至商为0为止,然后倒序(从下往上)取余数,因此,整数部分为1101001。

● 小数部分:乘以2(二进制基数为2),顺序取整。

$$0.25×2=0.5 \cdots\cdots 0$$
$$0.5×2=1 \cdots\cdots 1$$

用小数部分乘以2,取所得结果的整数部分,然后将所得结果的小数部分继续与2相乘,直至结果为1为止,然后顺序(从上往下)取整数,因此,小数部分为01。

因此,105.25D的二进制数为1101001.01B。

同理:

245.75D=365.6O=F5.CH

③八进制及十六进制转换为二进制。事实上,八进制及十六进制可以理解为二进制的一种简写形式,一位八进制数对应三位二进制数,一位十六进制数对应四位二进制数。因此,八进制及十六进制转换为二进制的方法分别是:"三位并一位,不足补0"及"四位并一位,不足补0"。

例如:

1101001.0011B=001,101,001.001,100B=151.14O

1101101.00101B=0110,1101.0010,1000B=6D.28H

④二进制转换为八进制及十六进制。二进制转换为八进制及十六进制与八进制及十六进制转换为二进制相反,即分别是:"一位拆三位,不足补0"和"一位拆四位,不足补0"。

例如:

246.35O=010,100,110.011,101B=10100110.011101B

9AC.3H=1001,1010,1100.0011B=100110101100.0011B

综上所述,进制的转换方法如图1-26所示。常见进制对照表如表1-3所示。

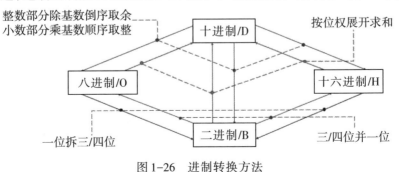

图1-26 进制转换方法

表1-3　常见进制对照表

二进制	八进制	十进制	十六进制	二进制	八进制	十进制	十六进制
0	0	0	0	1000	10	8	8
1	1	1	1	1001	11	9	9
10	2	2	2	1010	12	10	A
11	3	3	3	1011	13	11	B
100	4	4	4	1100	14	12	C
101	5	5	5	1101	15	13	D
110	6	6	6	1110	16	14	E
111	7	7	7	1111	17	15	F

1.2.3　信息存储及编码

（1）信息的分类。数据是对现实世界中客观事物特征的原始记录，是用于表示客观事物未经加工的原始素材。信息是数据处理之后对决策有效的数据，是数据的抽象内涵。在计算机中，现实世界中的客观事物全部被转换成0和1的二进制形式进行运算和存储。

如图1-27所示，在计算机中，数据可以分为两类，即数值型数据和非数值型数据。数值型数据是表示数量、可以进行数值运算的数据类型，由数字、正负号和小数点等构成。非数值型数据如文本、图像、图形、音频、视频等。

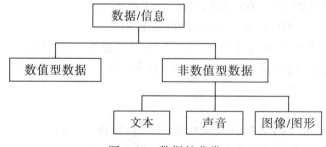

图1-27　数据的分类

（2）信息的存储单位。计算机中所有的数据都是以二进制形式进行运算和存储的，存储器是计算机中存放数据的仓库。

在计算机中，表示信息的最小单位是bit，也称位或者比特。例如，一个二进制数0或1就是1bit，11111111则为8bit。

在计算机中，存储信息最基本的容量单位是Byte，也称字节，一个字节可以存放8个二进制位。需要特别注意的是，bit和Byte均与CPU无关。

在计算机中，存储信息的容量单位除Byte以外，常见的还有KB、MB、GB、TB、PB等，它们之间的换算关系依次为2^10（1024），即：

1PB=2^10TB=2^20GB=2^30MB=2^40KB=2^50B

需要注意的是，K、M、G、T、P并不是计算机科学独有的表示方式，在其他计数领域中也有类似的表示方式，但是其换算关系并不是 2^10，而是 10^3，如 1km=1000m，1kg=1000g。因此，读者可能会发现，在市场上购买的 1TB 的硬盘，在电脑中显示却只有931GB，其实是因为硬盘制造商在标记参数时采用的是 10^3，而计算机中显示时采用的是 2^10。

（3）数值型数据的编码。数值型数据的分类如图1-28所示。在前面的小节中已经介绍了十进制数如何转换成二进制数，但是并未考虑正负号和小数点，而现实中的实数是包含正负号和小数点的。

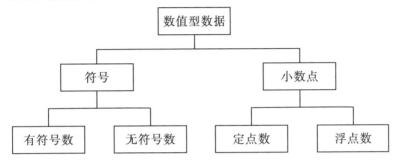

图1-28 数值型数据的分类

①机器数。机器数是真值/实数在计算机中的表现形式，最高位二进制数字表示真值的符号，其他位二进制数字表示真值的大小。

机器数具有四个特点，包括：
- 数字用二进制表示。
- 最高位为符号位，且符号数字化，用0表示正数，1表示负数。

例如：如图1-29所示，+77D，将其转换成二进制后，结果为01001101，其中第一个0为符号位，表示+号。

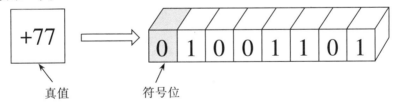

图1-29 机器数符号数字化

- 范围有限，与机器字长有关，如果字长为 N，则可以表示 2^N 个数，数值的范围为：
a. 无符号整数（十进制形式）的范围：$0 \sim 2^N-1$。
b. 有符号整数（十进制形式）的范围：$-(2^{N-1}-1) \sim 2^{N-1}-1$。

例如：如果计算机的字长为8，则该机器可以表示的无符号整数和有符号整数范围分别为 0～255 和 -127～+127。

- 定点数和浮点数表示小数。
a. 定点数是指小数点位置固定不变的数。

例如：如图1-30所示，Sign 表示符号位；Integer 表示整数位；Fraction 表示小数位。

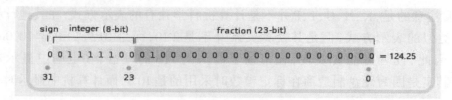

图 1-30　定点数

图 1-30 中，Sign 为 0，即正数；Integer 为 01111100B，即 124D；Fraction 为 0.01B，即 0.25D。因此，结果为 124.25D。

b. 浮点数是指小数点位置根据数值浮动的数。

在数学中，任何一个十进制数 D 都可以表示成 $D=M*10^N$。同理，任何一个二进制数 B 都可以表示成 $B=M*2^E$。其中，E 为阶码"指数"，M 为 B 的尾数。

例如：如图 1-31 所示，Sign 表示符号位；Exponent 表示指数位；Fraction 表示尾数。

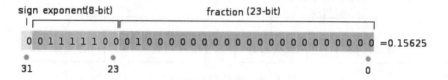

图 1-31　浮点数

图 1-31 中，Sign 为 0，即正数；Exponent 为 01111100，即实际指数为-11；Fraction 部分尾数为 101。因此，二进制数值为 $1.01*2^{-11}$，即 0.00101B，也即 0.15625D。

此外，机器数有三种表现形式：原码、反码、补码，计算机中数据是以补码形式存在并参与运算的。

②原码。原码是机器数的原始形态，即最高位二进制数字表示真值的符号（0 表示正数，1 表示负数），其他位二进制数字表示真值的大小。

例如：如果计算机字长为 8，则+10D 和-10D 的二进制原码分别为：

+10D=0 0001010B　　-10D=1 0001010B

0 的原码有两个，即 00000000B 和 10000000B。

③反码。正数的反码与其原码相同；负数的反码是对其原码逐位非运算，但符号位除外。

例如：如果计算机字长为 8，则+10D 和-10D 的二进制反码分别为：

+10D=0 0001010B　　-10D=1 1110101B

④补码。正数的补码与其原码相同；负数的补码是在其反码的末位加 1。

例如：如果计算机字长为 8，则+10D 和-10D 的二进制反码分别为：

+10D=0 0001010B　　-10D=1 1110110B

值得说明的是，计算机中数据之所以以补码形式参与运算，是因为通过补码可以将计算机中的减法运算转换成加法运算；另外，一个实数的正数和负数所对应的原码相加不等于零，但一个实数的正数和负数对应的补码相加却等于零。

通过下面的案例说明计算机如何通过补码将减法运算转换成加法运算。

【例1-5】 已知计算机字长为8，请计算Z=7D-3D。

[原码]+7D=00000111B　　　　　　-3D=10000011B

[反码]+7D=00000111B　　　　　　-3D=11111100B

[补码]+7D=00000111B　　　　　　-3D=11111101B

[Z]补码=[+7D]补码+[-3D]补码=00000111B+11111101B=1 00000100B

超出8位，舍弃模值，因此：

[Z]补码=00000100B

[Z]原码=00000100B=4D

计算机中所有的数据都是以0/1二进制形式进行运算和存储的，通过上述方法可以将一个完整的数值型数据转换成0/1二进制形式存储在计算机中并参与运算，而其他类型的数据，如文本、图像、音频等都可以通过“坐标”形式转换成数值型数据，然后再转换成0/1二进制形式。

(4)文本型数据的编码。文本型数据包括字母、数字、汉字、符号等，常见的文本型数据编码标准包括ASCII码、GB 2312、GBK、UTF-8等。

①ASCII码。ASCII(American Standard Code for Information Interchange)即美国标准信息交换代码，如图1-32所示。ASCII码用7个二进制位来表示0～127共128个字符编码。其中，0～31和127为33个控制字符；65～90为26个大写英文字母；97～122为26个小写英文字母；48～57为0～9共10个阿拉伯数字；其余23个为一些标点符号和运算符号等。

ASCII码用7位二进制数表示一个字符，最高位再补0，一共是8位二进制数，因此，在ASCII码编码规则下，一个字符占一个字节。

例如，字母A的ASCII码为0100 0001；字母a的ASCII为0110 0001。

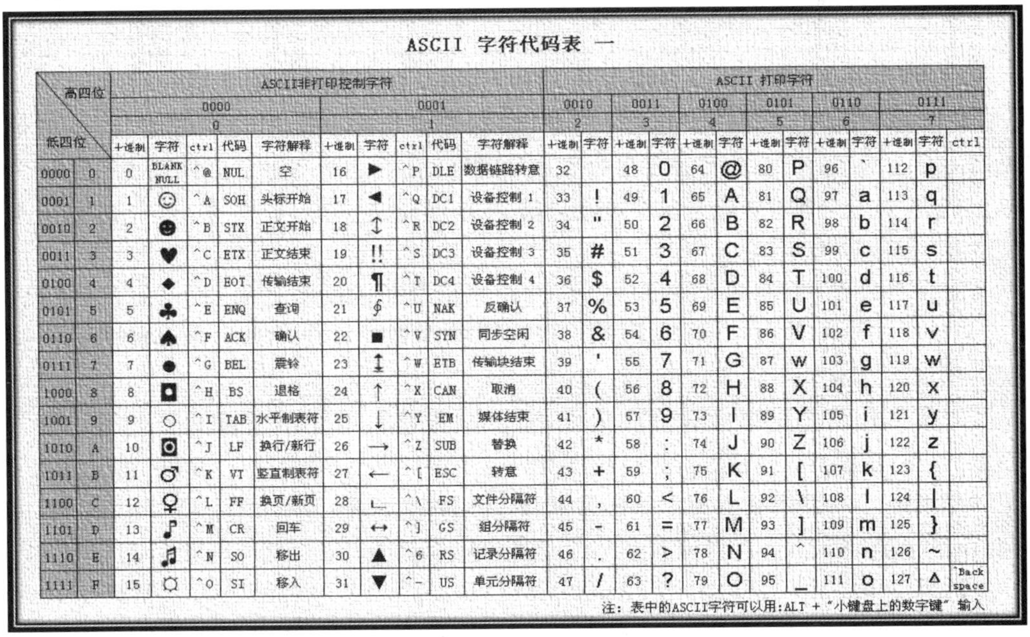

ASCII 字符代码表 一

高四位		ASCII非打印控制字符										ASCII 打印字符												
		0000					0001					0010		0011		0100		0101		0110		0111		
		0					1					2		3		4		5		6		7		
低四位		十进制	字符	ctrl	代码	字符解释	十进制	字符	ctrl	代码	字符解释	十进制	字符	十进制	字符	十进制	字符	十进制	字符	十进制	字符	十进制	字符	ctrl
0000	0	0	BLANK NULL	^@	NUL	空	16	►	^P	DLE	数据链路转意	32		48	0	64	@	80	P	96	`	112	p	
0001	1	1	☺	^A	SOH	头标开始	17	◄	^Q	DC1	设备控制 1	33	!	49	1	65	A	81	Q	97	a	113	q	
0010	2	2	☻	^B	STX	正文开始	18	↕	^R	DC2	设备控制 2	34	"	50	2	66	B	82	R	98	b	114	r	
0011	3	3	♥	^C	ETX	正文结束	19	‼	^S	DC3	设备控制 3	35	#	51	3	67	C	83	S	99	c	115	s	
0100	4	4	♦	^D	EOT	传输结束	20	¶	^T	DC4	设备控制 4	36	$	52	4	68	D	84	T	100	d	116	t	
0101	5	5	♣	^E	ENQ	查询	21	§	^U	NAK	反确认	37	%	53	5	69	E	85	U	101	e	117	u	
0110	6	6	♠	^F	ACK	确认	22	▬	^V	SYN	同步空闲	38	&	54	6	70	F	86	V	102	f	118	v	
0111	7	7	●	^G	BEL	震铃	23	↨	^W	ETB	传输块结束	39	'	55	7	71	G	87	W	103	g	119	w	
1000	8	8	◘	^H	BS	退格	24	↑	^X	CAN	取消	40	(	56	8	72	H	88	X	104	h	120	x	
1001	9	9	○	^I	TAB	水平制表符	25	↓	^Y	EM	媒体结束	41	)	57	9	73	I	89	Y	105	i	121	y	
1010	A	10	◙	^J	LF	换行/新行	26	→	^Z	SUB	替换	42	*	58	:	74	J	90	Z	106	j	122	z	
1011	B	11	♂	^K	VT	竖直制表符	27	←	^[	ESC	转意	43	+	59	;	75	K	91	[	107	k	123	{	
1100	C	12	♀	^L	FF	换页/新页	28	∟	^\	FS	文件分隔符	44	,	60	<	76	L	92	\	108	l	124	|	
1101	D	13	♪	^M	CR	回车	29	↔	^]	GS	组分隔符	45	-	61	=	77	M	93	]	109	m	125	}	
1110	E	14	♫	^N	SO	移出	30	▲	^6	RS	记录分隔符	46	.	62	>	78	N	94	^	110	n	126	~	
1111	F	15	☼	^O	SI	移入	31	▼	^-	US	单元分隔符	47	/	63	?	79	O	95	_	111	o	127	Δ	Back space

注：表中的ASCII字符可以用：ALT + “小键盘上的数字键” 输入

图1-32 ASCII字符编码表

②GB 2312-80。GB 2312-80即《信息交换用汉字编码字符集》,由我国国家标准总局于1980年发布,1981年5月正式实施,对6763个汉字和682个图形字符进行编码。编码共分为94区(行,区码)和94位(列,位码),区码及位码均由一个7位二进制数表示(各占一个字节,最高位为0)。因此,在GB 2312编码规则下,一个汉字占2个字节。

常用的汉字编码标准除GB 2312-80以外,还有GBK、UTF-8等。GBK的全称是《汉字内码扩展规范》,由我国信息技术标准化技术委员会于1995年制定,是GB 2312-80的扩展版本,包括21003个汉字和883个图形。UTF-8(8-bit Unicode Transformation Format)是一种针对Unicode的可变长度字符编码,又称万国码。

(5)图像型数据的编码。在计算机中,图像(Image)和图形(Graphics)的概念不完全相同,图像是由像素组成的,图形是由数学向量组成的,如表1-4所示。

像素是组成图像的最基本元素。分辨率常用显示设备长和宽两个方向上像素数量的乘积来表示,分辨率越高,显示越清晰、显示内容越多。

表1-4　图像与图形的对比

名　称	组　成	特　点	应　用	制图工具
像素图像 位图图像 点阵图像	像素	[优] 色彩表现层次丰富,只要有足够数量的像素,就可以表现出色彩丰富的图像 [缺] 放大和旋转容易失真 [缺] 文件容量较大	VI 日常摄影 显示器 ……	Photoshop
矢量图形 几何图形	数学 向量	[优] 放大和旋转不失真,清晰度高 [优] 文件容量较小 [缺] 色彩表现弱,不易制作色彩变化太多的图像 [缺] 只能用软件实现	工程制图 3D VI ……	Adobe Illustrator、CAD

在计算机中,信号可以分为模拟信号和连续信号。模拟信号是指连续变化的物理量,现实世界中的压力、温度、速度、声音、颜色等都是连续变化的物理量,在一定范围内可以取任意实数。而数字信号是指在时间和数值上是离散的,大小和增减是某个最小单位的倍数的物理量,如开关的通断、磁场的有无、电荷的正负等,这些物理量不能连续变化,只能取特定值。

现实世界中的图像(本质是颜色)是一种连续变化的模拟信号,而计算机中存放的0/1二进制形式是一种数字信号,将现实世界中的图像转换成计算机中存放的二进制形式就是图像数字化。

图像数字化就是把图像分割成很多小区域(像素),每个小区域的颜色用一个二进制数来表示,如图1-33所示。图像数字化需要经过"采样""量化""编码"等几个步骤。图像数字化时,采样像素越多,分辨率越高,图像越清晰;量化位数越高,色彩层次越多,颜色越丰富(图1-34),但保存图像所需要的空间(图片的大小)也就越大。

在计算机中,颜色是由红色(Red)、绿色(Green)和蓝色(Blue)等三基色组合而成的,目前一般采用8位二进制数来表示一种基色,一共24位,故称为24真彩色。通过24位二进制数可以表示16777216种颜色。

图 1-33 图像数字化编码

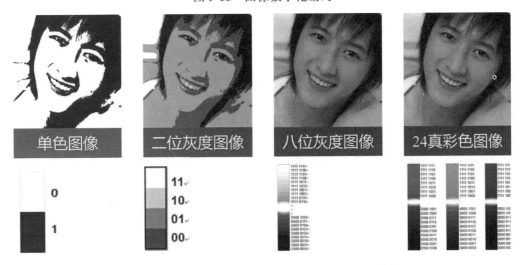

图 1-34 图像数字化量化位数（第四幅图为彩色）

（6）音频型数据的编码。现实世界中的音频（本质是声波）也是一种模拟信号，因此其编码方式和图像类似，称为音频数字化。音频数字化就是把声波分割成很多片段，每个片段用一个二进制数来表示。音频数字化也需要经过"采样""量化""编码"等几个步骤，如图 1-35 所示。

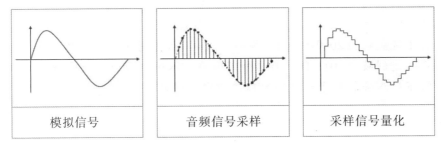

图 1-35 音频数字化

音频数字化需要考虑采样频率、量化精度（位数）和声道数等。

① 采样频率是指每秒钟采样次数，如 44.1kHz（CD 音质/高保真）、20.05kHz（广播音质/普通音乐）、11.05kHz（电话音质/语音）等。

②量化精度(位数)是指描述每个采样点的二进制数位。常见的量化精度有8位和16位等。

③声道数是指一次采样同时记录的声音波形个数,如单声道、双声道、立体声等。

音频数字化时,采样频率、量化位数越高,音频越清晰,越接近真实的声音,但保存音频所需要的空间(音频的大小)也就越大。

(7)视频型数据的编码。连续的图像变化每秒超过24帧(Frame)时,根据视觉暂留原理,人眼将无法辨别单幅的静态画面,看上去是平滑连续的视觉效果,这样连续播放的画面叫作视频。视频的清晰程度取决于每一帧画面的分辨率,视频的流畅性取决于每秒播放的帧数。

● 课 后 练 习 ●

(1)查阅相关资料,了解PC电脑的发展历程。

(2)查阅相关资料,了解计算机芯片的生产工艺和产业布局,以及中国芯片行业的发展状况。

(3)查阅相关资料,了解计算机发展史上的伟大人物,如乔治·布尔、香农、阿兰·图灵、冯·诺依曼等的人物事迹,学习其对科学的探索精神。

(4)查阅相关资料,了解未来人工智能的应用,思考其对日常生活、学习、工作的影响。

(5)思考安装100M的宽带时下载速度却只有10M的原因。

(6)思考购买的是1TB的硬盘但电脑显示却只有931GB的原因。

(7)简述电子计算机发展的四个阶段。

(8)简述冯·诺依曼计算机的五大存储部件,以及冯·诺依曼体系结构的要点。

(9)计算下列二进制数值的算术运算结果。

110111+10111　　　101101−11011　　　10111×1111　　　　101101÷101

(10)计算下列二进制数值的位运算结果。

11001∨1011111　　　　101111∧1010111　　　　1011111⊕110111　　　¬1011111

(11)将下列二进制、八进制和十六进制数值转换为十进制数值。

11111111B　　　　　471.6O　　　　　ABCH

(12)将十进制数值2019D分别转换为二进制、八进制和十六进制数值。

(13)将二进制数值10111011.101B分别转换成八进制和十六进制数值。

(14)将下列八进制和十六进制数值转换成二进制数值。

567.5O　　　　　52AF.5CH

(15)CPU、操作系统、应用软件都有32位和64位之分,它们代表什么意思? 它们之间有什么关系?

(16)简述数据和信息的概念、分类,以及不同类型数据在计算机中编码的基本原理。

第 2 章

计算机系统

把软件系统和硬件系统有机地组合在一起构成了计算机系统。软件系统和硬件系统又分别由多个模块组成,每个模块各司其职又相互配合。在电子计算机诞生并发展的几十年里,每一个模块都形成了自己的工业标准,并不断地进步,以更强的性能处理更多的数据。

2.1　计算机系统的组成

一个完整的计算机系统由硬件系统和软件系统两部分组成。硬件是指物理存在的各种设备。软件是指运行在计算机硬件上的程序、运行程序所需的数据和相关文档的总称。微型计算机系统的基本构成如图2-1所示。

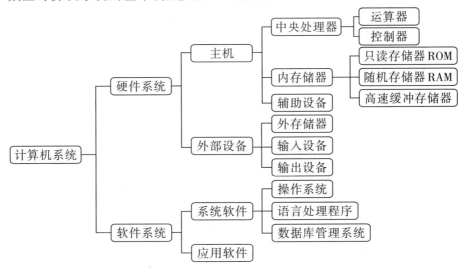

图2-1　计算机系统的基本构成

2.2　计算机的工作原理

计算机的工作过程就是执行程序的过程。了解了程序的执行过程,也就明白了计算机的工作原理。为了解决某一问题,程序设计人员将一条条指令进行有序的排列,然后在计算机上执行这一指令序列,便可完成预定的任务。因此,程序是一系列有序指令的集合,计算机执行程序就是执行一系列有序指令。

(1)计算机的指令和指令系统。指令是能被计算机识别并执行的二进制代码,它规定了计算机能完成的某一种操作。通常一台计算机有许多条作用不同的指令,所有指令的集合称为该计算机的指令系统。

一条指令通常由操作码和操作数两部分组成。

①操作码:指明该指令要完成的操作类型或性质,如加、减、取数或输出数据等。

②操作数:指明操作对象的内容或所在的单元地址,操作数在大多数情况下是地址码。

指令系统中的指令条数因计算机类型的不同而不同,少则几十条,多则数百条。一般来说,无论是哪一种类型的计算机,都具有以下功能的指令:数据传送型指令、数据处理型指令、程序控制型指令、输入/输出型指令以及硬件控制型指令。

(2)计算机的基本工作原理。计算机的工作过程实际上就是快速地执行指令的过程。指令执行是由计算机硬件来实现的,指令执行前,必须先装入计算机内存,CPU负责从内存中逐条取出指令,并对指令进行分析、译码,判断该条指令要完成的操作,向各部件发出完成操作的控制信号,从而完成一条指令的执行。在执行完一条指令后就会处理下一条指令,CPU就是这样周而复始地工作,直到程序的完成。

在计算机执行指令过程中有两种信息在流动:数据流和控制流。数据流是指原始数据、中间结果、结果数据和源程序等信息从存储器读入运算器进行运算,所得的运算结果再存入存储器或传送到输出设备。控制流是控制器对指令进行分析、解释后向各部件发出控制命令,指挥各部件协调地工作。

2.3　计算机的硬件组成

一个完整的计算机系统由硬件系统和软件系统两部分构成。其中硬件系统的结构遵循冯·诺依曼体系结构的基本思想,主要包括控制器、运算器、存储器、输入设备和输出设备五大部分。

随着大规模集成电路技术的发展,将控制器和运算器集成在一块微处理器芯片上,称为中央处理器(Central Processing Unit,CPU)。存储器分为内存储器和外存储器,CPU和内存储器又统称为主机,外存储器、输入设备和输出设备统称为外部设备。

因此,计算机的硬件系统由 CPU、内存储器、外部设备和连接各个部件以实现数据传送的接口和总线组成,如图 2-2 所示。

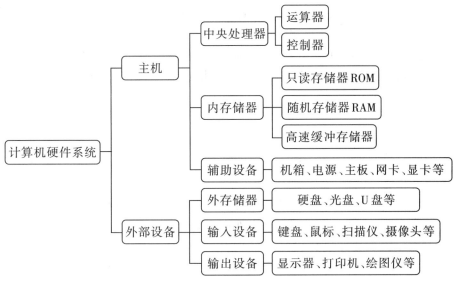

图 2-2　计算机硬件系统的组成

2.3.1　中央处理器

中央处理器是一块超大规模集成电路,是一台计算机的运算核心和控制核心。中央处理器主要包括控制器(Control Unit)和运算器(Arithmetic Logic Unit)。随着集成电路的发展,其内部又增添了高速缓冲存储器。

一台计算机运行速度的快慢,CPU 的配置起着决定性的作用。CPU 严格按照规定的脉冲频率工作,工作频率越高,CPU 工作的速度越快,性能也就越强。现在主流的 CPU 工作频率在 3.0GHz 以上。

在 CPU 市场上,Intel 公司一直是技术领头人,目前 Intel 公司的 CPU 产品有:酷睿(Core)系列、奔腾(Pentium)系列、凌动(Atom)系列等,如图 2-3 所示。其他 CPU 设计与生产厂商主要有 AMD 公司、IBM 公司等。

图 2-3　Intel 的酷睿(Core)i7CPU

（1）控制器。控制器是计算机的指挥中心，就像人的大脑，根据用户程序中的指令控制机器的各部分，使其协调一致地工作。控制器的主要任务就是发出控制信号，指挥计算机各功能部件按照指令的功能要求有条不紊地工作。

（2）运算器。运算器是计算机中执行各种算术运算和逻辑运算的部件，即完成对各种数据的加工处理，包括进行加、减、乘、除等算术运算和与、或、非、异或等逻辑运算。运算时，控制器控制运算器从存储器中取出数据，进行算术运算或逻辑运算，并把处理后的结果送回存储器。

2.3.2　存储器

存储器是专门用来存放程序和数据的部件。存储器按用途和所处位置的不同，可分为内存储器和外存储器。

（1）内存储器。内存储器又称为主存储器，简称内存或主存，主要用来存放计算机工作时用到的程序和数据以及计算后得到的结果。相对于外存而言，内存的容量较小。为了更灵活地表达和处理信息，计算机通常以字节（byte）为基本单位，用大写字母 B 表示。存储容量的计量单位还有 KB（千字节）、MB（兆字节）、GB（吉字节）、TB（太字节）和 PB（皮字节）等。

计算机中的信息用二进制表示，位（bit）是计算机中表示信息的最小的数据单位，用小写字母 b 表示。位是二进制的一个数位，每个 0 或 1 就是一个位。位是存储器存储信息的最小单位，字节（Byte）是计算机中表示信息的基本数据单位。1 个字节由 8 个二进制位组成。它们之间的换算关系如下：

1B=8bit

$1KB=2^{10}B=1024B$

$1MB=2^{10}KB=1024KB=1024×1024B$

$1GB=2^{10}MB=1024MB=1024×1024×1024B$

$1TB=2^{10}GB=1024GB=1024×1024×1024×1024B$

因为计算机采用的是二进制，所以 1K 不是传统的 1000，而是 $1K=2^{10}=1024$。

内存按读/写方式的不同可分为随机存储器（Random Access Memory，RAM）和只读存储器（Read-Only Memory，ROM）两类。

①随机存储器。随机存储器允许用户随时进行读/写数据。所谓"随机存取"，指的是当读/写数据时，所需要的时间与位置无关。RAM 与 CPU 直接交换数据，当计算机工作时，只有将要执行的程序和数据调入 RAM 中，才能被 CPU 执行。根据工作原理的不同，RAM 又可分为动态随机存储器（Dynamic Random Access Memory，DRAM）和静态随机存储器（Static Random Access Memory，SRAM）。

DRAM 是最普通的 RAM，由一个电子管与一个电容器组成一个位存储单元。DRAM 将每个内存位作为一个电荷保存在位存储单元中，用电容的充放电来做存储动作，但因电容本身有漏电问题，因此必须每几微秒就要刷新一次，否则数据会丢失。因为成本比较便宜，DRAM 通常被用作计算机内的主存储器，即内存条，如图 2-4 所示。目前主流内存条采用双倍数据率同步动态随机存取存储器（Double Data Rate Synchronous

Dynamic Random Access Memory, DDR SDRAM），从 2016 年开始普及 DDR4 SDRAM，到 2018 年厂商已经开始推广 DDR5 SDRAM 了。

图 2-4　内存条

　　静态随机存储器不需要刷新电路即能保存内部存储的数据，因此比一般的动态随机存储器的处理速度更快更稳定。但制造相同容量的 SRAM 要比 DRAM 的成本高得多。随着计算机技术的飞速发展，CPU 的主频越来越高，对内存处理速度的要求也越来越高。但是内存的速度始终达不到 CPU 的速度，为了协调两者之间的速度差异，于是引入了高速缓冲存储器（Cache）。因此，目前 SRAM 基本上只用于 CPU 内部的一级缓存以及内置的二级缓存，仅有少量的网络服务器以及路由器上能够使用 SRAM。

　　②只读存储器。只读存储器只允许用户读取数据，而不允许写入数据，它的内容是由芯片厂商在生产过程中写入的，并且断电后数据不会丢失。ROM 常用于存放系统的核心程序和服务程序。比如，在主板上的 ROM 里面固化了一个基本输入/输出系统（Basic Input Output System, BIOS），其作用是为计算机提供最底层和最直接的硬件设置和控制。

　　（2）外存储器。外存储器又称为辅助存储器，简称外存或者辅存，用于存放需要长期保存的程序和数据。它不属于计算机主机的组成部分，属于外围设备。计算机工作时，将所需要的程序和数据从外存调入内存，再由 CPU 处理。外存存取数据的速度比内存慢，但存储容量一般都比内存大得多，断电后数据不会丢失。目前，计算机系统常用的外存有磁盘存储器、光盘存储器和移动存储器。

　　①磁盘存储器。磁盘存储器分为硬磁盘存储器和软磁盘存储器。软磁盘存储器已经被淘汰。硬磁盘存储器简称硬盘，它的信息存储依赖磁性原理，是利用磁介质存储数据的机电式产品，是计算机系统中广泛使用的外存储器，如图 2-5 所示。硬盘常用于存放操作系统、程序和数据，是内存的扩充。硬盘的容量大，一般为几百吉字节，甚至更大，性价比高；但相对于 CPU、内存等设备，硬盘处理数据的速度要慢很多。

　　硬盘是由若干个盘片组成的圆柱体，每一个盘片都有两个盘面，每个面都有一个读写磁头，磁盘在格式化时被划分成许多同心圆，这些同心圆的轨迹叫作磁道（Track）。磁道从外向内从 0 开始顺序编号。若干张盘片的同一磁道上在纵方向上形成一个个的柱面。磁盘上的每个磁道被等分为若干个弧段，这些弧段便是磁盘的扇区，操作系统以扇区（Sector）形式将信息存储在硬盘上，每个扇区能存储 512 字节的数据，如图 2-6 所示。所以，硬盘是按磁头、柱面和扇区来组织和存储信息的。硬盘的存储容量可按以下公式来计算：

硬盘容量=磁头数(盘面数)×柱面数×扇区数×512字节

图2-5　硬盘实物

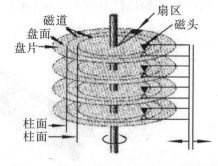

图2-6　硬盘的扇区、磁道、柱面和磁头

②光盘存储器。光盘存储器简称光盘,是利用光学方式读/写信息的外部存储设备,使用激光在硬塑料片上烧出凹痕来记录数据。可以存放文字、声音、图形、图像和视频等多媒体信息。光盘驱动器和光盘一起构成光存储器,光盘用于存储数据,光驱用于读取数据,如图2-7所示。光盘便于携带,存储容量较大,一张CD光盘可以存放大约650MB的数据。

图2-7　光盘和光驱

光盘根据是否可擦写,可分为只读光盘(如CD-ROM和DVD-ROM)、一次性写入光盘和可擦写光盘三类。

③移动存储器。随着通用串行总线(Universal Serial Bus,USB)的出现并逐渐盛行,借助USB接口,移动存储器作为随身携带的存储设备被人们广泛使用。移动存储器主要有移动硬盘、U盘和各种闪存卡,如图2-8所示。

图2-8　移动存储器

移动硬盘顾名思义是以硬盘为存储介质,能与计算机之间交换大容量数据,强调便携性的存储产品。移动硬盘多采用USB、IEEE1394等传输速度较快的接口,可以较高的速度与计算机系统进行数据传输。它具有体积小、质量轻、携带方便等优点,同时又具有极强的抗震性。

U盘的全称为USB闪盘,英文名为"USB flash disk",是一种使用USB接口的无需物理驱动器的微型高容量移动存储产品,通过USB接口与电脑连接,实现即插即用。U盘的称呼最早来源于朗科科技生产的一种新型存储设备,名曰"优盘",使用USB接口进行连接。U盘连接到电脑的USB接口后,U盘的资料可与电脑交换。而之后生产的类似技术的设备由于朗科已进行专利注册,故不能再称为"优盘",而改称为谐音的"U盘"。后来,U盘的称呼因简单易记而广为人知,它是移动存储设备之一。

闪存(Flash Memory)是一种在断电情况下仍能长期保持数据信息的存储器。闪存卡(Flash Card)是使用闪存技术的存储器,一般用在数码相机、平板电脑、手机等小型数码产品中作为存储介质,由于外观犹如一张卡片,所以被称为闪存卡。根据不同的生产厂商和接口形式,闪存卡大概有Smart Media(SM卡)、CompactFlash(CF卡)、Multi-Media Card(MMC卡)、Secure Digital(SD卡)、Memory Stick(记忆棒)、XD-Picture Card(XD卡)和微硬盘(MICRODRIVE)等,这些闪存卡的技术原理都是相同的。

2.3.3 输入与输出设备

计算机的输入与输出设备是计算机的外部设备,由于通常作为单独的设备配置在主机之外,又称为计算机外围设备或I/O设备。它们是计算机与人或其他机器之间进行交互的设备。

(1)输入设备。输入设备(Input Device)是向计算机输入数据和信息的设备,是计算机与用户或其他设备通信的桥梁。输入设备是用户和计算机系统之间进行信息交换的主要装置之一,用于把原始数据和处理这些数据的程序输入计算机。计算机能够接收各种各样的数据,既可以是数值型数据,也可以是各种非数值型数据,如图形、图像、声音等。常见的输入设备有键盘、鼠标、光笔、扫描仪、摄像头、数码照相机、语音输入装置等,如图2-9所示。

图2-9　常见的输入设备

①键盘。键盘(KeyBoard)是最常用也是最主要的输入设备,通过键盘可以将英文字母、数字、标点符号等输入计算机,从而向计算机发出命令、输入数据等。按照功能的不同,我们把键盘划分为主键区、功能键区、数字小键盘区和编辑区。

②鼠标。鼠标(Mouse)是计算机的一种输入设备,可以对当前屏幕上的游标进行定位,并通过按键和滚轮装置对游标所经过位置的屏幕元素进行操作,因形似老鼠而得名为"鼠标"。鼠标按工作原理的不同可分为机械鼠标和光电鼠标,当前绝大部分人使用的都是光电鼠标。操作时,可通过鼠标的左键、右键和滚轮进行。

(2)输出设备。输出设备(Output Device)是计算机硬件系统的终端设备,用于将计算机内部的数据传递出来,即把各种计算结果数据或信息以数字、字符、图像、声音等形式表现出来。常见的输出设备有显示器、打印机、绘图仪、影像输出系统、语音输出系统等。其中,显示器和打印机是两种最基本的输出设备,如图2-10所示。

图2-10　常见的输出设备

①显示器。显示器(Display)又称监视器,是最常用也是最主要的输出设备。它既可以显示键盘输入的命令或数据,也可以显示计算机数据处理的结果。显示器按工作原理可分为阴极射线管显示器(Cathode Ray Tube,CRT)和液晶显示器(Liquid Crystal Display,LCD),按显示器屏幕对角线的长度又可分为15英寸、17英寸、19英寸、21英寸、23英寸等显示器。

所谓分辨率,是指屏幕上横向、纵向发光点的点数,一个发光点称为一个像素。通常情况下,图像的分辨率越高,所包含的像素就越多,图像就越清晰。目前,显示器常见的分辨率有800×600、1024×768和1280×1024等。建议LCD使用其原始分辨率。

②打印机。打印机(Printer)是将计算机的处理结果打印在纸张上的输出设备。打印机按工作原理可分为击打式打印机和非击打式打印机。非击打式打印机又可分为喷墨打印机、激光打印机、热敏打印机和静电打印机。当前激光打印机应用得最为广泛。

2.3.4　主要性能指标

计算机功能的强弱或性能的好坏,不是由某项指标决定的,而是由它的系统结构、指令系统、硬件组成、软件配置等多方面的因素综合决定的。对于大多数普通用户来说,可以从以下几个指标来大体评价计算机的性能。

(1)主频。主频即时钟频率,是指计算机的CPU在单位时间内发出的脉冲数目。它在很大程度上决定了计算机的运行速度。主频的单位是兆赫兹(MHz),随着计算机技术的发展,CPU的主频都在1GHz(1000MHz)以上。如英特尔(Intel)酷睿四核i5-6500的主频是3.2GHz(3200MHz),英特尔(Intel)酷睿双核i3-6300的主频是3.8GHz(3800MHz)。

(2)字长。字长是指CPU一次能处理的二进制数据的位数。在其他指标相同的情况下,字长越大,计算机处理数据的速度就越快。同时,字长标志着精度,字长越长,计算的精度就越高,指令的直接寻址能力也越强。

一个字节等于8个二进制位,一般机器的字长都是字节的1、2、4、8倍,目前微型计算机的机器字长有8位、16位、32位、64位,最新推出的高档微处理器的字长已达64位。

（3）内存容量。内存是CPU可以直接访问的存储器,要执行的程序和数据需要调入内存才能被CPU处理。内存容量是指一个内存储器所能存储的全部信息量。内存储器的容量大小反映了计算机即时存储信息的能力。内存容量的基本单位是字节,还可用KB（千字节）、MB（兆字节）、GB（吉字节）、TB（太字节）和PB（皮字节）来衡量。目前,大多数内存的容量为2GB、4GB、8GB或者16GB等。

（4）运算速度。运算速度是衡量计算机性能的一项重要指标。通常所说的计算机运算速度是指计算机每秒钟能执行的指令条数,一般用单位"百万条指令/秒"（Million Instruction Per Second, MIPS）来描述和衡量。影响计算机运算速度的主要因素是中央处理器的主频和存储器的存取周期。一般来说,主频越高,运算速度就越快;存取周期越短,运算速度就越快。

（5）兼容性。兼容性（compatibility）是指一台设备、一个程序或一个适配器在功能上能容纳或替代以前版本或型号的能力。它也意味着两个计算机系统之间存在着一定程度的通用性。这个性能指标往往是与系列机联系在一起的。

除了以上五个性能指标外,还有RASIS特性,即可靠性（reliability）、可用性（availability）、可维护性（serviceability）、完整性（integrality）和安全性（security）。

总之,计算机的性能指标是多种多样的,性能评价也是比较复杂和细致的工作,各项指标之间也不是彼此孤立的,在实际应用时,应该把它们综合起来考虑,而且要遵循"性能价格比"的原则。

2.4 计算机的软件组成

2.4.1 计算机软件概述

只有硬件而没有软件的计算机称为"裸机",它是无法工作的。只有配备一定的软件,才能发挥计算机的功能。软件是用户与硬件之间的接口界面,用户对计算机的使用不是直接对硬件进行操作的,而是通过应用软件对计算机进行操作的;而应用软件也不能直接对硬件进行操作,而必须通过系统软件对硬件进行操作,如图2-11所示。用户主要是通过软件与计算机进行交流的。为了方便用户,也为了使计算机系统具有较高的总体效用,在设计计算机系统时,必须通盘考虑软件与硬件的结合以及用户的要求和软件的要求。

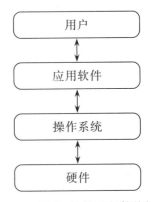

图2-11 用户、软件和硬件的关系

所谓软件是指为方便使用计算机和提高计算机的使用效率而组织的程序以及用于计算机开发、使用和维护的有关文档。软件系统可分为系统软件和应用软件两大类,如图2-12所示。

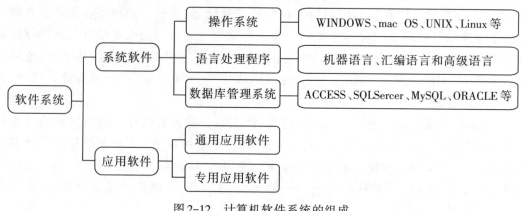

图2-12　计算机软件系统的组成

2.4.2　系统软件

系统软件是指操作、管理、控制和维护计算机的各种资源,以及扩大计算机功能和方便用户使用计算机的各种程序的集合。系统软件包括操作系统、语言处理程序、数据库管理系统和各种服务性程序四类。

(1)操作系统。操作系统(Operating System,OS)是管理和控制计算机硬件与软件资源的计算机程序,是直接运行在"裸机"上的最基本的系统软件,任何其他软件都必须在操作系统的支持下才能运行。

操作系统由一系列具有控制和管理功能的模块组成,使计算机能够自动、协调、高效地工作。概括起来,操作系统具有三大功能:一是资源管理,计算机系统的资源可分为设备资源和信息资源两大类,设备资源指的是组成计算机的硬件设备,如中央处理器、主存储器、磁盘存储器、打印机、磁带存储器、显示器、键盘输入设备和鼠标等,信息资源指的是存放于计算机内的各种数据,如文件、程序库、知识库、系统软件和应用软件等;二是组织协调计算机的运行,以增强系统的处理能力;三是提供人机接口,为用户提供方便。

操作系统从早期的单用户单任务、字符界面的DOS操作系统已发展到多用户多任务、图形化界面的WINDOWS、UNIX、Linux等操作系统。其中,WINDOWS操作系统是当前在计算机中最常用的操作系统,主要特点是图形化的人机交互界面、丰富的管理工具和应用程序、多任务操作、与Internet的完美结合、即插即用硬件管理等;UNIX操作系统是当前的三大主流操作系统之一,也是银行计算机中最常用的操作系统,具有字符和图形化两种操作界面;Linux操作系统是一个开发源代码、类UNIX的操作系统,它除了继承UNIX操作系统的特点和优点外,还进行了许多改进,从而成为一个真正的多用户多任务的通用操作系统,绝大多数的超级计算机均采用Linux操作系统。另外,随着智能手机的发展,Android和iOS已经成为目前最流行的两大手机操作系统。

(2)语言处理程序。计算机语言又称为程序设计语言,是人机交流信息的一种特定语言。计算机语言分为三大类:机器语言、汇编语言和高级语言。

①机器语言。机器语言是用二进制代码表示的计算机能直接识别和执行的一种机器指令的集合。它是计算机的设计者通过计算机的硬件结构赋予计算机的操作功能。

使用机器语言编写程序,工作量大,难记忆,容易出错,调试修改麻烦;但是能直接执行,所以执行速度快。不同型号的计算机,机器语言是不相通的,所以机器语言不具有通用性和可移植性。

②汇编语言。汇编语言是采用人们容易记忆的助记符代替机器语言中的二进制代码,如MOV表示传送指令,ADD表示加法指令等。因此,汇编语言又称为符号语言。用汇编语言编写的程序比起用机器语言编写的程序具有易于理解、易检查和易修改的特点,但是机器语言和汇编语言都是面向计算机的低级语言,可移植性差。

③高级语言。高级语言是人们为了克服低级语言的不足而设计的程序设计语言。它是以人类的日常语言为基础的一种编程语言,使用人们易于接受的文字来表示(如汉字、不规则英文或其他外语),从而使程序员编写程序更加容易,亦有较高的可读性,即使对电脑认知较浅的人亦可以大概明白其内容。这种语言与具体的机器无关,所以具有通用性和可移植性。

高级语言可分为面向过程和面向对象两类。面向过程的高级语言有Fortran、Pascal、Cobol、C等。面向对象的高级语言有C++、Java、C#、Delphi、VB等。

语言处理程序是为用户设计的编程服务软件,其作用是将汇编语言源程序或者高级语言源程序翻译成计算机能识别的目标程序。语言处理程序共有三种:汇编程序、编译程序和解释程序。用汇编语言编写的程序称为汇编语言源程序。用汇编语言编写的程序,计算机不能直接运行,需要用汇编程序把它翻译成机器语言后才能执行,这一过程称为汇编。计算机也不能直接地接受和执行用高级语言编写的源程序,用高级语言编写的源程序在输入计算机时,只有通过"翻译程序"翻译成机器语言形式的目标程序,计算机才能识别和执行。这种"翻译"有两种方式,即编译方式和解释方式,这两种方式采用的"翻译程序"分别是编译程序和解释程序。

集成开发环境(Integrated Development Environment,IDE)是用于提供程序开发环境的应用程序,一般包括代码编辑器、编译器、链接器、调试器和图形用户界面等工具。

(3)数据库管理系统。数据库管理系统(Database Management System,DBMS)是一种操纵和管理数据库的大型软件,用于建立、使用和维护数据库。它对数据库进行统一的管理和控制,以保证数据库的安全性和完整性。常见的数据库管理系统有ACCESS、SQL Server、MySQL、ORACLE等。

2.4.3 应用软件

应用软件是为满足用户不同领域、不同问题的应用需求而编制开发的软件。应用软件必须有操作系统的支持才能正常运行。按照应用软件的开发方式和适用范围不同,应用软件可分为通用应用软件和专用应用软件两大类。

(1)通用应用软件。生活在现代社会,不论是学习还是工作,不论从事何种职业、处于什么岗位,人们都需要阅读、书写、通信、娱乐和查找信息,有时可能还要做讲演、发消息等。所有的这些活动都能通过使用相应的软件更方便、更有效地进行。由于这些软件几乎人人需要使用,所以把它们称为通用应用软件。

通用应用软件种类很多,如办公自动化软件、多媒体应用软件、网络应用软件、安全防护软件、系统工具软件和娱乐休闲软件等。这些软件易学易用,多数用户几乎不经培训就能使用。在普及计算机应用的进程中,它们起到了很大的作用。

①办公自动化软件。办公自动化(Office Automation,OA)是将办公和计算机网络功能结合起来的一种新型的办公方式,是当前新技术革命中一个技术应用领域,属于信息化社会的产物。就国内电脑用户来讲,目前用得最多的办公软件当属微软公司Office套件中的Word、Excel、PowerPoint、Outlook以及金山的WPS等。

②多媒体应用软件。多媒体应用软件主要是一些多媒体创作工具或多媒体编辑工具,包括绘图软件、图像处理软件、动画制作软件、声音编辑软件以及视频软件等。这些软件,概括来说,分别属于多媒体播放软件和多媒体制作软件。

常用的多媒体播放软件有Windows操作系统自带的Windows Media Player、苹果公司的QuickTime Player等;此外,还有RealPlayer、暴风影音、QQ影音等。

图像处理软件有Photoshop、CorelDraw等;动画制作软件有Animator Pro、3DStudio MAX和Cool3D等;音频处理软件有Real Jukebox、Goldwave和Cool Edit Pro等;视频处理软件有Premiere Pro和Video Studio等;多媒体创作软件有Authorware等。

③网络应用软件。网络应用软件是指能够为网络用户提供各种服务的软件,它可用于提供或获取网络上的共享资源,如QQ、迅雷、浏览器等。

④安全防护软件。安全防护软件是指为安全使用计算机而开发的软件,主要包括杀毒软件和防火墙软件,如卡巴斯基、360杀毒软件、电脑管家等。

⑤系统工具软件。系统工具软件负责系统优化、系统管理等,如文件压缩与解压缩软件WinRAR、数据恢复软件Final Data等。

(2)专用应用软件。专用应用软件是按照不同领域用户的特定应用需求而专门设计开发的软件,如超市的销售管理和市场预测系统、汽车制造厂的集成制造系统、大学的教务管理系统、医院的挂号计费系统、酒店的客房管理系统等。这类软件专用性强,设计和开发成本相对较高,只有相应机构的用户需要才购买,因此价格比通用应用软件贵得多。

● 课后练习 ●

(1)计算机硬件系统是由哪几个部分组成的?其主要功能是什么?

(2)系统软件和应用软件有什么区别?

(3)存储器有哪些类型?其各有什么特点?

(4)CPU有哪些主要技术指标?它们对计算机性能有什么影响?

(5)组装一台多媒体计算机需要哪些配置?

第3章 Windows 10操作系统

通过本章的学习,应掌握以下内容:
- 了解Windows 10操作系统的基本功能
- 了解Windows 10操作系统的基本操作

操作系统是管理计算机硬件资源,控制其他程序运行并为用户提供交互操作界面的系统软件的集合。操作系统是计算机系统的关键组成部分,负责管理与配置内存、决定系统资源供需的优先次序、控制输入与输出设备、操作网络与管理文件系统等基本任务。从计算机诞生到今天,出现了相当多种类的操作系统。Windows操作系统是其中的佼佼者。Windows操作系统是美国微软公司推出的一款操作系统。该系统问世于1985年,经过多年的发展和完善,相对比较成熟和稳定,是当前个人计算机的主流操作系统。

3.1　Windows 10操作系统概述

微软于1985年推出Windows 1.0,后经30多年的变革,已从最初运行在DOS下的Windows 3.0,发展到风靡全球的Windows XP、Windows 7和目前主流的Windows 10。

3.1.1　Windows 10操作系统的版本介绍

安装操作系统前,首先要了解自己的需求,其次要了解操作系统对计算机的要求。微软将Windows 10操作系统划分为7个版本,以适应不同的使用环境和硬件设备,包括:
- Windows 10 家庭版(Home)。
- Windows 10专业版(Pro)。
- Windows 10企业版(Enterprise)。
- Windows 10教育版(Education)。
- Windows 10移动版(Mobile)。
- Windows 10企业移动版(Mobile Enterprise)。
- Windows 10物联网版(IoT Core)。

3.1.2 Windows 10操作系统的新特征

如果说Windows 8对于前系统的改变是翻天覆地的,那么Windows 10操作系统可谓脱胎换骨的。在Windows 10操作系统的开发过程中,微软广泛地听取了用户的意见,使其在性能和易用性上都有了长足的进步。

(1)蜕变的Windows操作系统。Windows 8操作系统是自Windows 95操作系统后的一个重大变革,但是Windows 8操作系统过于颠覆性的设计,导致学习成本增加,被广大用户所诟病。Windows 10操作系统在Windows 8操作系统的基础上,在易用性、安全性等方面进行了深入的改进与优化。同时,Windows 10操作系统还针对云服务、智能移动设备、自然人机交互等新技术进行融合。总之,Windows 10操作系统犹如涅槃重生般蜕变,成为最优秀的消费级别操作系统之一。

(2)更加开放。从第一个技术预览版到正式版发布,有近400万Windows会员计划注册网友参与了Windows 10操作系统的测试。通过Windows会员计划,微软收到了大量的建议和意见,并采纳了部分用户呼声很高的建议。可以说Windows 10操作系统是一款听取了用户的建议而实现的操作系统。

(3)优化的Modern界面。不可否认,Modern界面一直是Windows操作系统中最受争议的部分。微软使用"开始"屏幕取代用户所熟悉的"开始"菜单,这确实让很多用户不适应。因此在Windows 10操作系统中,"开始"菜单以Modern设计风格重新回归,功能更加强大。

Modern应用程序在保留Modern界面优点的基础上,其操作方式更加符合传统的桌面应用程序操作习惯,这样有助于减低学习成本,使用户能快速上手。

(4)硬件支持更加完善。Windows 10操作系统对计算机硬件要求低,只要能运行Windows 7操作系统,就能更加流畅地运行Windows 10操作系统。此外,Windows 10操作系统对固态硬盘、生物识别、高分辨率屏幕等硬件都进行了优化支持与完善。

(5)更加安全。Windows 10操作系统更加安全。除了继承旧版Windows操作系统的安全功能之外,Windows 10操作系统还引入了Windows Hello、Microsoft Passport、Device Guard等安全功能。

(6)更加省电。节能减排,是当今社会的热门话题,而且移动设备越来越普及,设备电池的续航能力也是用户考虑的重要问题之一。为此微软对Windows 10操作系统做了大量的改进:Modern界面简洁,没有华丽的效果,降低了操作系统资源利用率;完善了电源管理的功能,使之变得更加智能。

(7)不同智能终端的统一体验。微软着力于统一各平台的用户体验,智能手机、平板计算机、桌面计算机等都能使用Windows 10操作系统,而且操作方式与交互逻辑都相同,用户可以无缝切换平台,而不用付出过多的学习成本。同时,通过使用微软云服务,可轻松实现在各个平台设备中共享数据。

(8)Cortana。Cortana是微软推出的个人超级助理,也集成于Windows 10操作系统,其能够通过不断分析和记录用户的使用习惯和兴趣来帮助用户组织日常活动。Cortana会在整个Windows操作系统平台上形成一个统一、数据共享的语音式智能服务。

（9）更灵活的升级方式。微软宣布在 Windows 10操作系统正式发布后的一年内（2015年7月29日到2016年7月29日），从 Windows XP、Windows 7、Windows 8/8.1操作系统升级至 Windows 10操作系统都将免费。同时，微软还与腾讯和奇虎360公司合作，如果计算机安装有这两家公司的安全产品，则可使计算机快速升级至 Windows 10操作系统。

3.1.3 Windows 10需要的基本环境

微软基于硬件兼容性及适用性的考虑，在开发 Windows 10操作系统时就决定要使大部分计算机都能运行 Windows 10操作系统，避免重蹈当年 Windows Vista操作系统的覆辙。Windows 10操作系统对计算机的硬件要求，基本与 Windows 7/8操作系统一样，只要能安装 Windows 7/8操作系统的计算机都能安装 Windows 10操作系统，具体硬件要求如下：

- 处理器：1GHz 或更快（支持 PAE、NX 和 SSE2）。
- 内存：1GB（32位操作系统）或2GB（64位操作系统）。
- 硬盘空间：16GB（32位操作系统）或20GB（64位操作系统）。
- 显卡：带有 WDDM 驱动程序的 Microsoft DirectX 9图形设备。
- 显示器：1024×600。

若要使用某些特定功能，还需要满足以下附加要求：

- Cortana 目前仅在美国、英国、中国、法国、意大利、德国和西班牙版本的 Windows 10操作系统上可用。
- 为实现更好的语音识别体验，计算机需要具备以下要求：

a. 内置了高保真麦克风阵列。

b. 安装了公开麦克风阵列几何的硬件驱动程序。

- Windows Hello 需要专门的红外照明相机用于人脸识别或虹膜检测，或支持 Windows Biometric Framework 的指纹读取器。
- Continuum（也称为平板模式）在所有版本的 Windows 10操作系统上均可使用。普通计算机需要手动启用平板模式，而具有 GPIO 指示器的平板设备和二合一设备或那些有笔记本计算机和平板电脑指示器的设备可以配置为自动进入平板电脑模式。

3.2 Windows 10的基本操作

3.2.1 "开始"菜单和关机

（1）"开始"菜单。在 Windows 10操作系统中，"开始"菜单重新回归，不过此时的"开始"菜单已经过全新设计。在桌面环境中单击左下方的 Windows 图标 ▦ 即可打开"开始"菜单，如图3-1所示。"开始"菜单左侧依次是用户账户头像、常用的应用程序列表以及快捷选项,右侧其实就是预分类的 Windows 10操作系统应用,可以将常用的程序固定在分类中以便快捷打开。

"开始"菜单右侧界面的图形方块,称为动态磁贴(Live Tile)或磁贴,其功能和快捷方式类似,但是不仅限于打开应用程序。动态磁贴有别于原始图标,因为动态磁贴中的信息是实时变动的。例如,Windows 10操作系统自带的"MSN天气"应用程序,会自动在动态磁贴上滚动显示用户所在地当前的天气情况。

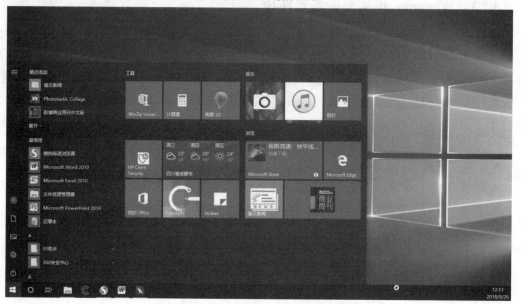

图3-1　Windows 10"开始"菜单

（2）关机。在 Windows 10操作系统的电源管理中,按下计算机电源按钮(Power 按钮)默认会自动关闭计算机,但此种关机方式不一定适用于所有用户,因此还有其他三种关机方式。

①打开"开始"菜单,在其底部单击 ⏻ 图标即可弹出选项菜单(图3-2),选择"关机"选项即可关闭计算机;如果电脑有更新,则选项菜单中会出现"更新并关机"选项。

②使用"关闭 Windows"对话框关机。在桌面环境中按"Alt+F4"组合键,打开"关闭Windows"对话框(图3-3),对话框中默认为关机操作,在下拉菜单中可选择其他操作方式;如果电脑有更新,则下拉菜单中会出现"更新并关机"选项。

图3-2　"关机"图标

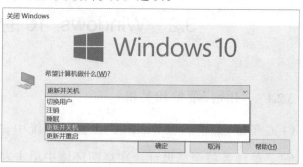

图3-3　"关闭计算机"对话框

③按"Win+X"组合键,在打开的菜单中选择"关机或注销"选项,然后在弹出的子菜单中选择"关机"选项,即可关闭计算机。

3.2.2　全新桌面

虽然 Windows 10 的新桌面足够精彩,但大多数 Windows 用户常用的还是它的传统桌面环境。在 Windows 10 操作系统中,桌面环境和之前的 Windows 版本相比有了一定的变化。Windows 10 的全新桌面环境相较于传统桌面环境来说更加简洁、现代,用户看到的是一个纯色调的桌面环境,符合现在简洁的视觉体验要求。

(1)找回传统桌面上的图标。在安装完成 Windows 10 操作系统之后,你会发现桌面上就只有一个回收站图标。那么,计算机、个人文件夹、网络等这些熟悉的图标去哪儿了?

在桌面上右击,选择"个性化"选项,在打开的个性化设置界面中选择"主题"选项卡(图 3-4),然后选择右侧列表中的"桌面图标设置"选项,选择要在桌面上显示的图标,如计算机、用户的文件、网络等,即可找回传统桌面上的图标。

图 3-4　个性化界面

(2)全新的桌面主题。为了统一 WinPC、WinMobile 等产品的界面主题风格,Windows 10 操作系统的传统桌面采用了新的主题方案。Windows 10 操作系统中的 Windows 窗口采用无边框设计,界面呈扁平化,边框呈直角化,且标题栏颜色固定为白色。微软公司还重新设计了 Windows 10 操作系统中的图标,新的图标采用扁平化设计,更加符合操作系统的整体风格。

新的主题配色方案使 Windows 10 操作系统的整体风格更加趋于专业化和更具现代感,微软着力通过扁平化与现代化的界面设计风格,在同类产品中做到与众不同,为用户提供不同的选择方案。Windows 10 操作系统中,可以根据壁纸的主题颜色自动更改配色方案。在桌面上右击,选择"个性化"选项,然后选择"颜色"选项卡。默认情况下,任务栏的配色方案与"开始"菜单的配色方案一致,都为暗黑色且不随用户设置的主题色变化,如图 3-5 所示。还可在其中设置操作系统的主题色,Windows 10 操作系统提供了30多种主题色,此外还支持随壁纸中的颜色选取主题色的功能。

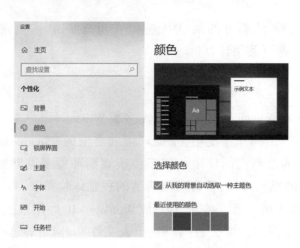

图3-5　主题配色方案设置

（3）超级任务栏与Task View。多任务处理一直是现代操作系统的重要特性之一，除了在内核方面对多任务处理加以改进外，微软还提升了用户层级的多任务处理体验。Windows 10操作系统中，可使用超级任务栏和Task View提升多任务处理的工作效率。

图3-6　Jump List

Windows 10操作系统中，超级任务栏的功能依旧强大，再配合跳转列表（Jump List），可帮助用户快速使用常用的文档、图片、网站和功能等。只需在任务栏的图标上右击，即可打开跳转列表。例如，在Microsoft Edge图标上右击，即可打开跳转列表（图3-6），其中集成了"新建窗口"和"新建InPrivate窗口"的功能。通过使用跳转列表可充分发挥任务栏的可用空间，因此固定到任务栏的不仅仅是个图标而已（这些衍生功能需要应用程序本身支持）。

跳转列表中可显示文件或文件夹的使用记录，因此可以把常用的文件或文件夹固定至跳转列表。此外，跳转列表中还会提供应用程序的常用功能快捷选项。

Task View是Windows 10操作系统中新增的虚拟桌面功能。所谓虚拟桌面就是指操作系统可以有多个传统桌面环境，可以突破传统桌面的使用限制，给用户更多的桌面使用空间，尤其是在打开窗口较多的情况下，可以把不同的窗口放置于不同的虚拟桌面中使用。

按"Win+Tab"组合键即可打开Task View，Task View默认显示当前桌面环境中的窗口，屏幕底部为虚拟桌面列表，选择右下角的"新建桌面"选项可创建多个虚拟桌面。还可在Task View中将打开的窗口拖动至其他虚拟桌面中，也可拖动窗口至"新建桌面"选项，Task View将自动创建新虚拟桌面并将该窗口移动至此虚拟桌面中。

此外，按"Win+Ctrl+D"组合键也能创建新虚拟桌面。若要删除多余的虚拟桌面，只需单击虚拟桌面列表右上角的关闭按钮即可，也可在需要删除的虚拟桌面环境中按

"Win+Ctrl+F4"组合键。删除虚拟桌面时,如果虚拟桌面中有打开的窗口,则Task View自动将窗口移动至前一个虚拟桌面。

除了在Task View中选择虚拟桌面外,还可以使用"Win+Ctrl+←/→"组合键快速切换虚拟桌面,虚拟桌面将自右向左滑动切换。

3.2.3 获取帮助和支持

如果在使用Windows 10系统时遇到问题,可以通过查询Windows 10的获取帮助来解决。在桌面上按F1键,将用默认浏览器打开"Windows 帮助和支持"页面,在该页面中可查询具体问题的产生原因和解决方法。

在图3-7中,打开"了解有关'使用技巧'应用的详细信息"链接,将显示关于"使用技巧"应用的界面,单击页面中的打开"使用技巧"应用按钮,则系统会调取相应的应用来指导用户进行详细的操作。

图3-7　Windows 帮助和支持

在"Windows 帮助和支持"页面的右侧会有一些常见的帮助问题,用户可以通过直接单击相关问题的链接来获得操作指南,比如单击"如何在Windows 10中更改屏幕分辨率"这一问题的链接,则会在互联网中搜索该问题的操作指南,用户可通过选择一个网页来获得指导。

3.2.4 系统设置

在使用Windows 10系统时,遇到的大部分系统设置问题,都可以通过"所有设置"来完成。单击"通知"按钮,在出现的通知栏里选择"所有设置"选项。如图3-8所示,Windows 10的系统设置包含设备、网络和Internet、账户、时间和语言等多个方面,也可以通过搜索框来精确定位想要的相关功能设置。

图 3-8　Windows 设置

3.3　Windows 10 的 Cortana

Cortana，中文名称为"小娜"，其名字来自游戏《光晕》中的人工智能 Cortana。Cortana 是一款个人智能助理而不是语音助手，有点类似 iPhone 的"Siri"，它能够了解和记录用户的喜好和习惯，帮助用户进行日程安排，回答用户提出的问题，并显示用户关注的信息等。

Cortana 可以说是微软在机器学习和人工智能领域方面的尝试，微软想实现的是 Cortana 与用户进行智能交互式的对答，而不是简单地与用户进行基于存储式的问答。Cortana 会记录用户的行为和习惯，然后利用云计算、必应搜索和非结构化数据分析程序，读取和"学习"包括计算机中的电子邮件、图片、视频等在内的数据，从而理解用户的语义和语境，实现人机交互。

3.3.1　启用 Cortana

默认情况下 Cortana 处于关闭状态，用 Microsoft 账户登录 Windows 10 操作系统，然后单击任务栏中的搜索框（图 3-9），即可启动 Cortana 设置向导。设置首页会介绍 Cortana 的功能，单击"下一步"按钮则启动 Cortana，然后按照向导提示设置允许显示提醒、启用声音唤醒、Cortana 对你的称呼并确认称呼等选项，完成上述操作步骤之后即可使用 Cortana，此时搜索框外观会发生一些改变，如图 3-10 所示。需要注意的是，Cortana 必须在接入 Internet 的计算机中才能使用。

图 3-9　任务栏中的搜索框（Cortana 未启用）　　　图 3-10　任务栏中的搜索框（Cortana 已启用）

3.3.2　唤醒 Cortana

单击搜索框中的 ◯ 图标即可唤醒 Cortana 至聆听状态，并可以使用麦克风与之进行对话。在打开 Cortana 主页后，会显示 Cortana 所建议的一些功能，比如"建立日程""打开应用商店"等；也会显示最近使用过的一些文档，如图 3-11 所示；下方区域还有三个快捷功能按钮，分别是"搜索应用""搜索文档"和"搜索网页"。可以按"Win+S"组合键打开 Cortana 主页。

在激活 Cortana 的自动监听用户话语功能后，当监测到用户说出"你好小娜"时，则可自动唤醒 Cortana 至聆听状态。

图 3-11　Cortana 主页

3.3.3　设置 Cortana

Cortana 可设置的选项不多，单击 Cortana 主页左下角的设置图标 ⚙ 可打开 Cortana 设置界面；也可以在全局设置界面，单击"Cortana 语言、权限、通知"按钮打开 Cortana 设置界面，如图 3-12 所示。

在图 3-12 中，可设置"对 Cortana 说话"的相关功能，如选择 Cortana 的外观图标、打开或关闭"让 Cortana 响应你好小娜"、打开或关闭"按 Win+C 组合键时让 Cortana 聆听"等设置。

图 3-12　Cortana 设置界面

此外，在图 3-12 中还可以对 Cortana 所涉及的管理一些权限和历史记录的相关功能以及跨设备（PC、Windows Phone、Surface Pro）使用 Cortana 的一些功能等进行设置。

3.3.4　玩转 Cortana

Cortana 不仅仅是简单的语音助理，还具有丰富多样的功能，如帮助用户打开应用程序、安排日程、规划出行路线以及对用户进行重大新闻提醒、天气提醒等。此外，微软也不断地为 Cortana 添加新功能，使其更加强大易用。

　　Cortana 会存储、记录并及时更新用户的使用习惯、兴趣和喜好等信息。Cortan 可以及时向用户发送通知，如航班延误、重大新闻等。用户可以通过单击"管理技能"按钮，然后选择"连接服务""生产力服务"等选项，设置日历和提醒、通勤和交通状况以及天气等功能。

　　Cortana 的提醒功能非常贴心，它会通过多种方式向用户发出提醒。例如，"时间提醒"会在特定时间提醒用户，以免迟到或失约；"位置提醒"会在特定地点提醒用户，以防在某地忘记做某事情；"联系人提醒"会提醒用户在与某人联系时做某些事情。

　　用户通过单击"组织者"按钮下的"创建提醒"按钮可打开"创建提醒"界面（图3-13），写入具体事件、人物、地点、时间和相关图片等信息后保存，即可创建新提醒。

图 3-13　创建提醒

　　如果想搜索其他信息，Cortana 会自动提示用户是否关注此类信息。例如，搜索"成都天气"，Cortana 会快捷显示"成都天气"的相关信息并提供一些搜索建议；搜索"上证综指"，Cortana 就会显示如图3-14所示的相关指数。

图 3-14　Cortana 上证综指搜索

　　有时候 Cortana 还会自动生成一些与健康相关的提醒，如与提醒"喝水"相关的设置如图3-15所示。此外，Cortana 实现了与 Microsoft Edge 浏览器的集成，在浏览器中搜索相关内容时也会自动触发 Cortana 并显示相关信息。

图 3-15 Cortana 喝水提醒

3.4 Windows 10 的文件和文件夹管理

3.4.1 文件和文件夹

Windows 10 系统中,文件是存储计算机数据的信息集合,通常使用图标来表示文档、图片、音乐和视频等。相同类型的文件用相同的图标来表示,不同类型的文件的图标会有所不同,这样便于通过图标来识别文件的类型。

(1)认识文件。文件由文件名和图标两部分组成,使用扩展名来区分文件的类型。例如,文本文件的扩展名为.txt;图片文件的打展名为.jpg、.gif、.png、.tiff、.bmp等;音乐文件的扩展名为.mp3、.wav、.mid、.wma、.asf等;视频文件的扩展名为.rmvb、.mpeg、.avi、.wmv、.3gp、.mkv、.flv等。

下面是一些常见类型的文件图标,如图3-16所示。

图 3-16 常见文件图标

(2)认识文件夹。文件夹是 Windows 10 系统中用于存放文件或其他文件夹的容器,在文件夹中包含的文件夹通常称为"子文件夹",每个子文件夹又可以包含任意数量的文件或文件夹。在使用计算机的过程中,如果桌面或某个磁盘中放置了大量的文件,可以使用文件夹将其分类存储,从而方便用户快速找到存放在计算机中的文件。一个文件夹中包含的文件类型相同时,文件夹的图标将展现文件的特性,如图3-17所示。

空文件夹　　　视频文件夹　　　图片文件夹　　　文档文件夹　　　音乐文件夹

图 3-17　文件夹图标

在为文件或文件夹命名时,长度不能超过 255 个英文字符,如果使用汉字则最多可以包含 127 个汉字。文件或文件夹的名称可以由字符、数字、空格和符号组成,但不能包含"、""·""*""""""""<"">""|"等字符。

3.4.2　文件和文件夹的操作

Windows 10 系统中,新建文件和文件夹、选择或者设置文件夹选项、自定义文件夹图标以及复制、移动、删除文件和文件夹等,是常见的也是非常基础的操作。

(1)新建文件和文件夹。创建一个新文件最常见的方法是打开相关的应用程序,然后保存新建的文件。例如,在 Microsoft Word 2010 或者 Microsoft Excel 2010 程序中新建一个文档等。

某些 Windows 程序只要打开便会新建一个文件。例如,打开"记事本"程序会新建一个名为"无标题"的文本文档,在该文档中输入内容,然后执行"文件"→"保存"命令,打开"另存为"对话框,选择保存的位置,单击"保存"按钮,即可新建一个文本文件。

除此之外,灵活使用右键菜单也可以快速地新建一些常见类型的文件,如 .bmp 文件、.txt 文件等。如果电脑中安装了 Office 办公软件,还可以新建 Word、Excel、PowerPoint 等文档,如图 3-18 所示。新建文件操作完成后,输入文件的名称,然后单击空白区域或者按 Enter 键,可以对新建文档命名,如图 3-19 所示。

图 3-18　使用右键菜单新建文件

图 3-19　对新建文件命名

（2）重命名文件和文件夹。使用 Windows 10系统时可以更改文件或文件夹的名称，以便合理地管理计算机中的文件。如果要重命名计算机中的文件或文件夹，可以选择下列方法之一进行操作：

①选择要重命名的文件或文件夹，单击文件或文件夹的名称所在区域，此时文件或文件夹的名称将处于被选择状态。重新输入文件或文件夹的名称，然后单击空白区域或按Enter键，即可完成文件或文件夹的重命名操作。

②右击要重命名的文件或文件夹，执行快捷菜单中的"重命名"命令，此时文件或文件夹的名称将处于被选择状态。重新输入文件或文件夹的名称，然后单击空白区域或按Enter键，即可完成文件或文件夹的重命名操作。

（3）复制文件和文件夹。有时，需要将某些数据文件复制到U盘或其他可移动存储设备中，以备份计算机中的文件，如果要复制计算机中的文件或文件夹，可以选择下列方法之一进行操作：

①复制单个文件或文件夹。右击要复制的文件或文件夹，执行快捷菜单中的"复制"命令，然后打开目标文件夹窗口，右击该窗口的空白区域，执行快捷菜单中的"粘贴"命令，即可完成文件或文件夹的复制操作。

②复制多个文件或文件夹。按住Ctrl键多次单击选择或按住Shift键连续选择要复制的文件或文件夹，然后按"Ctrl+C"快捷键，接着打开目标文件夹窗口，再按"Ctrl+V"快捷键，即可完成多个文件或文件夹的复制操作。

（4）移动文件和文件夹。

①移动单个文件或文件夹。右击要移动的文件或文件夹，然后执行快捷菜单中的"剪切"命令，接着打开目标文件夹窗口，右击该窗口的空白区域，再执行快捷菜单中的"粘贴"命令，即可完成文件或文件夹的移动操作。

②移动多个文件或文件夹。按住Ctrl键多次单击选择或按住Shift键连续选择要移动的文件或文件夹，然后按"Ctrl+X"快捷键，接着打开目标文件夹窗口，再按"Ctrl+V"快捷键，即可完成多个文件或文件夹的移动操作。

（5）删除文件或文件夹。当某些文件或文件夹不再需要时，可以将其从计算机中删除以释放所占用的磁盘空间。删除文件或文件夹时，Windows会将它们临时存储到"回收站"中。如果误删了某些文件或文件夹，可以从"回收站"中还原已删除的文件或文件夹。如果确定不再需要"回收站"中的文件或文件夹，可以清空"回收站"。

选择想要永久删除的文件，按"Shift+Del"快捷键，可以永久删除文件或文件夹。值得注意的是，删除从U盘或其他可移动存储设备上的文件或文件夹时，一般都会永久删除。

（6）查看或更改文件属性。文件属性是有关文件的一些详细信息，如文件的作者、创建日期、修改日期以及大小等，某些类型的文件无法添加或更改属性，如无法向.txt、.bmp、.rar或.rtf类型的文件添加任何属性。

在 Windows 10系统中，不同类型的文件的可用属性会有所不同。例如，可以将"分级"属性应用于部分音乐、视频文件，但无法向.txt类型的文本文档添加该属性。

　　右击要查看或更改属性的文件,然后执行快捷菜单中的"属性"命令,打开该文件的属性对话框,切换到"详细信息"选项卡。如果要更改文件的某项属性,单击该属性并输入新的属性内容,然后单击"确定"按钮,最后应用设置并关闭对话框即可。

3.5　Windows 10 系统设置

3.5.1　电源管理

　　电源管理决定着计算机的使用时间,电源管理还涉及操作系统性能方面的用户体验。相较于以前的 Windows 版本,Windows 10 操作系统中的电源管理功能更加强大,不仅可以根据用户的实际需要灵活设置电源使用模式,让 PC 用户在使用电池续航的情况下依然能最大限度地发挥功效,而且在细节上更加贴近用户的使用需求,方便用户更快地设置和调整电源计划。

　　(1)设置电源选项。Windows 10 操作系统默认在开机状态下,其计算机机身上的电源按钮和闭合笔记本顶盖的作用为睡眠,用户可以自定义电源按钮和闭合笔记本顶盖等行为模式。在控制面板中依次选择"硬件和声音"→"电源选项"选项,然后在电源选项侧边栏中选择"选择电源按钮的功能"或"选择关闭盖子的功能"选项,两者使用同一设置界面。

　　可以设置在使用电池和使用电源两种情况下的"降低显示亮度""关闭显示器""进入睡眠状态"和"亮度",如图 3-20 所示。

图 3-20　电源选项界面

　　(2)节电模式。节电模式是 Windows 10 操作系统新增的功能,依次在 Windows 设置中选择"系统"→"电池"选项,即可看到"节电模式"选项,如图 3-21 所示。默认在计算机电池电量不足 20% 之后,操作系统自动开启节电模式,限制应用程序后台活动并降低屏幕亮度,以便延长计算机续航时间。

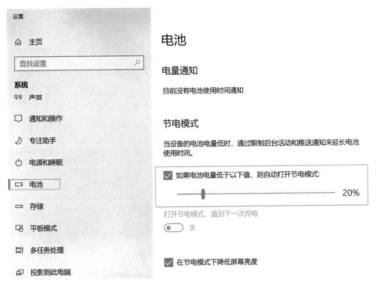

图 3-21　电池界面

3.5.2　多显示器体验

多显示器模式是指一台主机配备多个显示器,不同的显示器用于显示不同的内容。对于一边要编辑文档、一边要查找资料的用户来说,准备多个显示器可以提升工作效率。Windows 10操作系统增强了多显示器的功能,并且在多显示器环境中对Modern应用程序也提供了支持。

在 Windows 10操作系统中,当把外接显示器与计算机连接之后,操作系统会自动识别外接显示器,并选择默认的显示方式。Windows 10操作系统中,多显示器模式有四种显示方式,默认显示方式为复制。可按"Win+P"组合键打开显示模式菜单,修改显示方式,如图3-22所示。

图 3-22　多显示器模式

3.5.3　输入法和多语言设置

Windows 10操作系统支持多达109种语言,对小语种语言支持也更加丰富。此外Windows 10操作系统中自带的微软拼音输入法也得到了巨大的改进,其丰富的词库、词汇的准确识别、云搜索等功能,完全可以替代第三方拼音输入法。

在 Windows 10操作系统中,可添加或删除其他语言输入法,语言选项设置更加直观与便捷化。在控制面板的"区域和语言"分类界面下单击"高级键盘设置"按钮(图3-23),在语言首选项界面中可以更改默认的输入法,也可以通过选择"允许我为每个应用窗口使用不同的输入法"选项让此功能生效等。

图 3-23　区域和语言界面

若要将其他语言输入法添加至 Windows 10 操作系统,只需单击"添加语言"按钮,然后在打开的语言选择列表中选择相应语言即可。通过上述操作只会添加所选择语言的输入法,不会下载或安装语言界面包。若要删除输入法,只需选择语言列表中需要删除的输入法,单击"删除"按钮即可。

3.5.4　账户管理

Windows 10 操作系统默认有 Administrator(管理员)与 Guest(来宾)两类账户,可在 Windows 设置中新建或更改账户信息等。

(1)使用控制面板管理账户。普通用户可以通过控制面板对操作系统的账户进行管理,这也是最直观的一种管理方式。Guest 账户主要供 PC 中没有固定账户的用户临时使用,它允许用户使用计算机,但没有给用户访问个人文件的权限。使用 Guest 账户的用户无法安装任何应用程序、硬件以及更改设置或者创建密码。Guest 账户其实是一个标准的受限用户,Windows 10 操作系统默认禁用 Guest 账户。可以通过更改账户功能来开启 Guest 账户,但这样会给系统带来很大的隐患。

(2)更改账户类型。在 Windows 10 操作系统中,可以通过管理员账户来更改账户类型,以完成对本地账户的权限与操作的管理,如图 3-24 所示。

图 3-24　更改账户类型

3.6　Windows 10的设备管理

3.6.1　应用程序的安装和卸载

应用程序作为现代操作系统的精髓,是用户日常操作的主要对象,包含安全防护、文字处理、辅助设计、多媒体播放、图像处理、游戏娱乐等程序。可以通过Windows 10操作系统安装、运行和管理应用程序。

(1)安装应用程序。运用Bing或者默认浏览器下载需要安装的应用程序,双击安装包弹出"用户账户控制"对话框,可以单击快速安装直接运行安装程序,也可以单击安装选项按钮选择程序的安装路径。

(2)运行应用程序。在安装应用程序时,通常还会询问用户是否在桌面上创建该程序的快捷方式。双击桌面快捷方式即可启动应用程序。

(3)删除应用程序。在Windows 10设置界面,选择"应用"→"应用和功能"选项,通过右侧的搜索框找到想要删除的应用程序,选择该应用程序后单击"卸载"按钮即可完成应用程序的卸载。

3.6.2　任务管理器

对于使用Windows操作系统的用户来说,最熟悉的应该就是任务管理器。当遇到程序未响应的时候,常见操作便是打开任务管理器,结束未响应的程序进程。在Windows 10操作系统中,任务管理器有了巨大的革新,相对于旧版Windows系统来说,新版任务管理器的功能更强大、操作更简便、界面更直观。

Windows 10操作系统中,任务管理器有两种显示模式:简略信息模式和详细信息模式。默认打开的是简略信息模式。按"Ctrl+Alt+Delete"组合键,在打开的界面中可选择任务管理器的显示模式。

(1)简略版任务管理器。第一次打开新版任务管理器时只显示简略信息,显示当前正在运行的应用程序。新版任务管理器更加简洁直观,后台运行的应用程序也可以显示出来(如Modern应用程序、某些后台客户端程序等,其在传统的任务管理器应用程序选项页中是无法显示的)。而一些操作系统程序(如文件资源管理器、任务管理器等)在简略版任务管理器中是无法显示的。

(2)详细版任务管理器。如果感觉简略版任务管理器不能满足需求,可以通过选择简略版任务管理器页面左下方的"详细信息"选项切换至功能更强的详细版任务管理器。在这里可以看到熟悉的进程、性能、用户以及新增加的应用历史记录、启动、详细信息等选项页。

①进程选项页。新版任务管理器采用的是热图显示方式,通过颜色来直观地显示应用程序或进程使用资源的情况。进程选项页默认情况下依次显示:名称、状态、CPU

（程序使用CPU状况）、内存（程序占用内存大小）、磁盘（程序占用磁盘空间大小）、网络（程序使用网络流量多少）等，如图3-25所示。

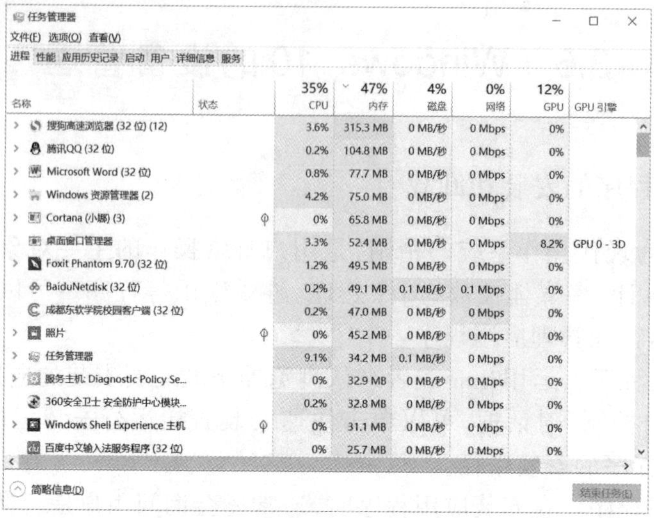

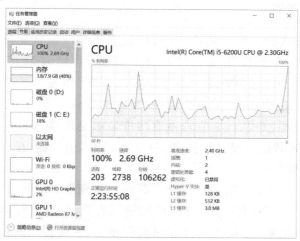

图3-25　详细版任务管理器

②性能选项页。新版任务管理器中，性能选项页得到了极大的改进与完善，完全可以替代第三方的性能监视器。新版任务管理器在旧版的CUP、内存基础上增加了磁盘、无线网、以太网三大图表，并且显示更加简洁合理，使得用户能够更直观地查看相关资源，如图3-26所示。

图3-26　性能选项页

3.6.3　打印机的安装、设置与管理

打印机是常用到的一个外部设备，在现代办公中打印机已经成为不可缺少的重要工具。

（1）连接打印机。打印机按工作方式不同可分为针式打印机、喷墨打印机和激光打印机等。打印机的接口有并行接口、专业的SCSI接口、主流的USB接口以及无线连接等。

将打印机电源接好,并连接到计算机的USB端口,然后打开打印机电源。打开计算机进入操作系统,就会在通知区域看到"发现新硬件"消息,表示打印机与计算机连接完毕。

(2)安装打印机驱动程序。打印机与计算机连接完毕后,打开打印机电源,重新启动计算机。本书以联想LJ2205打印机为例进行阐述。当计算机进入操作系统后会自动检测安装的新硬件,然后会提示安装驱动程序。

到联想打印机品牌官方网站找到LJ2205,将相关驱动下载到计算机中,找到下载下来的打印机驱动程序。打开驱动程序,找到Setup.exe文件,然后按照提示进行安装即可。

也可以通过打印机包装中自带的光盘安装打印机驱动程序(因现在很多笔记本电脑没有光驱,故此种方式现在较少使用)。

(3)设置打印机首选项。设置打印机的首选项,可以提高工作效率,对于不熟悉打印机的用户来说,可达到事半功倍的效果。调出设置界面,单击"设备"按钮,然后选择"打印机和扫描仪"选项卡,找到安装好的打印机"LJ2205",单击"管理"按钮,如图3-27所示。

图3-27 "打印机和扫描仪"界面

在"基本"界面,可以设置"纸张大小",默认为"A4";也可以选择默认打印的方向是"横向"还是"纵向";还可以设置"介质类型""打印质量""打印设置"等首选项,如图3-28所示。

图3-28 首选项"基本"界面

图 3-29　打印机管理界面

在"高级"界面,可以设置缩放功能,调整纸张为"A3"或其他尺寸;还可以选择"反转打印""使用水印""页眉页脚打印"和"省墨模式"等。

(4)测试打印机。打印机与计算机连接完毕且安装完驱动程序以后,还需要测试打印机 LJ2205 是否能正常工作,以判断打印机是否确实已经安装成功。在"打印机和扫描仪"选项卡中,找到安装好的打印机"LJ2205",单击"管理"按钮,然后在打开的页面中单击"打印测试页"按钮(图 3-29),如果打印机已安装成功则会显示"已将测试页发送到打印机"的提示,可前往打印机查看打印测试页。

3.7　Windows 10 的其他应用

Windows 10 操作系统还自带一些小程序,如截图工具、计算器等,非常贴近日常生活的实际应用,能让用户轻松感受 Windows 10 带来的高效和便利。

3.6.1　截图工具

当用户需要捕捉当前电脑屏幕上的内容时,可以调用 Windows 10 的截图工具,可以获取任意形状、矩形、窗口和全屏四种类型的图片,然后粘贴到对应的位置,满足使用要求。

在"开始"菜单的搜索框中输入"截图工具"进行搜索,会显示相应的应用程序,单击应用程序的图标,会打开"截屏工具"的基本操作界面,包含"新建""模式""延迟"等功能按钮,如图 3-30 所示。

图 3-30　"截屏工具"操作界面

截图工具包括任意格式截图、矩形截图、窗口截图、全屏幕截图四种模式,如图 3-31 所示。

图 3-31　截图模式选项

全屏幕截图是指截取当前整个屏幕的内容。选择"模式"→"全屏幕截图"选项,就会捕捉当前屏幕的所有内容。

矩形截图是指通过框选矩形截取自己所需要的内容。选择"模式"→"矩形截图"选项,就会捕捉矩形框中选取的内容,如图3-32所示。

任意格式截图是指通过不规则曲线来选取自己所需要的内容。选择"模式"→"任意格式截图"选项,然后绘制不规则曲线,就会捕捉不规则曲线中选取的内容,如图3-33所示。对截取的图像,可通过单击"保存"按钮进行保存,还可以选择图像保存的格式。

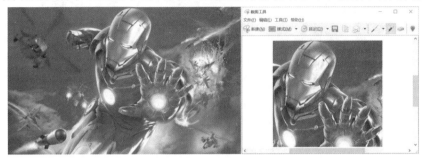

图3-32　钢铁侠原图和矩形截图

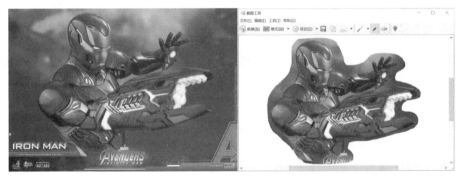

图3-33　钢铁侠原图和任意格式截图

捕捉到图像后,用户还可以根据需求进一步选用"笔"和"荧光笔"绘制所需的图案和文字。如果不满意绘制效果,可以选择"橡皮擦"来擦除已经绘制的效果,如图3-34所示。

图3-34　用荧光笔绘制截图后的钢铁侠

如果需要进一步编辑截取的图像,可以通过单击 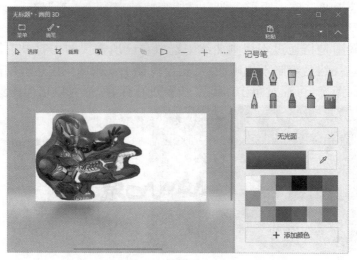 图标来调用已下载安装好的"画图 3D"编辑程序进一步处理图像,如图 3-35 所示。

图 3-35　用"画图 3D"编辑程序进一步处理图像

3.6.2　计算器

计算器是 Windows 10 系统自带的附件之一,它的功能与日常使用的计算器几乎完全一样。计算器包含标准、科学、程序员、日期计算四种不同的模式。标准型计算器可以胜任日常工作中的算术运算,而科学型计算器可以完成较为复杂的科学运算,如函数运算等。Windows 10 系统中的计算器具有与以往版本不同的功能,其增加了多重计算和中间过程的显示区域以及"主流货币、体积、长度、重量"等单位的换算功能。

(1)标准型计算器。在"开始"菜单的搜索框中输入"计算器"进行搜索,会显示相应的应用程序,单击应用程序的图标,会打开"计算器"的基本操作界面,系统默认打开的是标准型计算器,单击左上侧的三横功能按钮可切换计算器的类型,如图 3-36 所示。

图 3-36　标准界面及计算器类型切换

（2）科学型计算器。如果 Windows 10用户要进行更为复杂的运算,如幂、开方、三角函数等运算,则需要通过科学型计算器来实现。切换到科学型计算器,可以进行平方或立方的幂次运算等高阶计算,如图3-37所示。

（3）计算器的换算功能。以货币单位换算为例,首先选择需要换算的两个单位,如"人民币"和"美元"。然后以100元人民币为例进行换算,根据当日汇率得出"100元人民币等于14.49美元"的结果,如图3-38所示(注:货币的换算需要 Windows 10系统连接互联网)。

图3-37　科学计算示意　　　　　　图3-38　货币单位换算

●—— 课后练习 ——●

（1）切换用户和注销后登录有什么区别?

（2）自己的电脑安装操作系统后,需要安装哪些驱动程序和常用软件?

（3）计算器除了常用于四则运算外,还可以实现哪些特殊的功能?

（4）用画图工具可以实现哪些PS的功能?

（5）查看自己电脑的BIOS设置,并把启动顺序改为:第一为光盘启动,第二为硬盘启动,第三为USB启动。

（6）自己试着安装一些常用软件。

（7）自己试着选择并安装一款杀毒软件。

（8）使用 Windows 10系统自动的计算器在十进制和二进制之间进行转换。

第 4 章

文字处理 Word 2016

通过本章的学习,应掌握以下内容:

- Word 2016 的启动和退出
- 创建新的 Word 2016 文档
- 文档的基本编辑
- 文档的字符和段落排版
- 添加项目符号和编号等其他格式排版
- 文档的页面排版
- 样式设置和目录提取
- 表格的创建和编辑
- 表格的数据处理
- 表格的美化
- 图文混排
- 自绘图形和艺术字的设置
- 组织结构图和数学公式的录入

　　Microsoft Office 是微软公司开发的一套基于 Windows 操作系统的办公软件套装,常用组件有 Word、Excel 和 PowerPoint 等。一直以来,Microsoft Office 中的 Word 都是最流行的文字处理程序。Word 给用户提供了专业创建文档的工具,帮助用户节省时间,并得到优雅美观的结果。

4.1　Word 2016 概述

4.1.1　Word 2016 的启动与退出

　　启动 Word 2016 的方式有很多种,常见的是以下三种:

　　(1)从"开始"菜单启动 Word 2016。打开"开始"菜单,选择"所有程序"选项,再选择"Microsoft Office"选项,然后选择"Microsoft Office Word 2016"选项,即可启动 Word 2016。

　　(2)通过桌面上的快捷方式启动 Word 2016。在桌面上创建一个 Word 2016 快捷方式,双击该快捷方式图标,即可启动 Word 2016。

（3）通过文档打开 Word 2016。双击已存在的 Word 2016文档,即可启动 Word 2016。

退出 Word 2016也有以下三种常见方法:

（1）单击 Word 2016窗口标题栏右下角的"关闭"按钮 **✕** 。

（2）单击"文件"按钮,执行"关闭"命令。

（3）按"Alt+F4"组合键。

4.1.2　Word 2016的用户界面

启动 Word 2016以后,用户界面如图4-1所示。

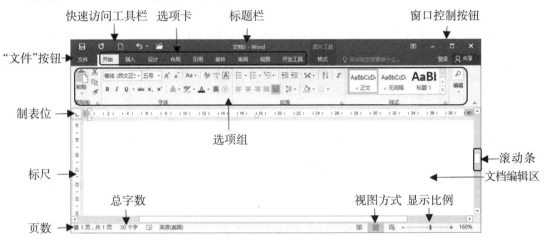

图4-1　Word 2016的用户界面

在用户界面中,可以划分为以下几个部分:

（1）标题栏。标题栏位于整个 Word 2016的用户界面的最上端,用于显示当前的应用程序（Microsoft Word）,并显示当前文档的文件名。标题栏还包括右侧的最小化、最大化/向下还原和关闭等按钮。

（2）快速访问工具栏。快速访问工具栏位于标题栏的左侧,主要放置一些常用的命令按钮。单击旁边的下三角按钮,可以添加和删除其中的命令按钮。

（3）选项卡和选项组。在 Word 2016中,包括"开始""插入""设计""布局""引用""邮件""审阅""视图""开发工具"等9个选项卡。9个选项卡的功能描述如下:

①"开始"菜单选项卡包含剪贴板、字体、段落、样式和编辑五个分组功能区,主要用于在 Word 文档中进行文字编辑和格式设置,是最常用的菜单选项卡。

②"插入"菜单选项卡包含页面、表格、插图、加载项、媒体、链接、批注、页眉和页脚、文本和符号等分组功能区,主要用于在 Word 文档中插入各种元素。

③"设计"菜单选项卡包含主题、文档格式和页面背景三个分组功能区,主要用于在 Word 文档中进行格式设计和背景编辑。

④"布局"菜单选项卡包含页面设置、稿纸、段落、排列等分组功能区,主要用于在 Word 文档中设置页面样式。

⑤"引用"菜单选项卡包含目录、脚注、引文与书目、题注、索引和引文目录等分组功能区,主要用于在 Word 文档中实现插入目录等比较高级的功能。

⑥"邮件"菜单选项卡包含创建、开始邮件合并、编写和插入域、预览结果和完成等分组功能区,主要作用比较专一,专门用于在 Word 文档中进行邮件合并方面的操作。

⑦"审阅"菜单选项卡包含校对、见解、语言、中文简繁转换、批注、修订、更改、比较和保护等分组功能区,主要用于在 Word 文档中进行校对和修订等操作。

⑧"视图"菜单选项卡包含文档视图、显示、显示比例、窗口和宏等分组功能区,主要用于在 Word 文档中设置操作窗口的视图类型。

⑨"开发工具"菜单选项卡包含代码、加载项、控件、映射、保护、模板等分组功能区,包括 VBA 代码、宏代码、模板和控件等 Word 2016 开发工具。

(4)制表位。制表位位于编辑区的左上角,主要用来定位数据的位置与对齐方式。

(5)标尺。Word 2016 提供水平标尺和垂直标尺,利用标尺可以设置页边距、字符缩进和制表位。垂直标尺只有使用页面视图或打印预览页面显示文档时,才会出现在 Word 工作区的最左侧。

(6)滚动条。滚动条包括垂直滚动条和水平滚动条,当文本的高度或宽度超过屏幕的高度或宽度时,就会出现滚动条。使用滚动条水平或垂直移动文本,用户可以看到文档的不同部位。滚动条上的方形滑块指明了当前插入点在整个文档中的位置。

(7)状态栏。状态栏位于 Word 窗口的下方,用来显示关于当前正在窗口中查看的内容的状态、插入点所在的页数和位置以及文档的上下文信息。

4.2　文档的基本操作

对 Word 2016 的工作界面有了一定的了解以后,就可以对文档进行简单的基本操作了。Word 2016 文档的基本操作包括:新建文档、保存文档、打开文档、输入文档、文本编辑以及窗口的拆分等。

4.2.1　新建文档

用户首先要创建文档,然后才能对文档进行编辑、设置、打印等操作。创建的新文档可以是空白文档,也可以是模板文档。

创建空白文档的方法有三种:

(1)系统自动创建。打开 Word 2016 时系统会自动创建一个名为"文档1"的空白文档,默认扩展名为"docx"。

(2)菜单创建。单击"文件"按钮,执行"新建"命令,在展开的"可用模板"列表中选择"空白文档"进行创建。

(3)快速访问工具栏创建。单击"快速访问工具栏"中的"新建"按钮 ▯,可快速创建空白文档。

在 Word 2016 中,用户不仅可以创建模板类的文档,还可以创建 Office.com 中的模板文档。Word 2016 为用户提供了费用报表、会议议程、名片、日历、信封等多种模板,用户只需在模板列表中选择即可。

4.2.2 保存文档

在文档编辑过程中及文档编辑完成后,为了防止文件丢失,需要对文档内容及时进行保存。

对新建的文档进行保存时,可先单击"文件"按钮,执行"保存"命令,或者单击快速访问工具栏上的"保存"按钮,打开"文件"菜单中的"另存为"选项卡(图4-2),然后通过选择"这台电脑"或"浏览"选项选择需要保存到的文件夹,这时系统将打开"另存为"对话框(图4-3),可以再次选择文档需要存放的位置,也可在"保存类型"下拉列表中选择文档格式(默认为 Word 文档类型,扩展名为".docx"),最后在"文件名"输入框中输入文件名并单击"保存"按钮即可。

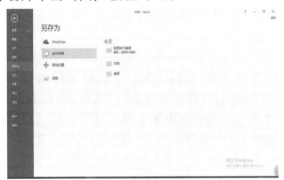 

图4-2　文件"另存为"　　　　　图4-3　"另存为"对话框

在对一个已有的文档进行编辑修改后,也需要保存,有以下几种方法:

(1)单击"文件"按钮,执行"保存"命令。

(2)单击快速访问工具栏上的"保存"按钮 🔲 。

(3)按"Ctrl+S"组合键。

(4)单击"文件"按钮,执行"另存为"命令,或者使用功能键F12,方法与新建文档的保存方法相同。使用这种方法可以对文件进行重命名或者指定另外的存储路径。

为了防止因意外断电等突发事件而导致没有及时保存的大量文档内容丢失,Word 2016 自带了自动保存文档的功能;另外,还可以设置 Word 文件的保存格式等。单击"文件"按钮,在展开的菜单中执行"选项"命令,打开"Word 选项"窗口,切换到"保存"选项卡,可根据需要进行设置,如图4-4所示。

如需加密保存文档,可以在打开的"另存为"对话框中单击"工具"右侧的下拉按钮,在下拉菜单中执行"常规选项"命令,打开"常规选项"对话框。然后在该对话框的"打开文件时的密码"文本框和"修改文件时的密码"文本框中输入密码,并单击"确定"按钮。在打开的"确认密码"对话框中重新输入打开文件时的密码,单击"确定"按钮。再次打开"确认密码"对话框,再次输入修改文件时的密码,单击"确定"按钮。最后单击"保存"按钮,则完成加密保存文档的操作。

图4-4　"Word选项"对话框

4.2.3　打开文档

如果要对已有的 Word 文档进行编辑或查看,需要在程序窗口中执行文件的打开操作。打开单个文档的方式有很多种:一是可以双击已经存在的 Word 文档;二是在 Word 2016窗口中,单击"文件"按钮,执行"打开"命令;三是单击快速访问工具栏上的"打开"按钮,显示"打开"菜单(图4-5),选择"浏览"选项,这时系统将打开"打开"对话框(图4-6),首先选择需要打开的文档,然后单击"打开"按钮。

Word 2016也可以同时打开多个文档,常用的有以下两种方法:

方法一:依次打开多个文档。

方法二:同时打开多个文档。具体操作为:先打开"打开"对话框,然后在选择文件时按住 Ctrl 键,选择多个文件同时打开。

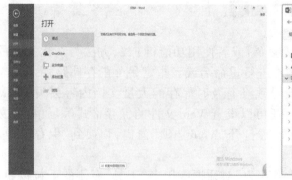

图4-5　"打开"菜单　　　　　　　　　　图4-6　"打开"对话框

4.2.4　输入文档

创建新文档以后,找到竖直闪烁的光标,即插入点,用户就可以在此插入点输入文档内容了。在输入文档的过程中常用的操作如下:

（1）定位插入点光标。在空白Word文档中，双击鼠标可定位插入点光标的位置。在编辑过的Word文档（非空白Word文档）中，单击鼠标即可定位插入点光标的位置。此外，用户可以利用键盘上的方向键、PgUp键和PgDn键在文档中移动插入点光标的位置；也可以执行"开始"→"编辑"→"查找"→"转到"命令进行定位；还可以直接在状态栏单击"页码"处，打开"导航"对话框进行定位。

（2）中英文输入法的切换。可以直接利用键盘输入英文。若要输入中文，可以通过按"Ctrl+Space"组合键或者单击任务栏右侧的输入法选择按钮来切换和选择中英文输入法。

（3）符号和特殊字符的输入。执行"插入"→"符号"→"符号"→"其他符号"命令，在打开的"符号"对话框中可选择要输入的符号，如图4-7所示。

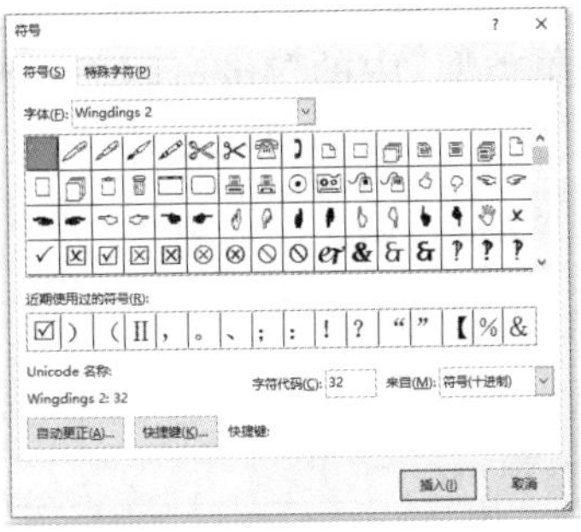

图4-7　"符号"对话框

【例4-1】　插入版权符号"©"。操作步骤如下：

①打开"符号"对话框，选择"特殊符号"选项卡。

②选择"版权所有"符号（图4-9），单击"插入"按钮。

从图4-9中可以看出，版权符号"©"也可以通过按"Alt+Ctrl+C"组合键来输入。另外，在英文状态下直接输入"（c）"，Word的自动更正功能将直接把它替换成版权符号"©"。如果不想被替换，可以按Backspace键取消；或者在图4-8中，单击"自动更正"按钮，打开"自动更正"对话框，选择列表框中的版权符号（图4-9），单击"删除"按钮。

图4-8　插入版权符号

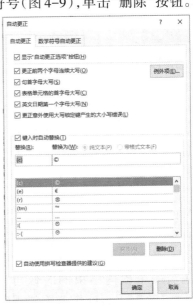

图4-9　"自动更正"对话框

（4）输入公式。在制作论文文档或其他一些特殊文档时，往往需要输入数学公式。Word 2016为用户提供了二次公式、二项式定理、傅里叶级数等9种公式。选择"插入"选项卡，打开"符号"组中的"公式"下拉菜单，在下拉列表中可选择公式类别，如图4-10所示。

　　另外,用户还可以通过在"公式"下拉列表中选择"插入新公式"选项,在"设计"选项卡中设置公式结构或公式符号来创建新公式。

　　用户也可以打开"公式编辑器"输入公式。操作方法是:选择"插入"选项卡,打开"文本"命令组中的"对象"下拉菜单,执行"对象"命令,在打开的"对象"窗口中选择"对象类型"中的"Microsoft 公式3.0"选项,单击"确定"按钮,即可通过公式编辑器编辑公式了,如图4-11所示。

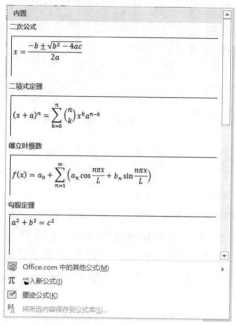

图4-10　选择公式

图4-11　打开"公式编辑器"

　　如果需要对公式中的格式进行设置,可以选择整个公式或公式的一部分,打开"开始"选项卡,进行字体、字号的更改。

　　(5)插入和改写模式。在Word中,有两种输入模式,即插入模式和改写模式,默认的是插入模式,按Insert键可以进行插入模式和改写模式的切换。

　　在插入模式下,输入的文字将插入当前的位置,后面的文字依次向后退;在改写模式下,输入的文字会直接替代插入点后的字符。在Word窗口下方的状态栏右击,在打开的"自定义状态栏"菜单中有一个"改写"选项,若当前处于"插入"模式,"改写"选项对应的值为"插入";若当前处于"改写"模式,"改写"选项对应的值则为"改写"。

　　另外,在输入文本的过程中,在各行的结尾处不用按Enter键,Word系统会自动换行。每当一个段落结束的时候可以按Enter键换行。如果出现输入错误,则可以按Delete键或者Backspace键删除错误字符。

4.2.5　文本编辑

　　(1)选择文本操作。在Word 2016中,用鼠标或者键盘都可以选择连续的或者不连续的文本。

　　①使用鼠标选择文本的方式较多,如表4-1所示。

表4-1 使用鼠标选择文本

选择内容	操作方法
任意数量的文字	用鼠标拖过这些文字
一个英文单词	双击该单词
一行文字	单击该行最左端的选择条,此时指针变为指向右边的箭头
多行文字	选择首行后向上或向下拖动鼠标
一个句子	按住 Ctrl 键在该句的任何地方单击
一个段落	双击该段最左端的选择条,或者三击该段落的任何位置
多个段落	选择首段后向上或向下拖动鼠标
连续区域的文字	单击所选内容的开始处,按住 Shift 键单击所选内容的结束处
整篇文档	双击选择条中的任意位置或按住 Ctrl 键单击选择条中的任意位置
矩形区域文字	按住 Alt 键拖动鼠标

②用键盘选择文本的方法如表4-2所示。

表4-2 使用键盘选择文本

选择范围	操作键	选择范围	操作键
上一行	Shift+↑	上一屏	Shift+PgUp
下一行	Shift+↓	下一屏	Shift+PgDn
至段落末尾	Ctrl+Shift+↓	至文档末尾	Ctrl+Shift+End
至段落开头	Ctrl+Shift+↑	至文档开头	Ctrl+Shift+Home
至行末	Shift+End	整个表	Alt+5(小键盘)
至行首	Shift+Home	整个文档	Ctrl+5(小键盘)或 Ctrl+A

(2)移动和复制操作。移动文本可以通过使用鼠标或者剪贴板来实现。

①使用鼠标。先选择要移动的文本,然后拖动到插入点的位置。

②使用剪贴板。先选择要移动的文本,打开"开始"选项卡,执行"剪贴板"中的"剪切"命令(快捷键为"Ctrl+X"),定位插入点到目标位置,再执行"剪贴板"中的"粘贴"命令(快捷键为"Ctrl+V")。

复制文本也可以通过使用鼠标或者剪贴板来实现。

①使用鼠标。先选择要复制的文本,然后按住 Ctrl 键,再拖动到插入点的位置。

②使用剪贴板。先选择要复制的文本,打开"开始"选项卡,执行"剪贴板"中的"复制"命令(快捷键为"Ctrl+C"),定位插入点到目标位置,再执行"剪贴板"中的"粘贴"命令。在不改变剪贴板内容的情况下,可以连续执行"粘贴"命令,实现多处复制。

(3)查找与替换操作。打开"开始"选项卡,选择"编辑"组中的"替换"选项,可打开"查找和替换"对话框。在"查找"选项卡中的"查找内容"下拉列表框中输入要查找的内容,如"童年"(图4-12),单击"查找下一处"按钮,则开始查找文本。如果用户继续单击"查找下一处"按钮,将继续往下查找。待查找整个文档后,将弹出对话框提示用户查找已完成。

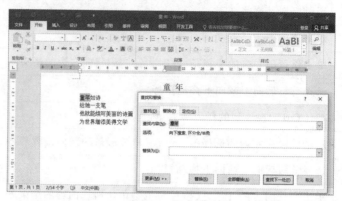

图4-12　"查找"操作

Word中的查找和替换操作还可以设定更详细的查找条件,用户可以在"查找和替换"对话框中单击"更多"按钮,进行相应的设置。其中,包括查找大小写完全匹配的文本、在查找内容中使用通配符、对查找内容进行具体格式的限定以及查找一些特殊字符等功能,如图4-13所示。

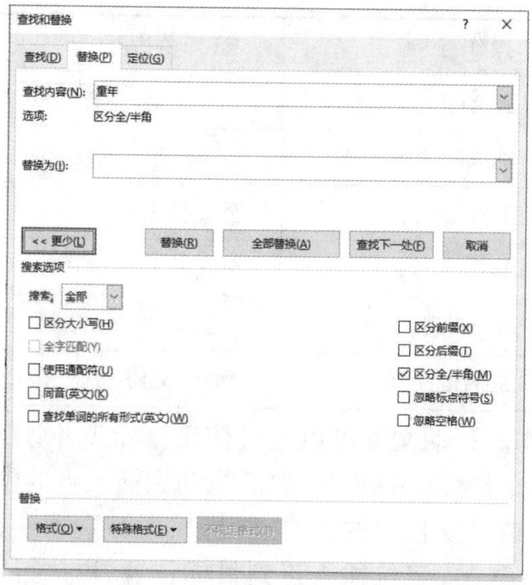

图4-13　查找指定格式的字符

替换操作可以将查找到的文本替换为其他内容。打开"查找和替换"对话框,在"替换"选项卡中的"查找内容"下拉列表框中输入要查找的内容,在"替换为"下拉列表框中输入要替换的内容,如将"童年"替换为"青年",如图4-14所示。此时,如果单击"全部替换"按钮,则满足条件的内容将被完全替换;如果单击"替换"按钮,则只替换当前一处内容,继续向下替换可再次单击此按钮;如果单击"查找下一处"按钮,Word将不替换当前找到的内容,而是继续查找下一处内容,查到以后是否替换,由用户决定。

图 4-14 "替换"操作

在"替换"选项卡中,也有"更多"按钮,使用方法与"查找"选项卡中的"更多"按钮是相同的,都可以查找并替换指定格式的字符。

【例 4-2】 在日常工作中,我们经常从网上下载一些文字材料,但是里面有可能包含很多空行,如果手动删除的话会很麻烦,此时就可以巧用"替换"功能来删除这些空行。操作步骤如下:

①打开"查找和替换"对话框,选择"替换"选项卡,选择"更多"选项,在"特殊格式"中选择"段落标记"选项,此时在"查找内容"文本框中出现了"^p"符号,代表"段落标记",即通常所说的回车符。

②按照相同的方法再选择一次"段落标记"选项,则在"查找内容"文本框中输入了两个"段落标记";同时在"替换为"文本框中也输入一个"段落标记",如图 4-15 所示。

③单击"全部替换"按钮,此时文档中所有的空行全部被删除。

注意:有的时候从网上下载的文字材料中使用的是"手动换行符"("Shift + Enter"),而不是通过"段落标记"来换行,这时就需要把"^p^p"替换为"^p"("特殊格式"里面选择"手动换行符"),这样才能删除空行。

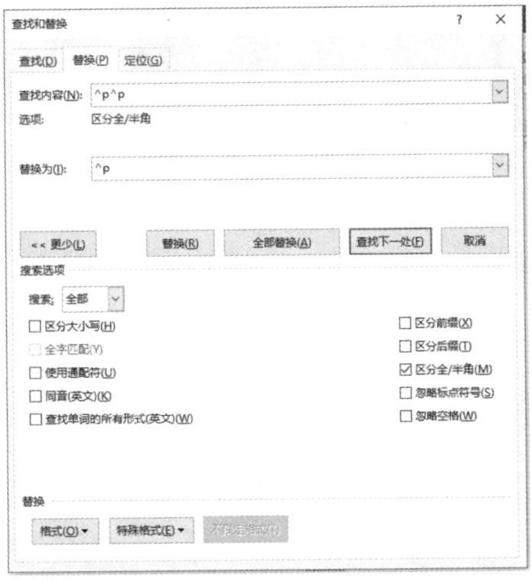

图 4-15 使用"替换"功能删除空行

(4)撤消与恢复操作。用户在编辑文本时,如果要对以前所做的操作进行反复修改,需要恢复以前所做的操作,可以单击快速访问工具栏中的"撤消"按钮(快捷键为"Ctrl+Z")。

经过撤消操作后,"撤销"按钮右侧的"恢复"按钮就可以使用了,它可以用来恢复刚才撤消的操作(快捷键为"Ctrl+Y")。

4.2.6 窗口的拆分

当处理比较长的文档时,可以使用 Word 的窗口拆分功能,将文档的不同部分同时显示,方便操作。打开"视图"选项卡,执行"窗口"命令组中的"拆分"命令,然后屏幕上会出现一条横线,将当前窗口分割为两个子窗口,如图 4-16 所示。拆分以后的两个窗口属于同一个窗口的子窗口,各自独立工作,用户可以同时操作两个窗口,迅速地在文档的不同部分之间切换。通过拖动横线可以调整子窗口的大小。如果要取消拆分,则执行"窗口"命令组中的"取消拆分"命令即可。

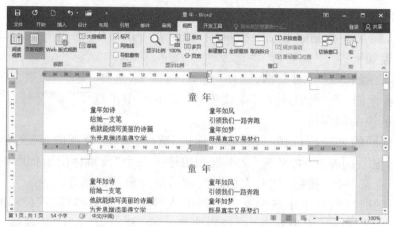

图 4-16　拆分窗口

4.2.7 动手练习

(1)公式录入。录入以下公式:

① $\begin{cases} x = R_i \cdot \cos\theta_j + O'_x \\ y = -R_i \cdot \sin\theta_j + O'_y \end{cases}$ 。

② $\sum_{i=1}^{K} s(i) = T$ 。

③ $R_{\max} = \min(\sin\alpha \cdot \dfrac{L_{ref}}{2}, \cos\alpha \cdot \dfrac{L_{ref}}{2})$ 。

(2)制作录用通知书。请按照例 4-3 的格式制作一份录用通知书。

操作提示:

①创建一个新文档,在文档中输入通知书的内容。

②采用"下划线"的方式输入文档中的横线。

③用插入特殊符号的方式来录入"➴"。

④利用学到的"复制"等编辑方法,简化录入过程。

⑤保存文档,并命名。

【例4-3】 制作录用通知书。

录用通知书

_____先生：

经我公司研究,决定录用您为本公司员工,请您于____年___月___日到本公司人事部报到,欢迎您加盟本公司。

报到须知：

- ➫ 报到时请持录取通知书；
- ➫ 报到时须带本人___寸照片___张；
- ➫ 须携带身份证、学历学位证书原件和复印件；
- ➫ 指定医院体检表;本公司试用期为___个月。

若您不能就职,请于____年___月___日前告知本公司。

××有限公司人事部
____年___月___日

4.3 格式排版

为了使文档的外观更为美观,用户可以对文档进行格式排版,包括字符排版、段落排版、边框和底纹设置、项目符号和编号设置等操作。

4.3.1 字符排版

字符排版是指对字符的字体、字号、字形、颜色、字间距、动态效果等进行设置。在进行字符排版前,只需选择需要进行格式设置的字符,然后对其进行格式设置即可。

（1）"字体"选项组。用户可以在"开始"选项卡的"字体"选项组中设置文本的字体、字号、字形和其他效果等格式,如图4-17所示。

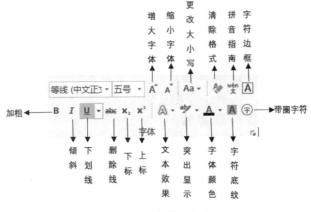

图4-17 "字体"选项组

　　①字体。用户可以通过"字体"下拉列表框对字体进行设置,其中包括各种中英文字体,Word 2016中默认的中文字体是宋体,默认的英文字体是Times New Roman。

　　②字号。字号是指字符的大小。"字号"下拉列表框中包括的中文字号有"初号""小初""一号"等,"初号"对应的字体最大,往下依次减小。数字表示法中的字号有"8磅""10磅"等,数值越大,字体越大。

　　③字形和其他效果。"字形"是指对字符进行加粗、倾斜、加下划线、添加底纹、添加边框等修饰。另外,还可以设置删除线、上下标、文字颜色以及阴影、发光、映像等效果。

图4-18　"字体"对话框

　　(2)"字体"对话框。利用"字体"对话框同样可以对字体格式进行设置,还可以设置字符间距和文字效果等。

　　①"字体"选项卡。在"开始"选项卡中,单击"字体"组右下角的"对话框启动器"按钮,打开"字体"对话框,在"字体"选项卡中,可以对字体进行相关设置,所有的设置在"预览"框里都可以预览,如图4-18所示。可以分别在"中文字体"下拉列表框中设置中文字体;在"西文字体"下拉列表框中设置英文字体;在"字形"下拉列表框中设置字形,如"常规""加粗"等;在"字号"下拉列表框中设置字号,如"小四""小五"等。

　　如果需要改变字体的颜色,则可以打开"字体颜色"下拉列表框,如图4-19所示。如果想使用更多的颜色则可以选择"其他颜色…"选项,打开"颜色"对话框,如图4-20所示。在"标准"选项卡中可以选择标准颜色,在"自定义"选项卡中可以通过设计颜色的RGB值来定义颜色。

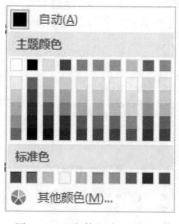

图4-19　"字体颜色"列表

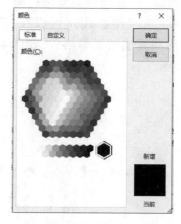

图4-20　"颜色"对话框

　　在"字体"选项卡中还可以为文字添加下划线、着重号和设置其他效果,如删除线、双删除线、上下标等。打开"下划线线型"下拉列表框可以选择下划线的线型。部分设置效果如图4-21所示。

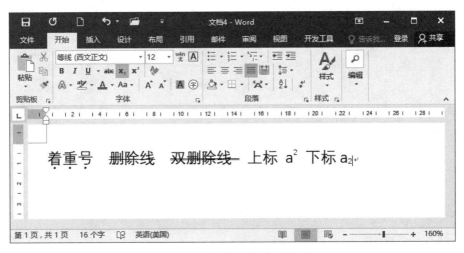

图4-21 部分字体设置效果

②"高级"选项卡。打开"字体"对话框,选择"高级"选项卡,可以进行字符的缩放、间距、位置等设置,如图4-22所示。"间距"下拉列表框中有"标准""加框"和"紧缩"三个选项;"位置"下拉列表框中有"标准""提升"和"降低"三个选项,右侧的数值框中都可以输入具体的磅值。

图4-22 "高级"选项卡

③"设置文本效果格式"对话框。单击"高级"选项卡中的"文字效果"按钮可以打开"设置文本效果格式"对话框,利用它可以进行文本填充、边框、轮廓、阴影和映像等效果的设置,如图4-23所示。

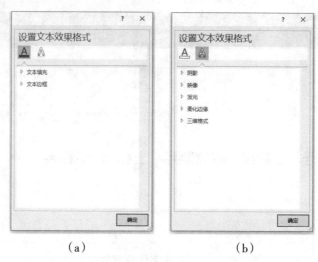

（a）　　　　　　　　　　（b）

图4-23　"设置文本效果格式"对话框

（a）文本填充与轮廓　（b）文字效果

【例4-4】　在文档中,如果需要重复设置文本格式,就可以利用"格式刷"方便地将某些文本的格式复制给其他文本。操作方法如下:

①选择已设定好格式的源文本,或者将光标定位在源文本的任意位置。

②执行"开始"选项卡→"剪贴板"命令组→"格式刷"命令,光标变成刷子形状。

③在目标文本上拖动鼠标,即可完成格式复制。

如果需要把已有的文本格式复制到多处文本块上,则需要双击"格式刷"按钮,然后再重复以上步骤的第三步。如果要取消格式的复制,直接按Esc键或者单击"格式刷"按钮,将鼠标恢复原状。

4.3.2　段落排版

在文档中,一个段落可以包括文字、图形或者其他对象,每个段落以Enter键作为结束标识符。Word 2016提供的段落排版功能可以对整个段落进行外观处理。

段落排版包括设置段落间距和行距、对齐方式和缩进等。打开"开始"选项卡,单击"段落"选项组右下方的"对话框启动器"按钮 ,打开"段落"对话框,如图4-24所示。在进行设置前,只需把光标定位于需要设置段落的任意位置即可,如果要对多个段落进行设置,首先要选择这几个段落。

在编辑文档的时候,如果只想另起一行而不想分段的话,可以按"Shift+Enter"组合键,产生一个手动换行符,也叫作软回车。

（1）设置段落对齐方式。选择要设置对齐方式的段落,打开"段落"对话框,默认打开的是"缩进和间距"选项卡,在"对齐方式"下拉列表中选择相应的对齐方式。Word 2016提供的对齐方式有左对齐、居中、右对齐、两端对齐和分散对齐,默认的对齐方式是两端对齐,它们的设置效果如图4-25所示。另外,直接单击"段落"组中的对齐按钮也可以进行设置,如图4-26所示。

图4-24 "段落"对话框

图4-25 段落对齐效果

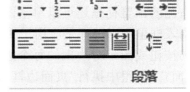

图4-26 对齐按钮

（2）设置段落缩进。段落缩进是指段落文字的边界相对于左页边距和右页边距的距离,通常包括左缩进、右缩进、首行缩进和悬挂缩进四种格式。左缩进是指段落左边界与左页边距的距离。右缩进是指段落右边界与右页边距的距离。首行缩进表示段落首行第一个字符与左边界的距离。悬挂缩进表示段落中除首行以外的其他各行与左边界的距离。

设置段落缩进的方法有以下几种:

①打开"段落"对话框进行设置。在"缩进"区域可以进行左、右缩进的设置;在"特殊格式"下拉列表框中可以设置首行缩进和悬挂缩进。

②通过标尺来设置,如图4-27所示。先定位光标到需要设置的段落,再拖动相应的缩进标记到合适的位置即可。

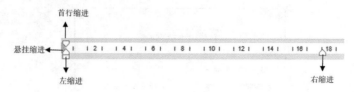

图4-27　标尺

③通过"段落"组中的"减少缩进量" $\Leftarrow$ 和"增加缩进量" $\Rightarrow$ 按钮来设置。每单击一次按钮将左移或右移一个汉字的位置。

（3）设置段落间距和行距。利用"段落"对话框还可以进行段落间距和行距的设置。段落间距是指两个段落之间的距离,行距是指段落中两行之间的距离。

设置的方法是:选择需要设置间距的段落,打开"段落"对话框,分别在"段前"和"段后"的数值框里输入间距值,即可调节该段距离前一段和距离后一段的距离;在"行距"下拉列表框中可以选择行间距,包括"单倍行距""1.5 倍行距""最小值""固定值"等,如果选择了"固定值"或"最小值"选项,则需要在右侧的"设置值"数据框中输入对应的数值。

4.3.3　边框和底纹

对文档的某些文字、段落、图形和表格等加上边框和底纹可以起到强调或者美化的作用,Word 2016 提供了这一功能。选择需要加边框或者底纹的文字,打开"开始"选项卡,在"段落"组中打开"边框"下拉列表,选择"边框和底纹"选项(图4-28),打开"边框和底纹"对话框(图4-29),其包括"边框""页面边框"和"底纹"三个选项卡,"边框"选项卡可以为选择的文字或段落设置边框,"页面边框"选项卡可以为整个页面设置边框,"底纹"选项卡可以为选择的文字或段落设置底纹。"边框"选项卡和"页面边框"选项卡的设置方法相似,都可以对边框的样式、颜色和宽度进行设置。在"边框和底纹"对话框右侧的预览框里还可以单击图示或使用按钮进行边框的设置,在下方的"应用于"下拉列表框里可以选择是应用于文字还是段落,如果选择应用于段落,则可以使用预览框里的按钮或图示对边框的每个边缘进行单独设置。另外,也可以在"设计"选项卡中的"页面背景"组中执行"页面边框"命令,打开"边框和底纹"对话框。

图4-28　"边框"下拉列表

图4-29　"边框和底纹"对话框

在"底纹"选项卡中,可以对底纹的填充颜色和图案进行设置,同样在"应用于"下拉列表框里可以选择是应用于文字还是段落,在右侧的预览框里可以预览设置的效果,如图4-30所示。

图4-30 设置底纹

4.3.4 项目符号和编号

在文档中经常会遇到一些需要分条款描述的内容,为了能够清楚地表达这些内容之间的并列关系、顺序关系或层次关系,可以使用 Word 2016 提供的自动添加项目符号和编号功能。

(1)添加项目符号。选择需要添加项目符号的文本,打开"开始"选项卡,在"段落"组中打开"项目符号"下拉列表,在"项目符号库"中选择需要设置的符号,如图4-31所示。

用户还可以选择"定义新项目符号"选项,在弹出的"定义新项目符号"对话框中设置项目符号字符与对齐方式,如图4-32所示。在该对话框中,单击"符号"按钮可打开"符号"对话框设置符号样式;单击"图片"按钮可打开"图片项目符号"对话框设置符号的图片样式;单击"字体"按钮可打开"字体"对话框设置符号的字体格式;还可以在"对齐方式"下拉列表中选择对齐方式。

图4-31 项目符号库　　　　图4-32 "定义新项目符号"对话框

（2）添加项目编号。在段首输入类似"一""1"或"（1）"等编号格式符号时，如果后面输入一个以上的空格，按 Enter 键后，Word 就会按自动对齐方式进行编号。添加项目编号后，用户对已有的项目进行插入、删除等操作时，Word 2016 将自动调整编号。

如果要更改编号的样式，则选择编号的段落，打开"开始"选项卡，在"段落"组中打开"编号"下拉列表，在"编号库"中选择需要的编号样式即可，如图 4-33 所示。如果需要修改已有的编号，可以选择"定义新编号格式"选项，打开"定义新编号格式"对话框进行修改，其中包括对编号格式、编号样式、对齐方式等进行修改，如图 4-34 所示。

为了更好地表达某些内容之间的多层次关系，还可以使用多级列表。在"开始"选项卡的"段落"组中打开"多级列表"下拉列表，在"列表框"中选择需要的编号样式即可创建多级列表，如图 4-35 所示。可以通过单击"格式"工具栏上的"减少缩进量"按钮和"增加缩进量"按钮来确定每一项内容的层次关系，也可以通过选择"多级列表"下拉列表中的"更改列表级别"选项来进行设置。

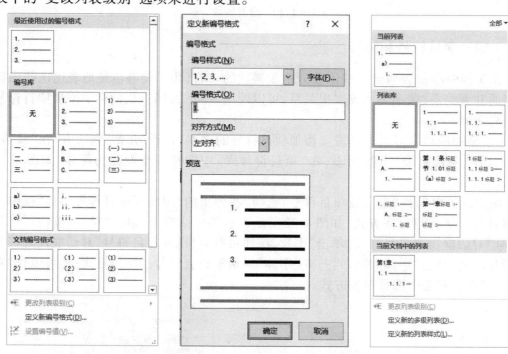

图 4-33　"编号"下拉列表　图 4-34　"定义新编号格式"对话框　图 4-35　"多级列表"下拉列表

如果需要修改已有的编号，也可以选择"定义新的多级列表"选项，打开"定义新多级列表"对话框进行修改，选择要修改的级别，可以对该级别的编号格式、编号样式、对齐方式等进行修改，如图 4-36 所示。单击图 4-36 中的"更多"按钮，在"将级别链接到样式"下拉列表中进行选择，可以将每个级别链接到不同的标题样式，如图 4-37 所示。

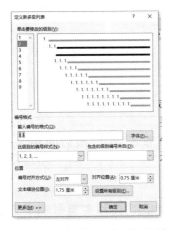

图4-36 "定义新多级列表"对话框　　　图4-37 将级别链接到样式

4.3.5 首字下沉

使用首字下沉功能可以把文档中某段的第一个字放大，以引起注意。首先要把光标定位到需要设置首字下沉的段落中，打开"插入"选项卡，执行"文本"组中的"首字下沉"命令直接进行设置，如图4-38所示。另外，如果需要更改首字下沉的其他选项，可以执行"首字下沉选项"命令，打开"首字下沉"对话框，如图4-39所示。在对话框中可以对首字下沉的位置进行设置，包括下沉和悬挂两种方式。另外，还可以设置下沉的首字字体、下沉行数以及与正文的距离等。设置了首字下沉的效果如图4-40所示。

图4-38 设置"首字下沉"　　　图4-39 "首字下沉"对话框

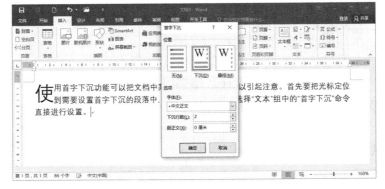

图4-40 首字下沉效果

4.3.6　动手练习

按照例4-5制作一份培训合约,要求录入文字内容并设置相应的格式。

操作提示:

(1)标题设置为黑体二号字,加粗,居中,字符间距加宽3磅。

(2)正文第一段加波浪形边框,灰色底纹。

(3)正文设置为宋体五号字,段落首行缩进0.75厘米,段前段后间距为0.5行,行距为单倍行距。

(4)协议条款按照相应样式添加项目符号。

(5)为合约中的重点内容设计特殊效果,如字体加粗、使用着重号和下划线等。

【例4-5】　制作一份培训合约。

培 训 合 约

甲方:

乙方:　　　　　　　　身份证号码:

　　因业务需要,甲方派遣乙方参加＿＿＿＿＿＿＿＿＿＿培训,为明确双方权利及义务关系,双方经协商达成如下协议:

一、甲方负责支付培训费和交通费、住宿费;培训费用全额支付,交通费和食宿费按甲方现行的财务制度执行。

二、根据培训小时数,**乙方须相应延长甲方服务的期限**:受训时数按8小时为标准(不足8小时的按8小时记),受训8小时,则乙方为甲方服务期限增加一个月,即在甲、乙双方签订的本年度《劳动合同》中约定的合同期限的基础上增加一个月。

三、如乙方有下列情形之一者,所有因为培训支出的费用由乙方负担,甲方将从乙方薪资中扣回,若乙方在扣清费用前离职,须缴纳清所欠剩余款项方可离职。**否则,甲方将追究乙方法律责任。**

　　　　1. 培训期间申请离职者;

　　　　2. 未通过培训考试或未取得合格证书者;

　　　　3. 培训期间缺席时间累计达培训时间三分之一者。

四、本合约是双方签订的＿＿＿＿年度《劳动合同》的补充条款,自双方签字盖章之日起生效。

五、本合约一式两份,甲方、乙方各保存一份。

甲方签章:　　　　　　　　　　乙方签字:

甲方代表:

　　　　日　　期:　　　　　　　　　　**日　　期:**

4.4 页面排版

4.4.1 页面设置

页面设置是指在文档打印之前,对文档的总体版面布局以及纸张大小、上下左右边距、版式等格式进行设置。在"布局"选项卡的"页面设置"组中,可以直接对文字方向、页边距、纸张方向、纸张大小等格式进行设置;单击右下角的"对话框启动器"按钮,可以打开"页面设置"对话框,如图4-41所示。

(1)设置页边距。页边距是文档中页面边缘与正文之间的距离。在"页边距"选项卡中,在"页边距"区域的"上""下""左""右"数值框中可以设置正文与纸张顶部、底部、左侧和右侧之间的距离;在"装订线位置"下拉列表中可以选择装订位置;在"纸张方向"区域可以设置纸张是"横向"还是"纵向";在"页码范围"区域可以设置页面的范围格式,包括对称页边距、拼页、书籍折页和反向数据折页等范围格式;在"预览"区域的"应用于"下拉列表中可以选择是应用于本节、整篇文档还是插入点之后。

(2)设置纸张大小。纸张大小主要是指纸张的宽度与高度,用户可以在"纸张"选项卡中设置纸张大小与纸张来源等,如图4-42所示。在"纸张大小"下拉列表中,可以设置纸张为A4、B5等类型;单击右下角的"打印选项"按钮可以跳转到"Word选项"对话框,主要用于设置纸张在打印时所包含的对象,如可以设置打印背景色、图片与文档属性等;在"预览"区域的"应用于"下拉列表中同样可以选择应用范围。

图4-41 "页面设置"对话框

图4-42 "纸张"选项卡

　　(3)设置页面版式。在"版式"选项卡中可以设置节的起始位置、页眉和页脚、对齐方式等格式,如图4-43所示。选择"奇偶页不同"复选框,可以在奇数页与偶数页上设置不同的页眉和页脚;选择"首页不同"复选框,可以将首页设置为空页面状态;在"距边界"列表中可以设置页眉与页脚的边界值;单击右下角的"行号"按钮,在打开的"行号"对话框中选择"添加行号"复选框,可以设置起始编号、行号间隔与编号格式等内容,如图4-44所示;单击右下角的"边框"按钮可以打开"边框和底纹"对话框进行设置。

　　(4)设置文档网格。在"文档网格"选项卡中可以设置文档中文字的排列行数、排列方向、每行的字符数及行与字符之间的跨度值等格式,如图4-45所示。

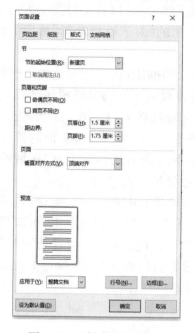

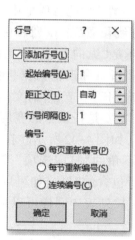
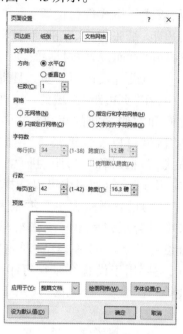

图4-43　"版式"选项卡　　　　图4-44　"行号"对话框　　　　图4-45　"文档网格"选项卡

4.4.2　设置分页与分节

　　在文档中,系统默认为以页为单位对文档进行分页,只有内容填满一整页时,Word才会自动分页。当然,用户也可以利用Word 2016提供的分页与分节功能在文档中强制分页与分节。

　　(1)分页功能。强制分页是指在需要分页的位置插入一个分页符,将一页中的内容分布在两页中。分页的方法有两种:

　　①使用"页"选项组。首先将光标定位于需要分页的位置,然后打开"插入"选项卡,执行"页面"组中的"分页"命令,即可在光标处为文档分页(快捷键为"Ctrl+Enter")。

　　②使用"页面设置"选项组。首先将光标定位于需要分页的位置,然后打开"布局"选项卡,打开"页面设置"组中的"分隔符"下拉列表,选择"分页符"选项,即可在光标处分页。

另外,在"分隔符"下拉列表中,选择"分栏符"选项可以使文档中的文字以光标为分界线,光标之后的文档将从下一栏开始显示;选择"自动换行符"选项可以使文档中的文字以光标为基准进行分行。

(2)分节功能。在文档中,节与节之间的分界线是一条双虚线,该双虚线称为"分节符"。用户可以利用Word 2016提供的分节功能为同一文档设置不同的页面格式。例如,将各个页面按照不同的纸张方向进行设置,这时就要用到分节功能。

文档中的节用"分节符"标识,插入"分节符"即可对文档分节。首先将光标定位到需要分节的位置,然后打开"布局"选项卡,打开"页面设置"组中的"分隔符"下拉列表,选择"分节符"中的"连续"选项,即可插入"连续"类型的"分节符",显示为两条横向平行的虚线,如图4-46所示。

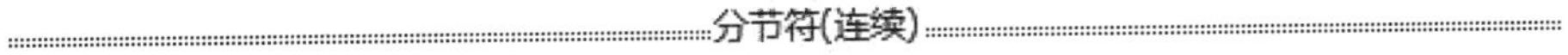

分节符(连续)

图4-46　"连续"分节符

默认情况下,插入的"分节符"是隐藏的,单击"开始"选项卡→"段落"组→"显示/隐藏编辑标记"按钮可以显示或隐藏"分节符"。

Word 2016共支持四种分节符,分别是"下一页""连续""奇数页"和"偶数页",它们的区别如下:"下一页"是指插入一个分节符后,新节从下一页开始,该选项适用于前后文联系不大的文本;"连续"是指插入一个分节符后,新节从同一页开始,该选项适用于前后文联系较大的文本;"奇数页"或"偶数页"是指插入一个分节符后,新节从下一个奇数页或偶数页开始。

4.4.3　插入页眉和页脚

(1)插入页眉和页脚。Word的每一个页面都分为页眉、正文、页脚三个编辑区。页眉和页脚编辑区一般用来显示一些文字或图形信息,如文档的标题、日期、当前的页码和总页码等内容,这可以通过插入文档的页眉和页脚操作来进行设置。

打开"插入"选项卡,在"页眉和页脚"组中打开"页眉"下拉列表,在列表中有空白、边线型、传统型、条纹型、现代型等20多种样式(图4-47),用户只需选择其中一种选项即可为文档插入页眉。此时,在"页眉和页脚工具"的"设计"选项卡中,可以设置页眉的内容、位置、选项等。同样,在"页脚"下拉列表中选择一种选项即可为文档插入页脚,如图4-48所示。

在"页眉"和"页脚"下拉列表中选择"编辑页眉"和"编辑页脚"选项,用户可以对已有的页眉和页脚进行更改。用户也可以通过双击页眉或页脚来激活页眉或页脚,从而实现更改页眉或页脚内容的操作。另外,用户也可以右击页眉或页脚,选择"编辑页眉"或"编辑页脚"选项。

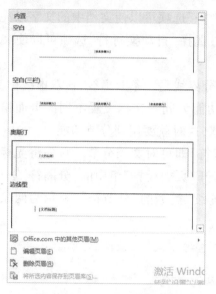

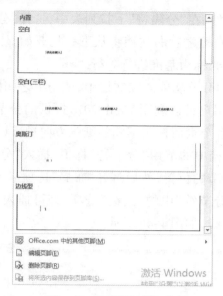

图4-47　"页眉"下拉列表　　　　　　　　　图4-48　"页脚"下拉列表

（2）插入页码。通常在文档的某位置需要插入页码，以便于查看与显示文档当前的页数。在 Word 2016 中，可以将页码插入文档的页眉与页脚、页边距与当前位置等不同的位置。打开"插入"选项卡，执行"页眉和页脚"组的"页码"命令，在下拉列表中选择相应的选项即可，如图4-49所示。"页码"下拉列表中包括页面顶端、页眉底端、页边距与当前位置四个选项。

　　插入页眉之后，用户可以根据文档内容、格式、布局等因素设置页码的格式。在"页码"下拉列表中选择"设置页码格式"选项，在打开的"页码格式"对话框中可以设置编号格式、包含章节号以及页码编号，如图4-50所示。

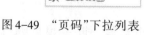

图4-49　"页码"下拉列表　　　　图4-50　"页码格式"对话框

（3）设置首页不同。在设置页眉和页脚时，Word 2016默认的情况是输入某一页的页眉或页脚，那么整篇文档的所有页眉和页脚都会自动进行相同设置。而在实际应用中，我们通常不会在首页设置页眉和页脚，这就需要通过设置首页不同来达到目的。

　　首先双击页眉或页脚区域激活页眉与页脚，此时出现"页眉和页脚"工具栏中的"设计"选项卡，然后在"选项"组中选择"首页不同"复选框，即可设置首页不同。此时文档的首页页眉和页脚会显示"首页页眉"和"首页页脚"字样,此时就可以对首页的页眉和页脚进行单独设置而不会影响到后面的页眉和页脚了。

另外,还可以创建奇偶页不同的页眉和页脚,方法与创建首页不同的页眉和页脚基本相似,只需在"选项"组中选择"奇偶页不同"复选框即可。

(4)利用"分节符"创建特殊的页眉和页脚。通常在编辑某一篇文档的时候,要根据不同的需求来设置不同的页眉和页脚。例如,在编辑一篇论文的时候,首页不需要设置页眉和页脚,目录页的页码需要用罗马数字"Ⅰ、Ⅱ、Ⅲ…"来表示,而从正文开始又需要用阿拉伯数字"1、2、3…"来表示页码,页眉显示的字样也要求因为章节的不同而不同,在这种情况下,就需要利用"分节符"来对整篇文档进行分节,然后再进行页眉和页脚的设置。

在建立新文档时,Word将整篇文档视为同一节,所以在默认情况下,输入的页眉和页脚在整篇文档的每一页上显示的内容都是相同的。在编辑文档时,可以将文档分割成任意数量的节,然后就可以根据需要分别为每节设置不同的页眉和页脚,甚至不同的格式。下面通过例4-6来介绍利用"分节符"创建特殊的页眉和页脚的方法。

【例4-6】 为每一节创建不同的页眉。案例包括4个小节,要求为每一个小节都设置不同的页眉,内容分别设置为每一个小节的标题。

操作提示:

要设置不同的页眉,首先要将光标分别定位到每个需要使用新节的页面,插入分节符,进行分节。分节以后再对每一节的页眉进行单独设置即可。如果需要设置不同的页脚,也可采取类似的方法。操作步骤如下:

①用Word打开文档。

②将光标定位到第1节的末尾,打开"布局"选项卡,执行"页面设置"组中的"分隔符"命令,在打开的下拉列表中的"分节符"类型中选择"下一页"选项,插入一个"分节符",如图4-51所示。

图4-51 插入"分节符"

③用相同的方法分别在第2节和第3节的末尾插入"分节符"。这样,整篇文档就被分成4个小节。

④双击页眉区域,在第1页的页眉位置输入"系统总体设计",如图4-52所示。此时可以看到在页眉的左上角有"页眉 – 第1节 – "的字样。

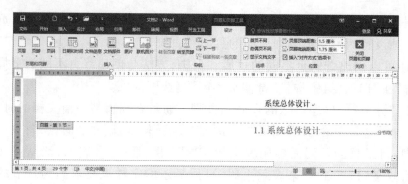

图 4-52　插入第 1 节页眉

　　单击"设计"选项卡→"导航"组→"下一节"按钮，跳转到下一节的页眉处，即第 2 节的页眉，会发现这一节的页眉跟第 1 节是相同的，并且页眉右上角有"与上一节相同"的字样。同时，"设计"选项卡的"导航"组中的"链接到前一条页眉"选项处于被选择状态，如图 4-54 所示。此时如果更改页眉的话，第 1 节的页眉也会跟着变化。要设置与第 1 节不同的页眉，只需单击"链接到前一条页眉"按钮，取消本节与上一节的链接，然后再重新输入第 2 节的标题作为页眉就可以了。此时页眉右上角的"与上一节相同"字样已经消失，并且第 1 节的页眉保持不变，如图 4-54 所示。

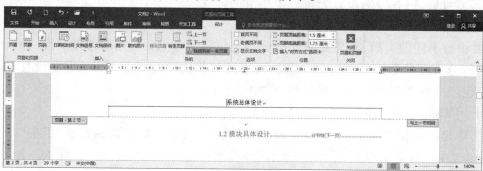

图 4-53　第 2 节的默认页眉

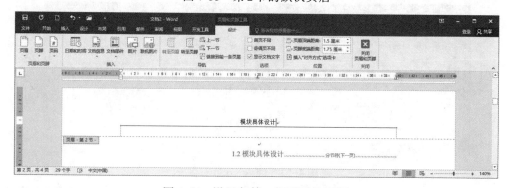

图 4-54　设置与第 1 节不同的页眉

　　单击"下一节"按钮，跳转到第 3 节的页眉处，再单击"链接到前一条页眉"按钮，取消第 3 节与第 2 节页眉之间的链接，然后重新设置第 3 节的页眉，此时第 1 节和第 2 节的页眉保持不变。

　　用同样的方法对第 4 节的页眉进行设置即可达到相同的效果。

4.4.4 设置分栏

Word 2016还可以对文档设置分栏,其效果类似于报纸的多栏版式。选择需要分栏的段落,打开"布局"选项卡,执行"页面设置"中的"分栏"命令,在下拉列表中选择一种选项即可进行分栏,如图4-55所示。如果下拉列表中的五种选项无法满足用户的需求,也可以选择下方的"更多分栏"选项,打开"分栏"对话框进行设置,如图4-56所示。

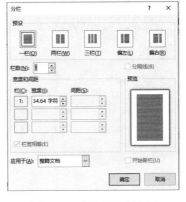

图4-55 "分栏"下拉列表　　　　图4-56 "分栏"对话框

在"分栏"对话框中,可以对分栏的栏数、宽度和间距进行设置。选择右侧的"分割线"复选框,则在两栏的中间会出现分割线,在"预览"区域可以查看设置效果。默认情况下系统会平分栏宽(除偏左、偏右栏之外),也就是设置的两栏、三栏、四栏等各栏之间的栏宽是相等的。用户也可以根据版式需求设置不同的栏宽,即在"分栏"对话框中取消选择"栏宽相等"复选框,在"宽度"微调框中设置栏宽即可。另外,还可以使用"应用于"下拉列表中的选项来控制分栏范围。设置了分三栏的文档效果如图4-57所示。

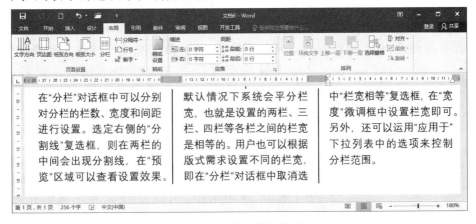

图4-57 分三栏的效果

在有些分栏操作中,分栏后的各栏长度有可能不一致,最后一栏可能会比较短,这样版面显得不美观。那么,如何才能使各栏的长度一致呢? 只需在分栏操作前,在段落的最后一个字符后面插入一个连续的分节符,再进行分栏,这样就可以得到等长的分栏效果。

4.4.5 设置文字方向

在 Word 2016 中还可以对文字方向进行设置。首先定位光标到需要设置方向的文本,然后打开"布局"选项卡,执行"文字方向"命令,打开"文字方向"下拉列表,选择需要的文字方向即可,如图4-58所示。用户还可以选择"文字方向选项"选项,打开"文字方向"对话框进行详细设置,如图4-59所示。

图4-58 "文字方向"下拉列表　　　　图4-59 "文字方向"对话框

4.4.6 设置页面背景

(1)设置纯色背景。在 Word 2016 中默认的背景色是白色,可以打开"设计"选项卡,选择"页面背景"组中的"页面颜色"选项来设置文档的背景格式。另外,还可以选择"页面颜色"中的"其他颜色"选项,在"颜色"对话框中设置自定义颜色,包括RGB和HSL颜色模式。其中,RGB颜色模式主要是基于红色、蓝色和绿色三种颜色,利用混合原理组合新的颜色;HSL颜色模式则是基于色调、饱和度与亮度三种效果来调整颜色。

图4-60 "填充效果"对话框

(2)设置填充背景。在文档中不仅可以设置纯色背景,还可以设置多样式的填充效果。执行"页面背景"→"页面颜色"→"填充效果"命令,打开"填充效果"对话框,如图4-60所示。其中,在"渐变"选项卡中,可以设置渐变效果,是由一种颜色向一种或多种颜色过渡的填充效果;在"纹理"选项卡中,提供了鱼类化石、纸袋等几十种纹理图案;在"图案"选项卡中,可以设置48种图案填充效果;在"图片"选项卡中,可以将图片以填充的效果显示在文档背景中。

(3)设置水印背景。水印是位于文档背景中的一种文本或图片。添加水印之后,用户可以在页面视图、全屏阅读视图下或打印的文档中看见水印。打开"设计"选项卡,在"水印"下拉列表中可以进行设置,如图4-61所示。

Word中自带了机密、紧急、免责声明三种类型共12种水印样式,用户可以根据文档的内容设置不同的水印效果。

除了使用自带水印效果之外,用户还可以自定义水印。在"水印"下拉列表中选择"自定义水印"选项,打开"水印"对话框,如图4-62所示。在"水印"对话框,可以中设置无水印、图片水印与文字水印三种效果。

图4-61 "水印"下拉列表   图4-62 "水印"对话框

4.4.7 动手练习

选择一篇10页以上的文档,为其设置特殊的页眉和页脚,要求:

(1)第1页和第2页的页眉和页脚都设置为空。

(2)第3页到第5页的页脚设置成样式为"Ⅰ、Ⅱ、Ⅲ"的页码,页眉设置为空。

(3)从第6页开始页脚设置为"第1页、第2页、第3页……",页眉显示当前文档的标题并居中。

操作提示:

参照上一节讲到的方法,利用"分节符"首先对文档进行分节,然后取消每一节之间的链接,最后按照要求创建特殊的页眉和页脚。

4.5 图形处理

Word 2016提供了功能强大的图形处理功能,用户可以向文档中插入图片、艺术字等,并可以将其以用户需要的方式与文本编排在一起进行图文混排。

4.5.1　图片

（1）插入本地图片。文档中插入的图片可以来自本地计算机、剪贴画库、扫描仪和数码相机等。打开"插入"选项卡，执行"插图"组中的"图片"命令，在打开的"插入图片"对话框中选择图片位置与图片类型，即可插入本地图片。

（2）调整图片尺寸。插入图片后，需要根据文档布局调整图片的尺寸。

①利用鼠标调整大小。选择图片，将光标移至图片四周的 8 个控制点处，当光标变为双箭头时，按住鼠标左键拖动图片控制点即可调整图片大小。如果需要等比例缩放图片，可以按住 Shift 键拖动图片控制点。另外，按住 Ctrl 键拖动图片，可以复制图片。

②输入数值调整大小。用户可以打开"图片工具"中的"格式"选项卡，在"大小"组中输入"高度"和"宽度"值来调整图片的尺寸；也可以单击"大小"选项组中的"对话框启动器"按钮，在打开的"布局"对话框中的"大小"选项卡中输入"高度"和"宽度"值来调整图片的尺寸，如图4-63所示；还可以在图片上右击，选择"大小和位置"选项来打开"大小"对话框。

③通过裁剪图片调整大小。选择需要裁剪的图片，打开"格式"选项卡，执行"大小"组中的"裁剪"命令，光标会变成"裁剪"形状，图片周围也会出现黑色的断续边框，将鼠标放置于尺寸控制点上，拖动鼠标即可裁剪图片。

另外，在裁剪图片时，还可以选择"裁剪"下拉列表中的选项，将图片裁剪成不同的形状，或根据纵横比裁剪图片等。

图4-63　图片"大小"设置

（3）排列图片。插入图片后，可以根据不同的文档内容与工作需求进行图片排列操作，即设置图片的位置、设置图片的层次、设置环绕文字效果、设置对齐方式等，从而使图文混排更具条理性与美观性。

①设置图片的位置。选择图片，打开"格式"选项卡，执行"排列"组中的"位置"命令，在下拉列表中选择不同的图片位置排列方式，如图4-64所示。

②设置环绕文字效果。选择图片，打开"格式"选项卡，执行"排列"组中的"环绕文字"命令，在下拉列表中选择不同的环绕方式，如图4-65所示。

图 4-64　"位置"下拉列表　　　图 4-65　"环绕文字"下拉列表

在"环绕文字"下拉列表中,用户可以通过选择"编辑环绕顶点"选项来编辑环绕顶点。选择该选项后,在图片四周显示红色实线(环绕线)、图片四周出现黑色实心正方形(环绕控制点),单击环绕线上的某位置并拖动鼠标或者单击并拖动环绕控制点即可改变环绕形状,此时将在改变形状的位置自动添加环绕控制点。需要注意的是,"编辑环绕顶点"选项只有在选择"紧密型环绕"与"穿越型环绕"选项时可用。

③设置对齐方式。图形的对齐是指在页面中精确地设置图形位置,主要作用是使多个图形在水平或者垂直方向上精确定位。选择图片,执行"排列"组中的"对齐"命令,在下列表中选择相应的选项即可。

在"对齐"下拉列表中有"对齐页面"和"对齐边距"两个选项。"对齐页面"是指所有的对齐方式相对于页面行对齐;"对齐边距"是指所有的对齐方式相对于页边距对齐。应该注意的是,在图片默认的"嵌入型"环绕类型中无法设置对齐方式。

④旋转图片。旋转图片是将图片任意向左或向右旋转,或者在水平方向或垂直方向翻转图片。可以在"排列"组中的"旋转"下拉列表中,选择相应的选项来旋转图片;还可以执行"其他旋转选项"命令,在打开的"布局"对话框中根据具体需求在"旋转"微调框中输入图片的旋转度数,对图片进行自由旋转。

另外,选择图片后,图片上方会出现绿色的旋转控制点,将光标放置在旋转控制点上,光标将变为旋转形状,拖动鼠标即可以对图片进行自由旋转。

⑤设置图片层次。当文档中有多幅图片时,用户可以通过选择"排列"组中的"上移一层"或"下移一层"选项来调整图片的叠放次序,还可以设置图片直接置于顶层或底层、浮于文字上方或衬于文字下方。注意,在图片默认的"嵌入型"环绕类型中无法调整图片的层次。

(4)设置图片样式。

①设置外观样式。Word 2016 为用户提供了 28 种内置样式,用户可以设置图片的外观样式、边框与效果。选择需要设置的图片,执行"格式"选项卡中的"图片样式"组中的各项命令,或单击"其他"下三角按钮,在下拉列表中选择图片的外观样式即可,如图 4-66 所示。

图 4-66　图片外观样式库

②设置图片边框。选择需要设置的图片,单击"图片边框"下三角按钮,选择"颜色"选项,设置图片的边框颜色;选择"粗细"选项,设置图片边框线条的粗细程度;选择"虚线"选项,设置图片边框线条的虚线类型。

③设置图片效果。图片效果是为图片添加阴影、棱台、发光等效果。单击"图片样式"组中的"图片效果"下三角按钮,在下拉列表中选择相应的效果即可。

另外,用户还可以通过右击图片选择"设置图片格式"选项,或通过单击"对话框启动器"按钮打开"设置图片格式"对话框的方法来设置图片效果。

4.5.2　绘图

在 Word 2016 中,不仅可以通过使用图片来改变文档的美观程度,同时也可以通过使用形状来适应文档内容的需求。例如,在文档中可以将矩形、圆形、箭头或线条等多个形状组合成一个完整的图形,用来说明文档中的流程、步骤等内容,从而使文档更具条理性。

(1)绘制自选图形。打开"插入"选项卡,执行"插图"组中的"形状"命令,在下拉列表中选择相应的图形。此时光标变成"十"字形,在工作区拖动鼠标,就可以绘制出相应的图形。选择绘制出的图形,可以通过拖动图形边缘的8个控制点来改变图形的大小,还可以通过拖动旋转控制点来改变图形的角度。

(2)设置图形效果。对于绘制出的图形,可以设置图形的形状样式、阴影效果、三维效果等。其中,设置形状样式的操作方法与设置图片样式的操作方法大体相同。在此主要介绍设置形状的阴影效果、三维效果等方法。

选择图形,打开"格式"选项卡,在"形状样式"组中执行"形状效果"命令,在下拉列表中选择"映像"级联菜单进行设置即可,如图4-67所示。

图4-67　映像效果设置

设置三维效果可使插入的平面形状具有三维立体感。Word 2016中主要有无旋转、平行、透视、倾斜四种三维旋转效果。选择图形,在"形状效果"下拉列表中选择"三维旋转"级联菜单进行设置即可。

(3)添加文字。在 Word 2016 中,还可以在绘制的图形中添加文字。右击图形,执行快捷菜单中的"添加文字"命令,输入文字即可。选择输入的文字,也可以进行格式设置。添加文字的效果如图4-68所示。

图 4-68 添加文字

（4）组合图形。为了防止不同图形之间的相对位置发生改变，可以对两个或多个图形进行组合。先按住 Ctrl 键同时选择需要组合的图形，然后在其中一个图形处右击，执行"组合"级联菜单中的"组合"命令，如图 4-69 所示。或者在"格式"选项卡的"排列"组中执行"组合"命令也可以组合图形。另外，选择已经组合的形状，右击，执行"组合"级联菜单中的"取消组合"命令，可以取消组合。

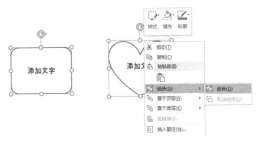

图 4-69 图形的组合

（5）设置叠放次序。在文档中，如果有两个或多个图形重叠，则需要设置它们的叠放次序。选择需要设置叠放次序的图形，右击，执行"置于顶层"或"置于底层"级联菜单中的相应命令即可，如图 4-70 所示。另外，也可以通过执行"格式"选项卡的"排列"组中的"上移一层"或"下移一层"命令来设置图形的叠放次序。

图 4-70 设置图形的叠放次序

4.5.3 SmartArt 图形

SmartArt 图形是信息和观点的视觉表示形式，可以通过从多种不同布局中进行选择来创建 SmartArt 图形，从而达到快速、轻松、有效地传达信息的目的。在使用 SmartArt 图形时，用户可以自由切换布局，图形中的样式、颜色、效果等格式将会自动带入新布局，直到用户寻找到满意的图形为止。

（1）插入 SmartArt 图形。打开"插入"选项卡，执行"插图"组中的"SmartArt"命令，打开"选择 SmartArt 图形"对话框（图 4-71），选择需要的图形类型即可。

（2）设置SmartArt图形的格式。SmartArt图形与图片一样，也可以为其设置样式、布局、艺术字样式等格式。同时，还可以进行更改SmartArt图形的方向、添加形状与文字等操作。通过设置SmartArt图形的格式可以使SmartArt图形更具流畅性。

①设置SmartArt样式。SmartArt样式是不同格式选项的组合，主要包括文档的最佳匹配对象与三维两种类型，共14种样式。打开"SmartArt工具"中的"设计"选项卡，在"SmartArt样式"组中单击"其他"按钮，在下拉列表中选择需要设置的样式即可，如图4-72所示。另外，在"更改颜色"下拉列表中可以设置SmartArt图形的颜色；在"重置"组中单击"重设图形"按钮可以使图形恢复到最初状态。

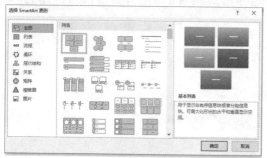

图4-71　"选择SmartArt图形"对话框

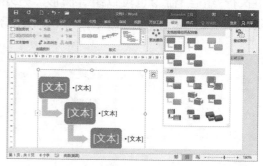

图4-72　设置SmartArt图形的样式

②设置布局。设置布局即更换SmartArt图形。例如，当用户插入"步骤下移流程"类型的SmartArt图形时，打开"设计"选项卡，单击"版式"组中的"其他布局"按钮，在下拉列表中将显示"步骤下移流程"类型的所有图形，选择需要更改的类型即可，如图4-73所示。

另外，用户也可在"其他"下拉列表中选择"其他布局"选项，在打开的"选择SmartArt图形"对话框中更改其他类型的布局。

③创建图形。创建图形包括添加文字、更改方向、添加或减少SmartArt图形的个数等操作。打开"设计"选项卡，在"创建图形"组中执行"文本窗格"命令，在打开的"在此键入文字"任务窗格中根据形状输入相符的内容即可，如图4-74所示。另外，在SmartArt图形中的形状上右击，执行"编辑文字"命令，也可以添加文字。

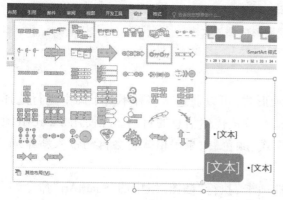

图4-73　设置布局

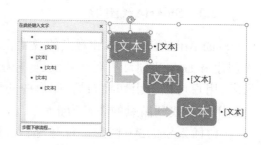

图4-74　添加文字

选择需要更改方向的 SmartArt 图形,打开"设计"选项卡,在"创建图形"组中执行"从右向左"命令,即可更改方向。

在使用 SmartArt 图形时,用户还需要根据图形的具体内容从前面、后面、上方或下方添加形状。打开"设计"选项卡,在"创建图形"组中执行"添加形状"命令,在下拉列表中选择相应的选项即可。

④设置艺术字样式。为了使 SmartArt 图形更加美观,可以设置图形文字的字体效果。选择需要设置艺术字样式的图形,打开"格式"选项卡,在"艺术字样式"组中执行相应的命令即可。

4.5.4 艺术字

(1)插入艺术字。艺术字也是一种图形,Word 2016 提供了插入、编辑和美化艺术字的功能。将定位光标到需要插入艺术字的位置,打开"插入"选项卡,执行"文本"组中的"艺术字"命令,在下拉列表中选择相应的样式,在艺术字文本框中输入文字内容,并设置"字体""字号"等格式即可,如图 4-75 所示。

(2)设置艺术字格式。为了使艺术字更具美观性,可以设置艺术字的样式、文字方向、间距等艺术字格式。Word 2016 为用户提供了 30 种艺术字样式。选择需要设置样式的艺术字,打开"格式"选项卡,执行"艺术字样式"组中的"其他"命令,在下拉列表中选择需要的样式即可。Word 2016 还可以更改艺术字的转换效果,即将艺术字的整体形状更改为跟随路径或弯曲形状。选择需要设置样式的艺术字,打开"格式"选项卡,执行"艺术字样式"组中的"文字效果"下拉列表中的"转换"命令,在其中选择需要的形状即可,如图 4-76 所示。

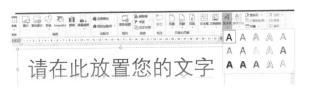

图 4-75 插入艺术字

图 4-76 更改形状

另外,还可以设置艺术字的文字方向与对齐方式等格式。打开"格式"选项卡,选择"文本"组的"文字方向"和"对齐文本"下拉列表中的相应选项即可。

4.5.5 文本框

文本框是一种存放文本或图形的对象,可以放置在页面的任何位置。在 Word 2016 中不仅可以添加系统自带的 36 种内置文本框,还可以绘制"横排"或"竖排"文本框。

打开"插入"选项卡,执行"文本"组中的"文本框"命令,在下拉列表中选择相应的样式即可,如图 4-77 所示。

图4-77 "文本框"下拉列表

在"文本框"下拉列表中执行"绘制文本框"或者"绘制竖排文本框"命令,当鼠标变成"十"字形状时,在文档中的合适位置拖动即可画出所需的文本框。

插入文本框后,选择文本框,在"格式"选项卡中可以设置文本框的形状、样式等,也可以利用鼠标调整文本框的大小和位置等。在文本框上右击,选择快捷菜单中的"设置形状格式"选项,还可以打开"设置形状格式"对话框对文本框进行格式设置。

4.5.6 动手练习

【例4-7】 制作一张名片(图4-78),并思考以下问题:

(1)在 Word 2016 中可以插入扩展名为".bmp"".jpg"等类型的图片吗? 另外,还可以插入哪些类型的图片?

(2)在文本框中可以插入图片吗? 如果可以,怎样插入图片? 怎样修改图片?

(3)对文档中插入的图片、公式和表格可以添加题注吗? 如果可以,怎样添加?

(4)怎样设定表格的文字环绕方式? 怎样设置不允许表格跨页断行?

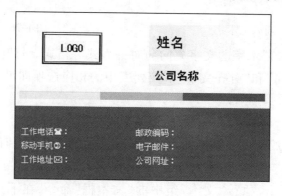

图4-78 名片样例

4.6 表格处理

在文档中,表格是一种不可缺少的工具,如成绩表、工资表、日程表等。利用Word 2016可以在文档中的任意位置创建和使用表格,给用户带来了极大的方便。

4.6.1 表格的插入和绘制

要使用表格,首先要创建表格。表格由若干行和列组成,行列的交叉区域称为“单元格”。常用的表格创建方法有以下几种:

(1)执行“表格”命令。先将光标定位到需要插入表格的位置,打开“插入”选项卡,执行“表格”命令,再选择需要插入表格的行数和列数,单击即可,如图4-79所示。

(2)执行“插入表格”命令。先将光标定位到需要插入表格的位置,执行“表格”下拉列表中的“插入表格”命令,打开“插入表格”对话框(图4-80),在对话框中设置“表格尺寸”和“自动调整”选项即可。

图4-79 插入表格   图4-80 “插入表格”对话框

(3)插入Excel表格。Word 2016中不仅可以插入普通表格,而且可以插入Excel表格。执行“表格”下拉列表中的“Excel电子表格”命令,即可在文档中插入一个Excel表格。

(4)使用表格模版。Word 2016为用户提供了表格式列表、带副标题1、日历1、双表等9种表格模版。为了更直观地显示模版效果,在每个表格模版中都自带了表格数据,执行“表格”下拉列表中的“快速表格”命令即可。

(5)手工绘制表格。执行“表格”下拉列表中的“绘制表格”命令,当光标变成铅笔形状时,按住鼠标左键拖动,绘制虚线框后松开左键,即可绘制出表格的矩形边框。从矩形边框的边界开始按住鼠标左键拖动,当表格边框内出现虚线后松开鼠标,即可绘制出表格内的一条线,如图4-81所示。用户可以运用铅笔工具手动绘制不规则的表格。

另外,还可以通过“表格”下拉列表中的“文本转换成表格”命令将文本转换为表格。

图 4-81　手工绘制表格

4.6.2　编辑表格

创建好表格以后,通常要对表格进行编辑,在编辑表格的时候要先选择需要编辑的表格区域。可以拖动鼠标选择连续的单元格;也可以将鼠标移动到需要选择的单元格或某行的左侧,当鼠标变为一个向右的箭头 时,单击就可以选择该单元格或该行;选择某列时,则可以把鼠标移到该列的顶端,当鼠标变为向下的箭头 时,单击即可选择该列;如果需要选择整个表格,则可以移动鼠标到表格左上角,单击出现的"表格移动控制点"图标 ,即可选择整个表格。

(1)调整表格的行高和列宽。通常有以下几种常用的方法:

①使用鼠标。将光标指向需要改变行高的表格横线上,此时光标变为垂直的双向箭头,然后拖动鼠标到所需要的行高即可。改变列宽时也可以使用此种方法。

②使用菜单。选择表格中需要改变高度的行,右击,执行快捷菜单中的"表格属性"命令,打开"表格属性"对话框,如图4-82所示。在"行"选项卡中的"指定高度"数值框中输入数值,单击"确定"按钮即可。改变列宽时,可以使用"列"选项卡进行设置。

图 4-82　"表格属性"对话框

③自动调整。Word 2016提供了自动使某几行或某几列平均分布的方法。选择需要平均分布的行或列,右击,执行快捷菜单中的"平均分布各行"或"平均分布各列"命令即可,如图4-83所示。另外,执行"表格工具"→"布局"→"单元格大小"→"分布行"或"分布列"命令也可以调整行高或列宽。

图4-83　"自动调整"命令

在"布局"选项卡的"单元格大小"组中,还可以选择"自动调整"下拉列表中的"根据内容自动调整表格"和"根据窗口自动调整表格"选项。

(2)插入和删除行和列。

①插入行和列。在表格中选择某行或某列(想要增加几行或几列就选择几行或几列),右击,在快捷菜单中选择"插入"级联菜单中的相应选项即可,如图4-84所示。另外,也可以通过执行"表格工具"→"布局"→"行和列"→"插入"命令来插入行和列。

②删除行和列。在表格中选择需要删除的行或列,右击,在快捷菜单中选择"删除单元格"选项,在打开的"删除单元格"对话框中进行设置,如图4-85所示。另外,也可以通过执行"表格工具"→"布局"→"行和列"→"删除"命令来删除行和列。

图4-84　插入行或列　　　　　　　图4-85　"删除单元格"对话框

(3)合并与拆分单元格。在表格中可以方便地对已有单元格进行合并与拆分,单元格的合并是把相邻的多个单元格合并成一个,单元格的拆分是把一个单元格拆分成多个单元格。

①合并单元格。选择需要合并的多个单元格,右击,在快捷菜单中选择"合并单元格"选项即可。另外,也可以通过执行"布局"选项卡的"合并"组中的"合并单元格"命令来合并单元格。

②拆分单元格。选择需要拆分的单元格,右击,在快捷菜单中执行"拆分单元格"命令,在打开的"拆分单元格"对话框中输入要拆分成的行数和列数,单击"确定"按钮即可。另外,也可以通过执行"布局"选项卡的"合并"组中的"拆分单元格"命令来拆分单元格。

（4）绘制斜线表头。在表格制作中，经常在表格的左上角的位置要用到斜线表头。将光标定位到需要斜线表头的单元格，选择"设计"选项卡中的"边框"组中的"边框"选项，在下拉列表中选择所需要的样式即可，如图4-86所示。

图4-86　绘制斜线表头

4.6.3　美化表格

Word 2016提供的表格格式功能可以对表格的外观进行美化，包括对表格加上边框和底纹、设定单元格中文本的对齐方式和文字的方向等，以达到理想的效果。

（1）应用样式。样式是包含颜色、文字颜色、格式等一些组合的集合，Word 2016为用户提供了98种内置表格样式。用户可以根据实际情况应用快速样式或自定义表格样式，来设置表格的外观样式。

在文档中选择需要应用样式的表格，打开"设计"选项卡，执行"表格样式"组中的"其他"命令，在下拉列表中选择所需的外观样式即可，如图4-87所示。另外，在"表格样式"组中，执行"修改表格样式"命令，可以在打开的"修改样式"对话框中进行样式的修改；执行"新建表格样式"命令，可以新建表格样式；执行"清除"命令，可以清除已有的表格样式。

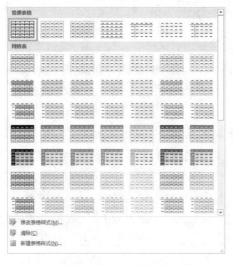

图4-87　内置样式

（2）为表格添加边框和底纹。选择需要设置的表格,右击,在快捷菜单中执行"表格属性"命令,打开"表格属性"对话框(图4-88),单击"边框和底纹"按钮,打开"边框和底纹"对话框(图4-89),进行相应的设置,设置完毕后单击"确定"按钮即可。

图4-88　"表格属性"对话框　　　　　图4-89　"边框和底纹"对话框

（3）单元格对齐方式。文本在单元格中的显示方式有多种,Word 2016提供了9种单元格中文本的对齐方式:靠上左对齐、靠上居中、靠上右对齐、中部左对齐、中部居中、中部右对齐、靠下左对齐、靠下居中和靠下右对齐。Word 2016默认的是第一种"靠上左对齐"对齐方式。用户需要设置对齐方式时,首先要选择单元格,然后在"布局"选项卡的"对齐方式"选项组(图4-90)中选择需要的对齐方式即可。

（4）设置文字方向。同文档中的文本一样,表格中的文本也可以设置文字方向。默认状态下,表格中的文本都是横向排列的。选择需要更改文字方向的表格或单元格,执行"对齐方式"组中的"文字方向"命令,即可改变文字方向;或者右击,在快捷菜单中执行"文字方向"命令,打开"文字方向–表格单元格"对话框,选择所需要的文字方向(图4-91),单击"确定"按钮即可。

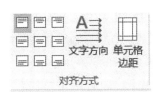

图4-90　"对齐方式"选项组　　　　　图4-91　"文字方向–表格单元格"对话框

（5）使文字环绕表格。Word 2016可以对表格和文字之间的位置关系进行设置，如使文字环绕表格，使版面更加美观。操作步骤如下：

①单击表格左上角的标记图标➕，选择整个表格。

②右击，在快捷菜单中执行"表格属性"命令，打开"表格属性"对话框。

③选择"对齐方式"为"居中"，选择"文字环绕"为"环绕"，单击"确定"按钮。

4.6.4　表格中的数据处理

在Word 2016的表格中，单元格用"列号+行号"来表示，列号依次用A、B、C、D、E等字母表示，行号依次用1、2、3、4、5等数字表示，如图4-92所示。例如，A1表示第一行第一列的单元格，B3表示第三行第二列的单元格。

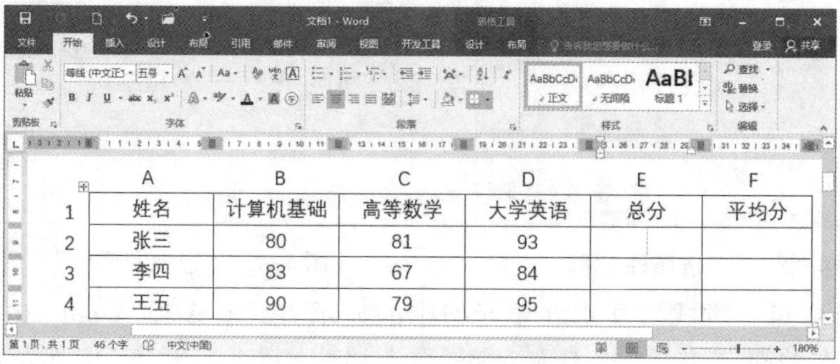

图4-92　单元格的表示方式

（1）表格中的数据计算。在Word 2016的表格中，可以进行简单的计算，如求和、求平均数、求最大值和最小值等。下面通过案例4-8来介绍这方面的内容。

【例4-8】　计算图4-92中的总分和平均分。

操作步骤如下：

将光标定位到E2单元格，打开"布局"选项卡，在"数据"组中执行"公式"命令，打开"公式"对话框。此时"公式"文本框中默认的就是求和函数"SUM"，参数"LEFT"表示对当前单元格左边的连续数据求和，如图4-93所示。直接单击"确定"按钮即可求出E2单元格的值。

用相同的方法求出E3和E4单元格的总分。注意：此时"公式"文本框中默认的求和函数的参数会自动更改为"ABOVE"，这代表对当前单元格上面的所有连续数据求和，将参数手工更改为"LEFT"即可。

接着计算平均分，将光标定位到F2单元格，打开"公式"对话框，将"公式"文本框中的默认函数删除（保留等号），在"粘贴函数"下拉列表中选择求平均数函数"AVERAGE"，张三的三门课程成绩所在单元格是B2、C2、D2，则在"公式"文本框中需要输入"=AVERAGE(B2,C2,D2)"（单元格之间用英文状态下的逗号隔开），也可以写为"=AVERAGE(B2:D2)"在起始和结束单元格之间用冒号连接，最后单击"确定"按钮即可。

用相同的方法求出F3和F4单元格的平均分，最后的结果如图4-94所示。

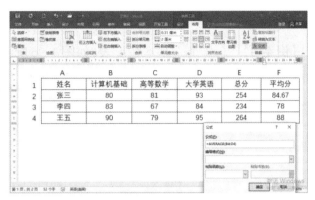

图4-93 "公式"对话框   图4-94 最终计算结果

（2）表格中的数据排序。选择需要排序的列或单元格，打开"布局"选项卡，在"数据"组中执行"排序"命令，打开"排序"对话框，可以设置排序关键字的优先次序、类型和排列方式等。

例如，需要按照总分升序排序，则在"主要关键字"区域的第一个下拉列表中选择"总分"选项，然后单击右侧的"升序"单选按钮，单击"确定"按钮即可，如图4-95示。如果有两项或几项数据中的主要关键字相同，则还可以按照次要关键字、第三关键字进行排序，直接在"次要关键字"和"第三关键字"区域中进行相同的设置即可。

图4-95 "排序"对话框

4.6.5 生成图表

在 Word 2016中，为了更好地分析数据，需要根据表格中的数据创建数据图表，以便将复杂的数据信息以图形的方式显示。

选择需要插入图表的位置，打开"插入"选项卡，执行"插图"组中的"图表"命令，打开"插入图表"对话框，选择图表类型，单击"确定"按钮，在弹出的 Excel 工作表中编辑图表数据即可。图表插入后，用户可以在"设计"和"格式"选项卡中设置图表的格式。

4.6.6 动手练习

【例4-9】 制作个人基本情况表,如图4-96所示。

<table>
<tr><th colspan="21">个人基本情况表</th></tr>
<tr><td>姓 名</td><td colspan="6"></td><td colspan="5">性 别</td><td colspan="5"></td><td colspan="4" rowspan="5">2寸近期正面免冠照片</td></tr>
<tr><td>民 族</td><td colspan="2"></td><td colspan="4">政治面貌</td><td colspan="10"></td></tr>
<tr><td>出生日期</td><td colspan="2"></td><td colspan="4">出生地</td><td colspan="10"></td></tr>
<tr><td>毕业学校</td><td colspan="16"></td></tr>
<tr><td>所学专业</td><td colspan="16"></td></tr>
<tr><td>最高学位</td><td colspan="6"></td><td colspan="5">最高学历</td><td colspan="9"></td></tr>
<tr><td>职业</td><td colspan="6"></td><td colspan="5">专业技术职务</td><td colspan="9"></td></tr>
<tr><td>通讯地址</td><td colspan="11"></td><td colspan="5">邮编</td><td colspan="4"></td></tr>
<tr><td>联系电话</td><td colspan="11"></td><td colspan="5">电子邮箱</td><td colspan="4"></td></tr>
<tr><td>身份证</td><td></td><td></td><td></td><td></td><td></td><td></td><td></td><td></td><td></td><td></td><td></td><td></td><td></td><td></td><td></td><td></td><td></td><td colspan="3"></td></tr>
<tr><td colspan="21">本人简历</td></tr>
<tr><td>时间</td><td colspan="11">单位</td><td colspan="5">职务</td><td colspan="4">证明人</td></tr>
<tr><td></td><td colspan="11"></td><td colspan="5"></td><td colspan="4"></td></tr>
<tr><td></td><td colspan="11"></td><td colspan="5"></td><td colspan="4"></td></tr>
<tr><td></td><td colspan="11"></td><td colspan="5"></td><td colspan="4"></td></tr>
</table>

图4-96 个人基本情况表样例

4.7 知识扩展

4.7.1 样式管理

样式是一组命名的字符和段落格式,规定了文档中的字、词、句、段与章等文本元素的格式。在Word文档中使用样式不仅可以减少重复性操作,而且可以快速地格式化文档,确保文本格式的一致性。

(1)创建样式。在Word 2016中,用户可以根据工作需求与习惯创建新样式。打开“开始”选项卡,在“样式”组的右下角单击“对话框启动器”按钮,打开“样式”对话框,如图4-97所示。单击“新建样式”按钮,打开“根据格式设置创建新样式”对话框,如图4-98所示。

在“属性”选项组中,主要设置样式的名称、类型、基准等基本属性;在“格式”选项组中,主要设置样式的字体格式、段落格式、应用范围与快捷键等。

(2)应用样式。创建新样式后,用户就可以将新样式应用到文档中了。另外,用户还可以应用Word 2016自带的标题样式、正文样式等内置样式。

①应用内置样式。首先选择需要应用样式的文本,然后打开“开始”选项卡,执行“样式”组中的“其他”命令,在下拉列表中选择相应的样式类型即可。例如,选择“正文”样式,如图4-99所示。

图4-97 "样式"对话框　　　　图4-98 "根据格式设置创建新样式"对话框

图4-99 快速样式库

②应用新建样式。应用新建样式时,可以像应用内置样式那样在"其他"下拉列表中选择,也可以在"其他"下拉列表中选择"应用样式"选项,打开"应用样式"任务窗格。在"样式名"下拉列表中选择新样式名称即可,如图4-100所示。在"样式名"下拉列表中输入新样式名称后,"重新应用"按钮会变成"新建"按钮。

图4-100 "应用样式"任务窗格

(3)编辑样式。在应用样式时,用户常常需要对已应用的样式进行更改和删除,以便符合文档内容与工作的需求。

①更改样式。选择需要更改的样式,执行"样式"组中的"更改样式"命令,在下拉列表中选择需要更改的选项即可。另外,用户也可以在"样式"窗口中的样式上右击,在快捷菜单执行"修改"命令,在打开的"修改样式"对话框中修改样式的各项参数,如

图4-101所示。

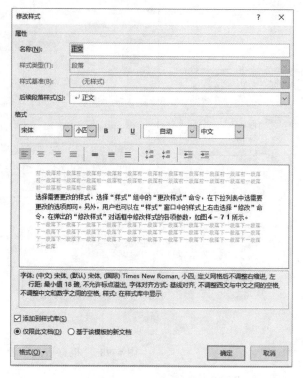

图4-101　"修改样式"对话框

②删除样式。在样式库列表中右击需要删除的样式,执行"从样式库中删除"命令,即可删除该样式。另外,也可以在"样式"窗口中的样式上右击,在快捷菜单中执行"从样式库中删除"命令。

4.7.2　目录管理

在编辑完有若干章节的Word文档之后,通常需要为文档制作一个具有超级链接功能的目录,以方便浏览整篇文档。在Word 2016中不仅可以手动创建目录,而且可以在文档中自动插入目录。其中,自动插入目录时,首先要按照章节标题的级别来设置相应的样式,然后再插入目录。

(1)手动创建目录。首先,将光标放置于文档的开头或结尾等位置,打开"引用"选项卡,执行"目录"命令,在下拉列表中选择"手动目录"选项,如图4-102所示;然后,在插入的目录样式中输入目录标题。使用这种方法创建的目录为手动填写标题,不受文档内容的影响。其下方的"自动目录1"和"自动目录2"选项则表示插入的目录包含用标题1~标题3的样式进行格式设置的所有文本。

(2)自动创建目录。首先将光标放置于文档的开头或结尾等位置,打开"引用"选项卡,执行"目录"命令,在下拉列表中选择"自定义目录"选项,在打开的"目录"对话框中进行设置,如图4-103所示。

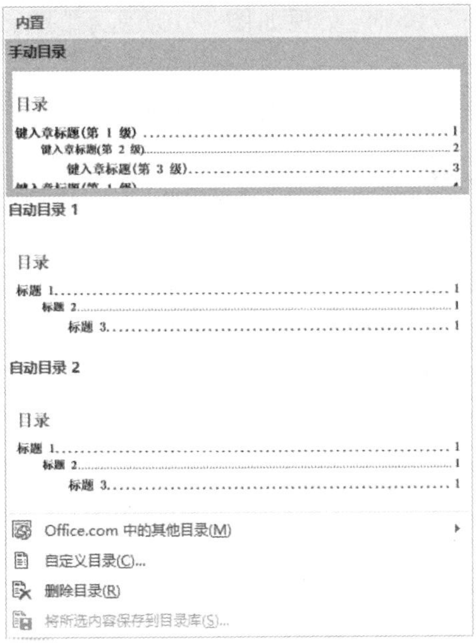

图4-102 "目录"下拉列表　　　　　　　　图4-103 "目录"对话框

【例4-10】 自动提取如图4-104所示的文档目录,提取效果如图4-105所示。

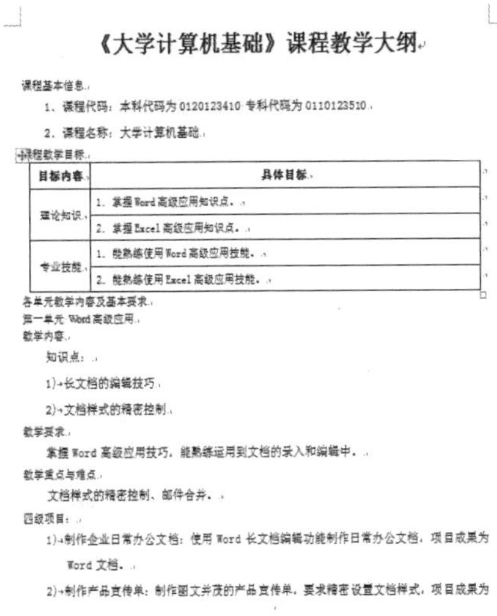

图4-104 文档内容 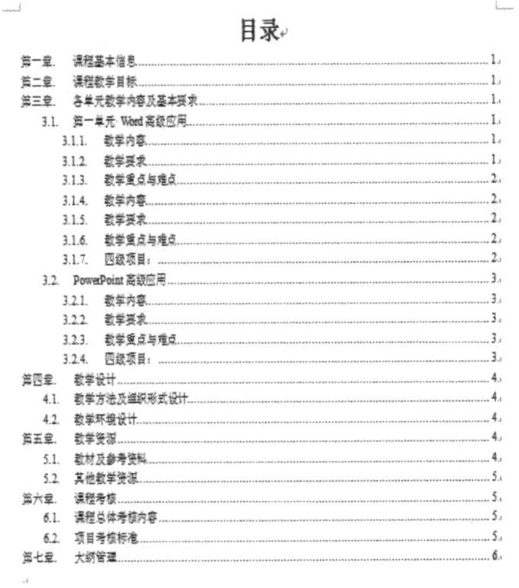　　　　　　　　　图4-105 生成的目录

操作步骤如下:

①编号。选择文档中所有需要在目录里显示的段落,打开"开始"选项卡,在"段落"组的"多级列表"列表库中选择用户需要的编号样式(如1、1.1、1.1.1编号样式等)。此时,所有被选择的段落前依次有了编号1、2、3等,如图4-106所示。

②调整编号级别。例如,"第一单元 Word高级应用"当前的编号是4,需要调整到3.1,即降一级;"教学内容"当前的编号是5,需要调整到3.1.1,即降两级。将光标定位于需要升(或降)级的编号后面,在"开始"选项卡的"段落"组中执行"增加缩进量"命令一次可实现降一级(或按Tab键),在"开始"选项卡的"段落"组中执行"减少缩进量"命令一次

可实现升一级(或按“Shift+Tab”键)。通过调整编号级别,实现如图4-107所示的编号样式。

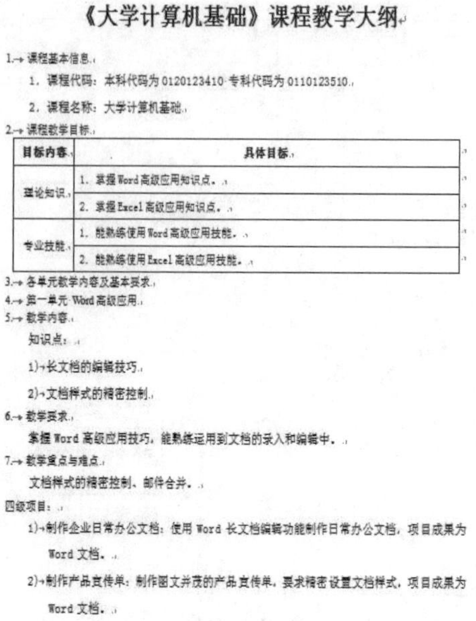

《大学计算机基础》课程教学大纲

1. 课程基本信息

1. 课程代码:本科代码为0120123410 专科代码为0110123510

2. 课程名称:大学计算机基础

2. 课程教学目标

目标内容	具体目标
理论知识	1. 掌握Word高级应用知识点。
	2. 掌握Excel高级应用知识点。
专业技能	1. 能熟练使用Word高级应用技能。
	2. 能熟练使用Excel高级应用技能。

3. 各单元教学内容及基本要求

4. 第一单元 Word高级应用

5. 教学内容

知识点:

1) 长文档的编辑技巧

2) 文档样式的精密控制

6. 教学要求

掌握Word高级应用技巧,能熟练运用到文档的录入和编辑中。

7. 教学重点与难点

文档样式的精密控制、邮件合并。

四级项目:

1) 制作企业日常办公文档:使用Word长文档编辑功能制作日常办公文档,项目成果为Word文档。

2) 制作产品宣传单:制作图文并茂的产品宣传单,要求精密设置文档样式,项目成果为Word文档。

图4-106 初步编号

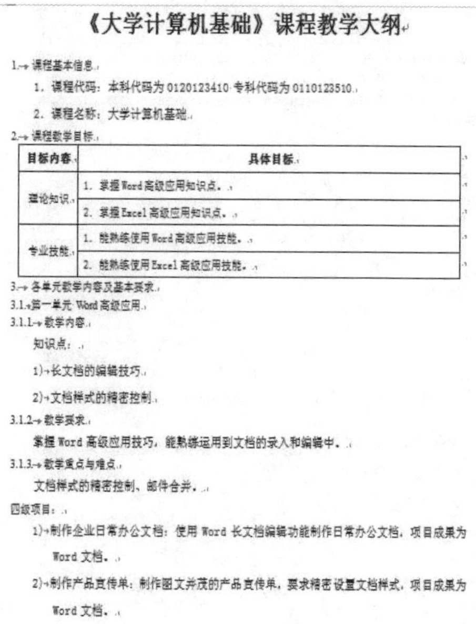

《大学计算机基础》课程教学大纲

1. 课程基本信息

1. 课程代码:本科代码为0120123410 专科代码为0110123510

2. 课程名称:大学计算机基础

2. 课程教学目标

目标内容	具体目标
理论知识	1. 掌握Word高级应用知识点。
	2. 掌握Excel高级应用知识点。
专业技能	1. 能熟练使用Word高级应用技能。
	2. 能熟练使用Excel高级应用技能。

3. 各单元教学内容及基本要求

3.1. 第一单元 Word高级应用

3.1.1. 教学内容

知识点:

1) 长文档的编辑技巧

2) 文档样式的精密控制

3.1.2. 教学要求

掌握Word高级应用技巧,能熟练运用到文档的录入和编辑中。

3.1.3. 教学重点与难点

文档样式的精密控制、邮件合并。

四级项目:

1) 制作企业日常办公文档:使用Word长文档编辑功能制作日常办公文档,项目成果为Word文档。

2) 制作产品宣传单:制作图文并茂的产品宣传单,要求精密设置文档样式,项目成果为Word文档。

图4-107 调整好编号级别

③修改编号样式。修改当前的1、2、3等一级编号为“第一章”“第二章”“第三章”等样式。将光标定位于需要对其编号的任意段落里面,打开“开始”选项卡的“段落”组中的“多级列表”下拉列表,执行“定义新的多级列表”命令,打开如图4-108所示的“定义新多级列表”对话框。

单击要修改的级别1,在“此级别的编号样式”下拉列表中选择需要的样式“一,二,三(简)…”样式,再在“输入编号的格式”输入框中编号的前面加上“第”,后面加上“章”,即完成一级编号样式的设置。但此时一级编号样式的修改,将导致二级、三级等编号样式中包含的一级编号为大写,其他编号依旧为小写(如“一.1.1”),需要将其修改为“1.1.1”正规形式编号。操作方法为:在“单击要修改的级别”下拉列表中分别选择2、3等需要修改的级别,选择“正规形式编号”复选框。至此,所有编号样式设置完成了。

④设置标题。要生成目录就必须有标题。因此,此步骤需要在“单击要修改的级别”下拉列表中分别选择1、2、3等需要生成目录的级别,在“将级别链接到样式”下拉列表中分别选择“标题1”“标题2”“标题3”等与其对应。

⑤修改标题样式。如果用户对当前的标题样式不满意,可以修改标题样式。在“开始”选项卡的“样式”组中选择待修改的标题样式,右击,在快捷菜单中执行“修改”命令,即可打开“修改样式”对话框对样式进行修改,如图4-109所示。

⑥生成目录。创建好所有的标题样式后,将光标定位到需要插入目录的位置,执行“引用”选项卡中的“目录”命令,在下拉列表中选择需要的目录样式(如“自动目录1”),即可生成目录。

⑦编辑目录。如果用户对生成的目录有特定的格式要求,可对生成的目录进行编辑。操作方法为:执行“引用”选项卡中的“目录”命令,在下拉列表中执行“插入目录”

命令,打开"目录"对话框,单击"修改"按钮,打开"样式"窗口,选择需要修改的目录样式(如"目录1""目录2"等),单击"修改"按钮即可打开"修改样式"对话框修改目录样式。

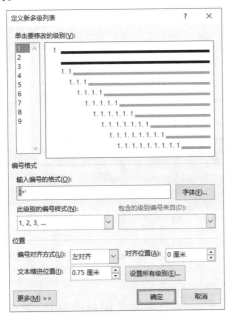

图 4-108 "定义新多级列表"对话框

图 4-109 "修改样式"对话框

⑧更新目录。目录生成之后用户再对文档内容进行修改,就会影响已经生成目录的正确性。此时,用户只需在已经生成的目录域上右击,在快捷菜单中选择"更新域"选项,在打开的"更新目录"对话框中单击"更新整个目录"单选按钮,单击"确定"按钮即可。通过目录,用户可以了解文档的结构,若需要详细查阅某章节,可以通过按住 Ctrl 键单击目录的超链接快速自动定位到相关页面。

4.7.3 字数统计

如果需要了解文档中包含的字数,可直接使用 Word 提供的工具来统计。在 Word 2016 中,还可以统计文档中的页数、段落数和行数,以及包含或不包含空格的字符数。

【例 4-11】 统计文档的字数。操作步骤如下:

①用 Word 2016 打开一篇文档。

②打开"审阅"选项卡,执行"校对"组中的"字数统计"命令,打开"字数统计"对话框,统计结果如图 4-110 所示。

另外,Word 2016 中也可以统计部分文档的字数和其他数据,并且统计的部分可以不相邻。只需先选择需要统计的部分,再执行"字数统计"命令即可。

图 4-110 "字数统计"对话框

4.7.4　使用批注和修订

（1）插入批注。批注是作者或审阅者给文档添加的注释或注解。批注是在独立的窗口中添加的，并不影响文档的内容。操作步骤如下：

①打开要插入批注的文档，选择需要进行批注的文字。

②打开"审阅"选项卡，执行"新建批注"命令，可以看到批注已在文档中出现了。

③在批注的文本框中输入需要批注的内容，如图4-111所示。

④在批注外任何一个地方单击，即可完成批注。

此外，在批注处右击，在快捷菜单中执行删除命令，或者在"审阅"菜单栏中执行删除命令，均可删除批注。

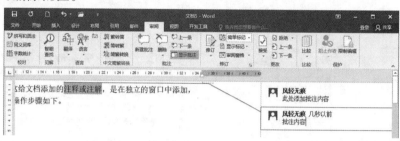

图4-111　插入批注

（2）使用修订标记。使用"修订"可以方便地记录每个审阅者的修改操作，如插入、删除、移动和替换等操作。打开"审阅"选项卡，执行"修订"组中的"修订"命令，进入修订状态。审阅者每一次进行修改后，都会出现此次修改的记录。

此外，在"审阅"选项卡中的"更改"组中，可以对当前文档的所有修订进行"接受"或"拒绝"的操作。

4.7.5　文档保护

Word 2016提供了文档保护功能，可以对文档进行修订保护、批注保护和窗体保护等，也可以对文档进行格式限制以及对文档的局部进行保护等。

（1）文档的格式限制。通过对选择的样式限制格式，可以防止样式被修改，也可以防止对文档直接应用格式。操作步骤如下：

①打开"审阅"选项卡，执行"保护"组中的"限制编辑"命令，打开"限制编辑"对话框。

②选择"限制对选定的样式设置格式"复选框，单击"设置"按钮，打开"格式设置限制"对话框，如图4-112所示。

③选择"限制对选定的样式设置格式"复选框，然后在对话框中选择当前允许使用的样式，清除不允许使用的样式，单击"确定"按钮。

④在出现的警告对话框中单击"是"按钮。这样，文档中凡是应用了不允许使用的样式的区域的格式将被清除，而其他格式将被保留。

⑤在"限制格式和编辑"对话框中单击"是，启动强制保护"按钮，打开"启动强制保护"对话框，输入密码及确认密码后单击"确定"按钮，即可启动文档格式限制功能，如图4-113所示。

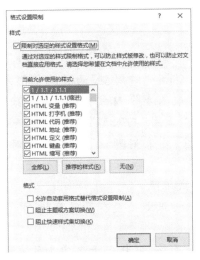 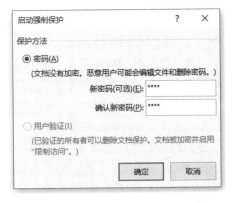

图4-112 "格式设置限制"对话框   图4-113 "启动强制保护"对话框

（2）文档的局部保护。通过文档的局部保护功能，可以选择性地保护文档的某些部分，而其他部分不受限制。操作步骤如下：

①选择不需要保护的文本，按住Ctrl键可以选择不连续的区域。

②在"限制格式和编辑"对话框中选择"仅允许在文档中进行此类型的编辑"复选框，然后在下拉列表中选择"不允许任何更改（只读）"选项。

③在"例外项"中选择可以对其编辑的用户。

④单击"是，启动强制保护"按钮，打开"启动强制保护"对话框，输入密码及确认后单击"确定"按钮，即可启动文档局部保护功能。

此时，可以对刚才选择的文本进行编辑，而其他的内容则被强制保护。如果需要取消对文档的保护，则可以单击"限制格式和编辑"对话框中的"停止保护"按钮，在打开的对话框中输入密码，单击"确定"按钮，即可。

用户还可以在"文件"选项卡的"信息"组的"保护文档"下拉列表中选择相应的选项对文档进行保护，也可以将文档标记为最终状态、用密码进行加密等。

━━●● 课 后 练 习 ●━━

（1）了解Office 2016和Office 365的区别。

（2）自拟一个与专业相关的题目，完成一份行业调查报告，要求如下（没有要求到的细节，则可以自由发挥）：

①报告至少7页，包含三个基本部分，依次是：封面、目录、正文。

②封面单独占一页，内容包括：标题、班级、学号、姓名、完成日期等。

③目录另起一页，显示到正文的3级标题。正文首页页码为1。

④标题采用多级列表的形式，其中一级标题（章）采用"第一章　绪论"的形式，居中，三号字；二级标题（节）采用"1.1　行业调查"的形式，居左，小三号字；三级标题（小节）采用"3.2.2　发展趋势"的样式，居左，四号字。

⑤全文至少包含两章,每一章都应另起一页;每章至少包含两节;每节至少包含两个小节。

⑥正文采用小四号字、1.5倍行距、首行缩进两个字符。

⑦正文中至少包含两张图片,至少采用"嵌入型"和"四周型"两种环绕形式;至少绘制一个流程图,必须绘制在一个画布中,采用"嵌入型"环绕形式;至少采用一个SmartArt,采用"嵌入型"环绕形式;至少有一个公式,采用"嵌入型"环绕形式;至少包含一个表格,该表格单独一页,纸张方向为横向;图、表采用题注,正文中有对题注的引用。

⑧正文中有一个段落采用分栏的形式,具体形式不限。

⑨封面、目录没有页眉页脚;除每一章的首页外,正文必须有页眉页脚;其中,页眉为章节名称,页脚为页码。

(3)请自学邮件合并功能。使用Excel生成一个表格,包括若干名学生的家长姓名、学生姓名、语文成绩、数学成绩等信息,并拟订一份《家长通知书》,并通过邮件合并功能,自动插入表格中的四列数据,告知其开学时间。最后合并生成一个Word文档。

第 5 章

电子表格 Excel 2016

通过本章的学习,应掌握以下内容:

- Excel 2016 的基本操作
- Excel 中数据的处理
- Excel 中函数、公式与数组公式的应用
- 条件格式
- 分析与管理数据
- 图表和数据透视图的应用

　　Excel 2016 是办公自动化软件 Microsoft Office 的另一个重要组件,是一个非常流行而且十分出色的电子表格处理软件。Excel 之所以被称为电子表格,是因为它采用表格的方式来管理数据。Excel 以二维表格作为基本操作界面,适合于制作各种电子表格,如工资条、图书目录、个人简历等;使用 Excel 还可以进行复杂的数据计算和数据分析;它在图表的制作上更是别具一格。Excel 2016 不仅功能强大、技术先进,而且可以非常方便地与其他 Office 组件交换数据。与以前的版本相比较,Excel 2016 的界面更友好、更合理,功能也更强大,还为用户提供了一个智能化的工作环境。

5.1　Excel 2016 的基本操作

5.1.1　Excel 2016 的界面

　　启动 Excel 后显示的基本界面如图 5-1 所示。每一个 Excel 文件称为"工作簿"(图5-1 上方居中位置,显示"工作簿 1 – Excel"),每个工作簿可以包含若干张"工作表"(图 5-1 下方左侧位置,显示当前工作表标签为"Sheet1"),单击工作表标签右侧的图标⊕ 可以新增工作表。

　　中间区域最大、用虚线框标识的部分称为工作区。工作区是一个二维表格,由很多个"单元格"组成。工作区左侧一列的阿拉伯数字表示行号,工作区上方一行的大写英文字母表示列号。每个单元格的地址都由行号、列号组成,如工作区左上角的"名称框"所示。可以在名称框中输入单元格地址直接跳转到对应的单元格。

工作区正上方、名称框的右侧是"编辑栏"。编辑栏默认显示一行数据,可以通过调整编辑栏高度显示多行内容。可以在编辑栏中编辑当前单元格中的数据,也可以双击单元格直接在单元格中编辑数据。如果单元格中的内容是公式,在默认情况下,编辑栏显示的是公式,而单元格中显示的是结果。

编辑栏上方是"功能区",功能区划分为若干个标签,从左到右依次是文件、开始、插入、页面布局等。可以使用窗口右上角的"功能区显示选项"打开、关闭或自动隐藏功能区。

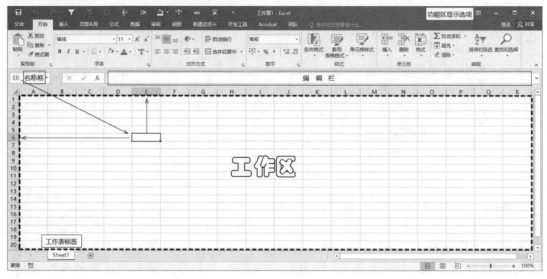

图 5-1　基本界面

5.1.2　数据的输入技巧

(1)数据输入。Excel 提供多种数据输入的方法,其中最简单的方法就是直接输入。选择要进行数据输入的单元格,直接输入数据,按回车键,则完成该单元格的数据输入。

输入数据时要注意以下问题:

①当向单元格中输入数字格式的数据时,系统自动识别为数值型数据。任何输入,如果包含数字、字母、汉字及其他符号组合时,系统就认为是文本型。

②若想把输入的数字作为文本处理,可在数字前加半角单引号。在输入身份证号码、电话号码或者以 0 开始的纯数字字符串时,都要用到这个技巧。

③如果输入的数字的有效位超过单元格的宽度,必须调整列宽。

④输入分数时,应在分数前加入 0 和空格。如"0 2/3"。

⑤输入日期时,可按 yyyy-mm-dd 的格式输入。

⑥在单元格中输入当前系统日期时按"Ctrl+;"键,输入当前系统时间时按"Ctrl+Shift+;"键。

⑦按"Alt+Enter"组合键可强制在单元格内换行。

⑧在一个选定区域内输入数据,输入结束后按"Ctrl+Enter"组合键可进行批量输入。

（2）数据填充。Excel还提供了非常方便的数据填充功能。如图5-2所示，在A1中输入数据1，将鼠标放在A1单元格的右下角，当鼠标变成黑色实心十字后，按住鼠标左键拖动，可将数据填充到目的单元格。单击 中的下三角按钮可以选择不同的填充方式，这里选择"以序列方式填充"选项，填充后的结果如图5-3所示。

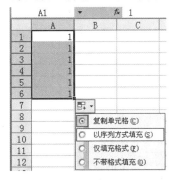

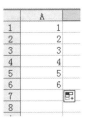

图5-2　数据填充　　　　　　　　　　图5-3　填充后数据

Excel提供常见的序列填充，如日期填充如图5-4所示，星期填充如图5-5所示。

图5-4　日期填充　　　　　　　　　　图5-5　星期填充

用户可以根据自己的需要，把经常使用的有序数据定义成自己的数据序列，即"自定义序列"。这些自定义序列也可以用于排序。

（3）选择单元格。可以通过单击单元格、在名称框中输入单元格地址的方式选择一个单元格。

Excel中，可以通过拖动鼠标选择由若干行、若干列组成的区域；也可以先单击区域的左上角，然后按住Shift键单击区域的右下角，选择两个单元格间的区域；还可以在名称框中输入"左上角单元格的地址：右下角单元格的地址"，如A1:E6，选择指定的区域。

可以把鼠标移动到行号或列号位置处，单击选择一行或一列数据。

按住Ctrl键单击，可以选择若干个不连续的单元格。这种操作往往配合"Ctrl+Enter"组合键进行批量输入。

（4）复制、粘贴数据。选择要复制的数据，按"Ctrl+C"键进行复制；也可以在选择要复制的数据后使用功能区中的图标 来进行数据复制。

选择要粘贴的目的单元格，按"Ctrl+V"键进行粘贴；也可以在功能区中使用更多的粘贴方式。其中，粘贴值 、转置粘贴 比较常用。

（5）常用快捷键一览表。Excel 2016提供了很多快捷键，常用的快捷键如表5-1所示。

表5-1　常用快捷键

快捷键	功　能
Ctrl+1	打开"设置单元格格式"对话框
Ctrl+S	保存
Ctrl+Z	撤消
Ctrl+F	查找
Ctrl+H	替换
Ctrl+Enter	在选择多个单元格的情况下，同时输入
Ctrl+D	复制上一单元格的内容
Ctrl+R	复制左边单元格的内容
F4	切换引用的形式
Ctrl+−	删除单元格
Ctrl+Shift+=	插入单元格，实际快捷键就是"Ctrl++"
Alt+=	自动求和
Alt+Enter	单元格内换行
Ctrl+↑ Ctrl+↓ Ctrl+← Ctrl+→	到当前数据范围的最上（下、左、右），配合 Shift 使用，也可以选择从当前单元格到最上（下、左、右）的单元格

5.1.3　单元格格式设置

选择要设置格式的单元格，在右键菜单中选择"设置单元格格式"选项，打开"设置单元格格式"对话框，在该对话框中可以设置数字、对齐、字体、边框、填充、保护等属性。

也可以通过单击功能区中字体、对齐方式、数字右侧的 ▣ 图标，直接打开"设置单元格格式"对话框中对应的标签。

如图5-6所示为对齐格式设置，其中"缩小字体填充"是一个比较实用的功能。

如图5-7所示，只有"字体"中的选项可以针对单元格内的部分内容进行设置，而其他选项均是针对整个单元格进行设置的。例如，可以通过字体中的"上标"在单元格内输入 $x^2+y^2=1$。但是Excel中的格式设置明显没有Word中丰富，Excel的强项是数据计算和处理。如果要进行复杂格式设置，建议到Word中进行编辑、排版。

图5-6 设置单元格对齐格式

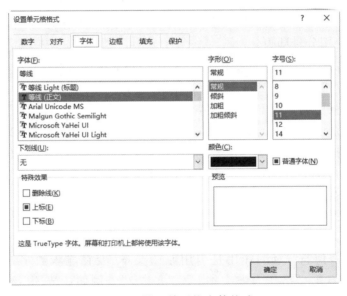

图5-7 设置单元格字体格式

5.1.4 自定义数字格式

Excel中的单元格格式是一个最基本但是又很高级的技能,说它基本是因为我们几乎天天都会用到它,会用它来设置一些简单的格式,如日期、文本等;高级是因为利用Excel中单元格的自定义格式,我们可以实现一些看起来非常神奇和有用的效果。

如图5-8所示为单元格数字格式设置,其中"自定义"数字格式可以通过一串字符对不同的内容进行单独设置。

图5-8 设置单元格数字格式

格式代码通过";"分割成四部分,依次代表正数、负数、零、字符串等四种数据的格式。如果只指定了一个格式代码,则所有内容都会使用该格式;如果要跳过某一项内容,则对该节仅使用分号即可。

(1)G/通用格式。以常规的数字显示,相当于功能区中的 **ABC 123** 常规 无特定格式 选项。

(2)数字占位符。

#:只显示有意义的零而不显示无意义的零。小数点后数字如大于"#"的数量,则按"#"的位数四舍五入。例如:###.##,12.1显示为12.1,12.1263显示为12.13。

0:如果单元格的内容大于占位符,则显示实际数字;如果小于占位符的数量,则用0补足。例如:00000,1234567显示为1234567,123显示为00123;又如:00.000,100.14显示为100.140,1.1显示为01.100。

?:数值两边无意义的零显示为空格,以便小数点对齐。例如:???.???,输入12.1212显示□12.121,输入12.12显示□12.12□,其中□表示空格。

(3)@:文本占位符。@的作用是引用原始文本,要在输入数字数据之后自动"添加"文本,则使用自定义格式为:"文本1"@"文本2"。例如:"集团"@"部",则输入"财务"后自动显示为"集团财务部"。注意,这里并没有真正地添加文本,只是增加了显示内容,可以通过观察编辑栏中的内容印证这个事实。

(4)*:重复下一个字符,直到充满列宽。例如:@*-,则输入ABC显示为ABC------------,"-"的个数取决于单元格的列宽。可用于仿真密码保护的格式代码**;**;**;**,无论输入任何数据都显示为************,"*"的个数取决于单元格的列宽。

(5),:千分位分隔符。例如:#,###,则输入12000显示为12,000。

(6)颜色:用指定的颜色显示字符,有8种颜色可选:红色、黑色、黄色、绿色、白色、蓝色、青色和洋红。例如:[蓝色];[红色];[黄色];[绿色],显示结果为:正数显示蓝色,负数显示红色,零显示黄色,文本则显示为绿色。

（7）时间和日期代码。常用的日期和时间代码包括：

YYYY 或 YY：按四位（1900～9999）或两位（00～99）显示年。

MM 或 M：以两位（01～12）或一位（1～12）表示月。

MMM：表示月份的英文缩写。

MMMM：表示月份的英文全称。

DD 或 D：以两位（01～31）或一位（1～31）来表示天。

DDD：表示星期的英文缩写。

DDDD：表示星期的英文全称。

AAA：表示中文星期的一至日。

AAAA：表示中文星期的星期一至星期日。

（8）中文数字。如果输入 123456789，并采用以下特殊的自定义格式，则代表的意义如下：

［DBNUM1］：一亿二千三百四十五万六千七百八十九

［DBNUM2］：壹亿贰仟叁佰肆拾伍万陆仟柒佰捌拾玖

［DBNUM3］：1 亿 2 千 3 百 4 十 5 万 6 千 7 百 8 十 9

5.1.5　其他常见操作

（1）调整列宽与行高。可以通过鼠标拖动两个列号或两个行号之间的分割线，来改变列宽和行高。也可以通过双击分割线自动调整。

（2）隐藏和取消隐藏单元格。可以选择某些行或列，在右键菜单中选择"隐藏"或"取消隐藏"选项。同样可以隐藏的还有工作表。

（3）合并单元格。可以选择若干连续的单元格，然后使用"合并单元格"操作。单元格合并后仅显示左上角单元格的内容。合并单元格可以使表格更加美观，但是在进行数据处理时会带来一些麻烦。

（4）自动换行。使用自动换行功能后，如果在一行内无法显示所有的内容，则该行会自动变高，内容会以多行的形式进行显示。"自动换行"功能和"缩小字体填充"无法同时使用。

5.2　基本数据处理

Excel 提供了强大的数据分析处理功能，利用它们可以实现对数据的排序、分类汇总、筛选及验证等操作。

5.2.1　排序

对数据进行排序是数据分析不可缺少的内容之一。例如，将名称列表按字母顺序排列；按从高到低的顺序编制产品存货水平列表，或按颜色或图标对行进行排序。对数据进行排序有助于快速直观地显示数据并更好地理解数据，有助于组织并查找所需数据,有助于最终做出更有效的决策。可以对一列或多列中的数据按文本(从A到Z或从Z到A)、数字(从小到大或从大到小)以及日期和时间(从最旧到最新或从最新到最旧)进行排序。还可以按自己创建的自定义序列(如大、中和小)或格式(包括单元格颜色、字体颜色或图标集)进行排序。

　　如图5-9所示,选择要排序的数据区域,单击"开始"功能区右侧的"排序和筛选"中的"升序""降序"按钮,就会按照选择区域的首列进行排序。也可以选择"数据"功能区中的"排序"选项进行更详细的控制。在排序窗口中,可根据实际情况选择是否"数据包含标题"选项。建议大家在选择数据时选择标题行,否则在关键字处看到的就是抽象的列号了。这里的排序依据包括数值、单元格颜色、字体颜色和单元格图标,但是最常用的还是数值。排序的方式包括升序、降序以及自定义序列。自定义序列可以达到按照军衔排序的目的。

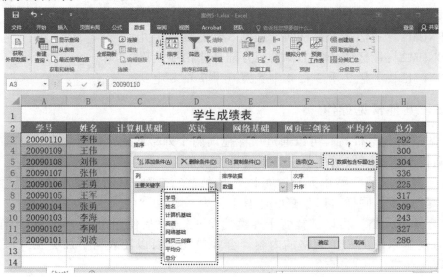

图5-9　排序

5.2.2　筛选

　　当用户只对数据列表中的一部分数据感兴趣时,可以使用数据筛选功能。通过数据筛选,可以将用户不感兴趣的数据暂时隐藏起来,只显示用户感兴趣的数据。数据筛选分为两种:自动筛选和高级筛选。

图5-10　文本筛选

　　使用"数据"功能区中的"筛选"功能,就会在第一行的各列出现筛选按钮。如需筛选按钮出现在其他行,则需要事先选择该行。根据各列数据的类型,可以进行:

　　(1)文本筛选。文本筛选可以按照:等于、不等于、开头是、结尾是、包含、不包含等六种形式进行筛选。自定义筛选,使用与、或的方式,对其中两种形式进行组合。如图5-10所示,可以筛选出姓张或者姓李的数据。

（2）数字筛选。数字筛选可以按照：等于、不等于、大于、大于或等于、小于、小于或等于、介于、前10项（实际上是前若干项）、高于平均值、低于平均值等10种形式进行筛选。也可以进行自定义筛选组合。

（3）日期筛选。日期筛选的形式有很多种，可以以天、周、月、季、年等为单位进行筛选，此处不再赘述。

（4）颜色筛选。颜色筛选与该列的数据类型无关，往往配合条件格式（参考本章5.4节）进行颜色筛选。

（5）搜索。可以在筛选窗口中输入需要搜索的关键字进行筛选。在重新搜索的时候，可以选择"将当前所选内容添加到筛选器"选项，以同时查看多次搜索的结果。

可以对不同的数据列进行多次自动筛选，后一次操作以前一次的结果为基础，从而缩小筛选范围。如果需要更复杂的逻辑关系，或者希望把筛选结果拷贝出来，则需要进行高级筛选。

5.2.3　高级筛选

在例5-1[①]中，表中包含了部门、姓名、生日、性别四列数据，现在需要筛选出工程部的男性员工和财务部的女性员工。尽管数据筛选已经可以完成较为复杂的功能，但是仍然要用到高级筛选功能。首先选择要进行筛选的数据中的任意单元格，然后在"数据"功能区中选择"排序和筛选"中的"高级"选项，打开"高级筛选"对话框，如图5-11所示。

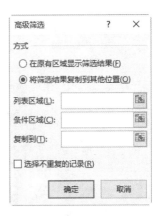

图5-11　"高级筛选"对话框

该对话框可以解决四个问题：①筛选的结果放在哪？②要进行筛选的区域在哪？③条件区域在哪？④是否选择不重复的记录？通常情况下，会选择"将筛选结果复制到其他位置"选项。

高级筛选的关键在于条件区域。条件区域有以下几个特点：标题必须和列表区域中的标题严格一致；每列条件按照逻辑与的方式进行筛选；每行条件按照逻辑或的方式进行筛选。例如，要筛选出工程部的男性员工和财务部的女性员工，条件区域如下所示：

部门	性别
工程部	男
财务部	女

又如，要筛选出1980—1985年出生的员工，条件区域如下所示：

生日	生日
>=1980年1月1日	<=1985年12月31日

在例5-2中，表中包含了姓名、语文、英语、数学四列数据，现在需要筛选出三科成绩均不及格的同学。可以使用自动筛选或高级筛选完成该功能，若使用后者，其条件区域如下所示：

语文	英语	数学
<60	<60	<60

但是，要筛选出有一门及以上功课不及格的同学，就只有用高级筛选了。其条件区域如下所示：

[①] 本章中，例5-1至例5-22的相关资料均在对应的Excel文件中。

语文	英语	数学
<60		
	<60	
		<60

5.2.4　分列

数据分列是Excel中一个简单实用的技巧。

（1）在例5-3中，需要从身份证号码中提取出生日期。选择所有的身份证号码，使用"数据"功能区中的"分列"功能，打开"文本分列向导"对话框，共3步完成提取。每一步的对话框中都有详细的说明文字。

第1步，对话框如图5-12所示，选择"固定宽度"选项。

第2步，对话框如图5-13所示，通过鼠标操作建立分列线。

第3步，根据第2步的分列线把数据分成3列，如图5-14所示。每一列都可以单独设置选项或者选择"不导入此列"。选择第2列，并选择"列数据格式"为日期。最后单击"完成"按钮即可。

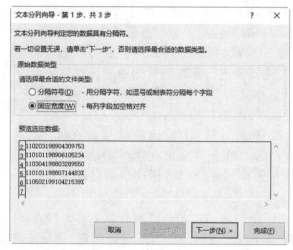

图5-12　文本分列向导第1步

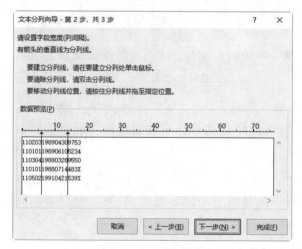

图5-13　文本分列向导第2步

图5-14　文本分列向导第3步

（2）处理文本型数字。在实际工作中，数据来源五花八门，往往有一些单元格中的数据看上去是数字而实际上是文本，这给统计、计算等带来了很大的麻烦，因此必须对这些数据的数据格式进行转换。选择这些数据，在图5-14中根据需要选择"列数据格式"为常规（文本型数字转换成真正的数字）或者文本（数字转换成文本型数字）即可。

5.2.5　数据验证

在以前版本的Excel中，数据验证功能称为"数据有效性"，它可以提高在输入数据时的准确性。如果输入的数据不满足条件，则会出现警告信息。该功能允许针对整数、小数、序列、日期、时间、文本长度、自定义等进行验证。例如，可以指定数据的范围（针对整数、小数、日期、时间等）以及指定文本的长度（手机号码为11位、身份证号码为18位）等。

（1）序列。由于允许序列类型的数据验证可以提供下拉列表，所以这是比较常见的类型。在例5-4中（图5-15），需要通过下拉列表选择出库员。选择E2:E5单元格区域，打开"数据验证"对话框，"允许"选择"序列"选项，"来源"选择"=$H$1:$H$4"，则可以通过下拉列表输入数据，或者在输入数据有误时出现警告信息。

	A	B	C	D	E	F	G	H
1	序号	产品名	库存量	出库量	出库员	备注		陈明
2	1	鼠标	200		▼			黄洋
3	2	键盘	200		陈明			唐易
4	3	硬盘	50		黄洋			高升
5	4	显示器	40		唐易			
6					高升			

图5-15　序列

（2）自定义数据验证。在例5-4中，D列表示的出库量应小于等于C列对应的库存量。为提高输入的准确性，选择D2:D4，在"数据验证"对话框中，"允许"选择"自定义"选项，"公式"输入"=D2<=C2"。自定义方式的数据验证可以使用任何返回值为TRUE或者FALSE的公式，大大增强了其功能。

（3）圈释无效数据。如果在设置数据验证时，"出错警告"中取消选择"输入无效数据时显示出错警告"选项，或者先输入全部数据、后设置数据验证时，可以通过"圈释无效数据"发现所有不满足条件的单元格，如图5-16所示。

	A	B	C	D	E	F
1	序号	产品名	库存量	出库量	出库员	备注
2	1	鼠标	200	210	陈明	
3	2	键盘	200	190	唐易	
4	3	硬盘	50	-1	黄洋	
5	4	显示器	40	50	高升	

图5-16　圈释无效数据

5.3　公式与函数的使用

Excel提供了公式与函数功能，运用公式和函数可以快速地统计数据。Excel函数可分为12种类别，函数总和达到了405种，如表5-2所示[①]。

表5-2　Excel函数统计

序　号	函数类型	函数个数
1	兼容性函数	38
2	多维数据集函数	7
3	数据库函数	12
4	日期和时间函数	22
5	工程函数	41
6	财务函数	53
7	信息函数	17
8	逻辑函数	7
9	查找和引用函数	20
10	数学和三角函数	63
11	统计函数	98
12	文本函数	27
合　计		405

在后面的内容中，仅介绍日期和时间函数、逻辑函数、查找和引用函数、统计函数、文本函数等几种类别中的常用函数。

公式是用运算符和函数将数据、单元格地址等连接在一起的式子，以等号"="开头。

①数据来源于网络。

公式运算符主要有三种,假设单元格A2的值为2,则运用不同公式运算的结果如表5-3所示。

表5-3 Excel的公式运算符

类 别	运算类别	运算符号	例 子
算术运算符	加	+	=6+A2,结果为8
	减	−	=6−A2,结果为4
	乘	*	=6*A2,结果为12
	除	/	=6/A2,结果为3
	乘方	^	=6^A2,结果为64
文本运算符	连接符	&	=A2&"计算机",结果为2计算机
关系运算符	相等	=	=A2=2,比较结果为ture
	不相等	<>	=A2<>2,比较结果为flase
	大于	>	=5>A2,比较结果为ture
	小于	<	=5<A2,比较结果为flase
	大于等于	>=	=5>=A2,比较结果为ture
	小于等于	<=	=5<=A2,比较结果为flase

在输入公式时,要尽量使用鼠标选择所需单元格,而非用键盘输入单元格的地址。在使用鼠标和键盘混合输入时,还要观察每个参数的颜色和对应单元格边框的颜色。这些都有助于我们写出正确的公式。

在输入公式后,按回车键确认输入的公式。如果公式本身正确,特别是没有拼写错误时,按回车键后所有小写字母都会自动转换成大写。所以建议大家输入小写字母,一旦出现拼写错误,则那些仍然是小写字母的就一定有问题。利用这种特性,可以快速定位错误。

如果公式本身较复杂,可以使用"公式"功能区中的追踪引用单元格和公式求值两个功能。

小提示:Excel默认是自动计算,在"公式"功能区的"计算选项"中可以设置为手动计算,但是不建议使用。

5.3.1 五个基本函数

在例5-5中(图5-17),需要根据现有的数据,依次统计出每名学生的平均分和总分以及每门课程的最高分、最低分及考试人数。

在"公式"功能区,将左侧的"自动求和"展开,可看到五个基本函数,依次是:求和、平均值、计数、最大值和最小值。如图5-17所示,选择第一个同学的四门成绩C3:F3,然后使用"平均值"函数,会在G3单元格自动出现该同学四门课程的平均分。单击G3单元格,在编辑栏能够看到公式"=AVERAGE(C3:F3)"。再次选择该名同学的四门成绩C3:

F3,然后使用"求和"函数,会在H3单元格自动出现该同学四门课程的总分。单击H3单元格,在编辑栏能够看到公式"=SUM(C3:F3)"。选择G3:H3,把鼠标放到选择区域的右下角,当鼠标变成"十"时,拖动复制或者双击复制(双击复制可能会把公式复制到不需要进行计算的单元格),可计算出所有同学的平均分和总分。

选择C3:C12共10名同学的"计算机基础"成绩,使用"自动求和"中的"最大值"函数,通过编辑栏观察到C13的公式是"=MAX(C3:C12)"。重新选择C3:C12,使用"自动求和"中的"最小值"函数,则编辑栏中C14的公式是"=MIN(C3:C12)"。再次选择C3:C12,使用"自动求和"中的"计数"函数,则编辑栏中C15的公式是"=COUNT(C3:C12)"。选择C3:C15后向右拖动复制公式,可计算出其他三门课程的最高分、最低分和考试人数。

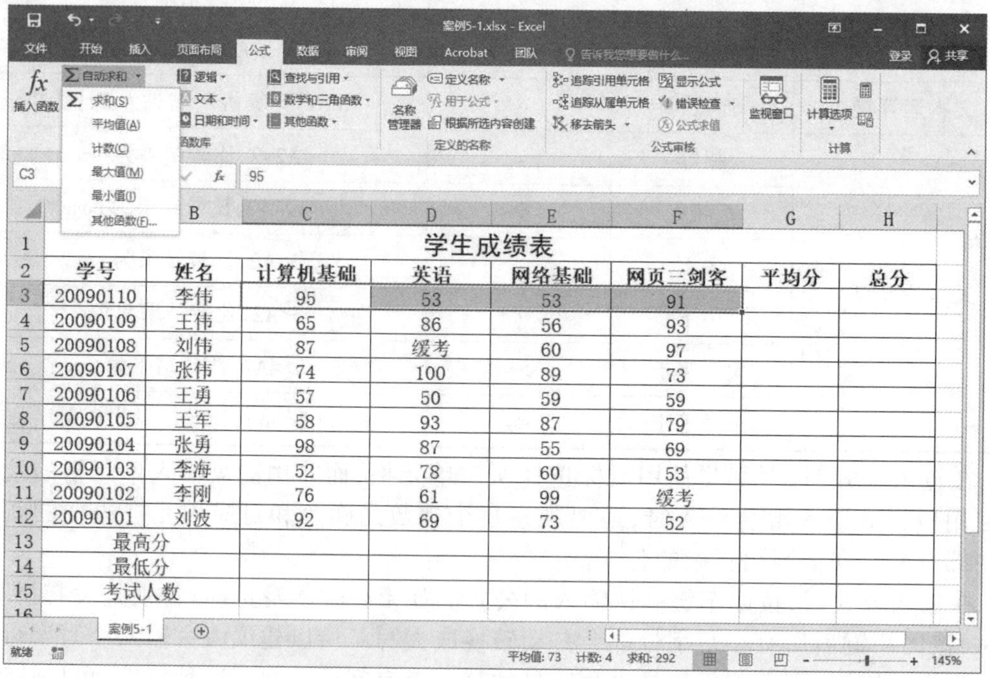

图5-17 学生成绩统计

"自动求和"中的这五个函数称为五个基本函数。它们的语法如下所示:

求和:SUM(number1,[number2],…)。

平均值:AVERAGE(number1,[number2],…)。

计数(统计数值型单元格的个数):COUNT(value1,[value2],…)。

最大值:MAX(number1,[number2],…)。

最小值:MIN(number1,[number2],…)。

其中,参数number1、value1等可以是一个单元格或者一个区域;第二个参数用[]扩起来表示该参数是可选的;"…"表示该函数的参数是可变的。

使用"公式"功能区中的"显示公式"功能,我们可以看到通过"自动求和"的五个功能和拖动复制的方式得到的公式,如图5-18所示。

我们会看到公式向下复制时,行号+1,公式向右复制时,列号+1。这种变化确保了逻辑的正确性。

学号	姓名	计算机基础	英语	网络基础	网页三剑客	平均分	总分
20090110	李伟	95	53	53	91	=AVERAGE(C3:F3)	=SUM(C3:F3)
20090109	王伟	65	86	56	93	=AVERAGE(C4:F4)	=SUM(C4:F4)
20090108	刘伟	87	缓考	60	97	=AVERAGE(C5:F5)	=SUM(C5:F5)
20090107	张伟	74	100	89	73	=AVERAGE(C6:F6)	=SUM(C6:F6)
20090106	王勇	57	50	59	59	=AVERAGE(C7:F7)	=SUM(C7:F7)
20090105	王军	58	93	87	79	=AVERAGE(C8:F8)	=SUM(C8:F8)
20090104	张勇	98	87	55	69	=AVERAGE(C9:F9)	=SUM(C9:F9)
20090103	李海	52	78	60	53	=AVERAGE(C10:F10)	=SUM(C10:F10)
20090102	李刚	76	61	99	缓考	=AVERAGE(C11:F11)	=SUM(C11:F11)
20090101	刘波	92	69	73	52	=AVERAGE(C12:F12)	=SUM(C12:F12)
最高分		=MAX(C3:C12)	=MAX(D3:D12)	=MAX(E3:E12)	=MAX(F3:F12)		
最低分		=MIN(C3:C12)	=MIN(D3:D12)	=MIN(E3:E12)	=MIN(F3:F12)		
考试人数		=COUNT(C3:C12)	=COUNT(D3:D12)	=COUNT(E3:E12)	=COUNT(F3:F12)		

图5-18　显示公式

5.3.2　单元格的引用形式

（1）相对引用和绝对引用。在例5-6中，需要根据已有的单价和数量计算每笔订单的金额及其在全部订单中的占比。首先计算订单号2214的金额，在D2中输入"=B2*C2"，然后把D2向下复制到D11；在D12中输入公式"=SUM(D2:D11)"。使用"开始"功能区中的"会计专用"数字格式，设置金额一列的格式。

其次，计算订单号2214的金额占合计金额的百分比。在E2中输入公式"=D2/D12"，再通过"开始"功能区设置百分比样式和小数位数，使用百分比样式并保留小数点后一位。然后拖动E2单元格向下复制，得到的结果是错误信息"#DIV/0!"，如图5-19所示。这段错误信息表示除零错误。

E4　　=D4/D14

	A	B	C	D	E
1	订单号	单价	数量	金额	占比
2	2214	¥ 50.00	200	¥ 10,000.00	7.4%
3	2281	¥ 44.00	400	¥ 17,600.00	#DIV/0!
4	2657	¥ 20.00	100	¥ 2,000.00	#DIV/0!
5	2694	¥ 39.00	900	¥ 35,100.00	#DIV/0!
6	2971	¥ 18.00	600	¥ 10,800.00	#DIV/0!
7	3058	¥ 12.00	100	¥ 1,200.00	#DIV/0!
8	3068	¥ 47.00	300	¥ 14,100.00	#DIV/0!
9	3082	¥ 19.00	400	¥ 7,600.00	#DIV/0!
10	3141	¥ 42.00	500	¥ 21,000.00	#DIV/0!
11	3191	¥ 19.00	800	¥ 15,200.00	#DIV/0!
12		合计		¥ 134,600.00	
13					
14					

图5-19　销售金额统计

观察其中一个错误的单元格，这里以E4为例，发现最初的公式"D2/D12"从E2复制到E4时发生了变化，变成了D4/D14。使用"公式"功能区中的"追踪引用单元格"或"显示公式"观察E2和E4，引用单元格的两个箭头是从D2平移到D4的。而"公式向下复制时，行号+1"，从E2到E4是行号+2，所以公式中的D2变成了D4、D12变成了D14，而此时D14是空白单元格，自然就产生了除零错误。

从算法的角度来讲，计算百分比时分母永远都是D12，所以为了避免在复制公式时行号或列号发生变化，Excel使用$表示行号、列号固定不变。其快捷键设计为F4。在E2中修订公式为"=D2/$D$12"，然后重新连续复制到D11，即可得到正确结果。

在 Excel 中，形如 D2 的这种单元格的地址（也称为引用）称为相对引用。在复制公式时，相对引用会随之变化。而 $D$12 的形式称为绝对引用，表示列号固定在 D 列、行号固定在 12 行，在复制公式时不会变化。

例如，在 D1 单元格中输入公式"=C1+$C$2"，把公式从 D1 复制到 B3，列号从 D 到 B（-2），行号从 1 到 3（+2），所以公式中 C1 的地址也是列号-2、行号+2。由于 $C$2 写成了绝对引用地址，所以不会发生变化。因此复制到 B3 中的公式是"=A3+$C$2"。

（2）两种混合引用形式。绝对引用中使用了两个 $ 分别固定了行号和列号。在引用中也可以只使用一个 $，或者固定行号，或者固定列号，这种引用形式称为混合引用。

在例 5-7 中（图 5-20），表中提供了本金、年限、利率等数据，需要按照复利的方式计算 10000 元本金在不同利率、不同年限条件下最终所得的本息合计。其计算公式如下：

本息合计=本金×（1+利率）^{年限}

Excel 使用 a^b 表示 a^b，也可以使用函数 POWER（number，power）计算幂。这是一个二维表格，我们希望在 B4:F13 的矩形区域中只写一遍公式。通常是在左上角 B4 写公式，然后向右复制，再向下复制，把公式复制到整个区域。在 B4 中输入公式"=F2*(1+B3)^A4"，这个公式只是算法正确，但是引用错误，当复制到其他单元格时就会出现错误。

上述公式中的 F2 代表本金，该数值应该固定在 F2 单元格，换言之，在水平和垂直两个方向上都应该固定不变，所以应该使用绝对引用，即 $F$2。B3 代表利率，所有的利率都在第 3 行，但是可能出现在不同的列，所以 B3 应该使用固定在行的混合引用，即 B$3。A4 表示年限，所有的年限都在 A 列，但是可能出现在不同的行，所以 A4 应该使用固定在列的混合引用，即 $A4。

将 B4 的公式修订为"=$F$2*(1+B$3)^$A4"，向右复制到 F4，再把 B4:F4 同时复制到 13 行，就完成了全部步骤，结果如图 5-20 所示。通过追踪引用单元格，可以看到每一个单元格中的数值都由对应的年限、利率和本金计算所得。

复利计算表

本金：¥ 10,000.00

年限＼利率	1%	2%	3%	4%	5%
1	¥ 10,100.00	¥ 10,200.00	¥ 10,300.00	¥ 10,400.00	¥ 10,500.00
2	¥ 10,201.00	¥ 10,404.00	¥ 10,609.00	¥ 10,816.00	¥ 11,025.00
3	¥ 10,303.01	¥ 10,612.08	¥ 10,927.27	¥ 11,248.64	¥ 11,576.25
4	¥ 10,406.04	¥ 10,824.32	¥ 11,255.09	¥ 11,698.59	¥ 12,155.06
5	¥ 10,510.10	¥ 11,040.81	¥ 11,592.74	¥ 12,166.53	¥ 12,762.82
6	¥ 10,615.20	¥ 11,261.62	¥ 11,940.52	¥ 12,653.19	¥ 13,400.96
7	¥ 10,721.35	¥ 11,486.86	¥ 12,298.74	¥ 13,159.32	¥ 14,071.00
8	¥ 10,828.57	¥ 11,716.59	¥ 12,667.70	¥ 13,685.69	¥ 14,774.55
9	¥ 10,936.85	¥ 11,950.93	¥ 13,047.73	¥ 14,233.12	¥ 15,513.28
10	¥ 11,046.22	¥ 12,189.94	¥ 13,439.16	¥ 14,802.44	¥ 16,288.95

图 5-20 复利计算表

在格式设置方面，A3 单元格使用了斜线边框。

（3）结构化引用。结构化引用是 Excel 2007 的新增功能，它允许使用表格名称、列标题代替传统的单元格引用（如 A1、R1C1 等），而无须定义名称。如 A1:F17 区域名为"表 2"，C 列的标题为"第 1 季度"。输入公式"=SUM("，并选取 C2:C17 单元格，公式自动变为"=SUM(表 2[第 1 季度])"。其中，表 2 是"表"的名称；[第 1 季度]是列标题。

5.3.3 数学和统计

（1）SUM、SUMIF、SUMIFS和SUMPRODUCT等函数。

求和：SUM(number1,[number2],…)。

条件求和：SUMIF(range,criteria,[sum_range])。第三个参数sum_range为可选参数，如果缺失则表示和第一个参数相同。

如图5-21所示，在例5-8中，提供了订单号、销售员、品种、金额等信息。其中7名销售员共完成了20份订单，现在需要在"销售金额统计"表中统计每一名销售员的销售总额。使用条件求和函数，在G3中输入公式"=SUMIF(B:B,F3,D:D)"，表示在B列（即函数参数中的range，范围）中查找与F3（即函数参数中的criteria，条件）相同的单元格，然后对D列中（即函数参数中的sum_range，求和范围）相应位置的数值求和。并把G3的公式向下复制。

多条件求和：SUMIFS(sum_range,critiria_range1,critiria1,…)。

通过SUMIFS计算每一名销售员按品种统计的销售额。在H3单元格中输入公式"=SUMIFS(D:D,B:B,F3,C:C,H2)"，表示查找在B列中与F3相同（第一组范围和条件）、C列中与H2相同（第二组范围和条件）的数据行，针对D列（求和范围）中对应位置的数据求和，简言之，即计算邢锐逸买了多少元的钢笔。还需要把H3单元格向右、向下复制到H3:J9的所有单元格，因此还要考虑采取哪种引用形式。最终完整的公式是"=SUMIFS($D:$D,$B:$B,$F3,$C:C,H2)"。

	A	B	C	D	E	F	G	H	I	J
1	某文化用品公司订单明细					销售金额统计				
2	订单号	销售员	品种	金额		销售员	销售总额	钢笔	笔记本	墨水
3	2019001	邢锐逸	钢笔	1100		邢锐逸				
4	2019002	廉凯风	钢笔	1100		廉凯风				
5	2019003	耿燕飞	笔记本	1500		尚锐阵				
6	2019004	梁林悦	钢笔	1600		申悦淳				
7	2019005	申悦淳	钢笔	2000		梁林悦				
8	2019006	滕开梅	墨水	1500		滕开梅				
9	2019007	梁林悦	钢笔	2000		耿燕飞				
10	2019008	邢锐逸	笔记本	1600						
11	2019009	廉凯风	墨水	1200		订单数量统计				
12	2019010	申悦淳	笔记本	1000		销售员	订单数	钢笔	笔记本	墨水
13	2019011	尚锐阵	钢笔	1500		邢锐逸				
14	2019012	耿燕飞	笔记本	1500		廉凯风				
15	2019013	耿燕飞	墨水	1600		尚锐阵				
16	2019014	梁林悦	钢笔	1100		申悦淳				
17	2019015	邢锐逸	墨水	1600		梁林悦				
18	2019016	耿燕飞	笔记本	1500		滕开梅				
19	2019017	邢锐逸	钢笔	1100		耿燕飞				
20	2019018	邢锐逸	笔记本	1200						
21	2019019	尚锐阵	墨水	2000						
22	2019020	廉凯风	钢笔	1200						

图5-21 条件求和和条件计数

求积和：SUMPRODUCT(array1,[array2],…)。SUMPRODUCT是对数组array1、array2等的对应元素先求积再求和，要求各数组的元素个数相同。

在例5-9中（图5-22），要求在D8中计算所有订单的合计金额。如果不会使用积和公式，则通常会增加F列表示金额，即数量×单价，然后再使用求和公式。SUMPRODUCT可以把这两个步骤合并成一个步骤，在D8中输入公式"=SUMPRODUCT(D3:D7,E3:E7)"即可。在复杂的数组公式中，往往会使用该函数。

▲	A	B	C	D	E
1	某文化用品公司订单明细				
2	订单号	销售员	品种	数量	单价
3	2019001	邢锐逸	钢笔	600	￥　2.00
4	2019002	糜凯风	钢笔	500	￥　2.00
5	2019003	耿燕飞	笔记本	800	￥　1.50
6	2019004	梁林悦	钢笔	500	￥　2.00
7	2019005	申悦淳	钢笔	500	￥　2.00
8	合计				

图 5-22　求积和

（2）COUNT、COUNTA、COUNTBLANK 和 COUNTIF、COUNTIFS 等函数。

计算区域中包含数字的单元格个数：COUNT(value1,[value2],…)。

计算区域中非空单元格的个数：COUNTA(value1,[value2],…)。

计算某个区域中空单元格的个数：COUNTBLANK(range)。

上述三个函数相对简单，这里就不再举例说明。

条件计数：COUNTIF(range,criteria)，计算某个区域中满足给定条件的单元格数目。

多条件计数：COUNTIFS(criteria_range,criteria,…)，统计一组给定条件所指定的单元格数。

COUNTIF 和 SUMIF、COUNTIFS 和 SUMIFS 的用法，除了少了一个求和范围的参数，其他大同小异。在例 5-8 中（图 5-21），需要统计某个销售员的订单数量。实际上就是数一下在 B 列该销售员出现了几次，所以 G13 中的公式是"=COUNTIF(B:B,F13)"或者"=COUNTIF(B\$3:B\$22,F13)"。而邢锐逸购买的钢笔数量的公式是"=COUNTIFS(\$B\$3:\$B\$22,\$F13,\$C\$3:\$C\$22,H\$12)"。

（3）AVERAGE、AVERAGEA 和 AVERGAGEIF、AVERAGEIFS 等函数。

平均数：AVERAGE(number1,number2,…)，返回其参数的算术平均值。参数可以是数值或包含数值的名称、数组或引用。

非空值的平均数：AVERAGEA(number1,number2,…)，返回所有参数的算术平均值。字符串和 FALSE 相当于 0；TRUE 相当于 1。参数可以是数值、名称、数组或引用。

条件平均数：AVERAGEIF(range,criteria,[average_range])，查找给定条件指定的单元格的算术平均值。如果省略第三个参数，则该参数与第一个参数相同。

多条件平均数：AVERAGEIFS(average_range,criteria_range,criteria,…)，查找一组给定条件指定的单元格的算术平均值。

这些函数与 SUM 系列的函数的用法基本一致，这里不再赘述。

（4）RANK.EQ 函数和 RANK.AVG 函数。早期版本的 Excel 使用 RANK 函数计算排名，尽管为了兼容性，目前还保留着 RANK 函数，但不建议使用。

RANK.AVG(number,ref,[order])：用于计算 number 在 ref 范围内的排名，其中 order 默认为 0 并表示降序，1 表示升序。RANK.EQ 与 RANK.AVG 的用法相同，但是在有相同数据时计算方法不同，EQ 表示 equal（相等），AVG 表示 average（平均数）。如图 5-23 所示，将 B2 中的公式"=RANK.AVG(A2,\$A\$2:\$A\$6)"以及 C2 中的公式"=RANK.EQ(A2,\$A\$2:\$A\$6)"向下复制。其中关于两个 3 的排名，使用 RANK.EQ 表示并列第 2 名，使用 RANK.AVG 表示平均第 2.5 名。

	A	B	C
1	数据	使用RANK.AVG计算	使用RANK.EQ计算
2	4	1	1
3	3	2.5	2
4	2	4	4
5	3	2.5	2
6	1	5	5

图5-23 计算排名

(5)MOD函数和QUOTIENT函数。

MOD(number,divisor):用于计算除法的余数。

QUOTIENT(numerator,denominator):用于计算商的整数部分。

(6)RAND函数和RANDBETWEEN函数。

RAND( ):返回[0,1]之间的平均分布的随机数。

RANDBETWE(bottom,top):返回两个指定数字之间的随机数。

我们在练习Excel时往往会通过这两个随机数构造数据。

(7)ROUND、INT、CEILING.MATH和FLOOR.MATH等函数。

这四个函数主要用于数值的取整。

ROUND(number,num_digits):按指定的位数对数值进行四舍五入。

INT(number):将数值向下取整至最接近的整数。

CEILING.MATH(number,[significance],[mode]):将数值向上取整至最接近的整数或指定基数的倍数。

FLOOR.MATH(number,[significance],[mode]):将数值向上舍入至最接近的整数或指定基数的倍数。

(8)MAX、LARGE、MIN和SMALL等函数。

MAX(number1,[number2],…):返回一组值中的最大值。

MIN(number1,[number2],…):返回一组值中的最小值。

LARGE(array,k):返回数据集中第k个最大值。

SMALL(array,k):返回数据集中第k个最小值。

5.3.4 查找和引用

在日常工作中,Excel除了用于数据的收集与填制,更大的作用在于数据的汇总与筛选,如汇总分公司台账中某个产品的多组信息,从基础数据中抽出某些指标数据进行分析,按照指定顺序重新组织数据等。在需要查询一行并查找另一行中相同位置的值时,需要用到查找和引用函数。常见的查找和引用函数如下:

(1)LOOKUP函数:LOOKUP(lookup_value,lookup_vector,[result_vector])。参数中,vector的含义是向量的意思,在这里表示数组或者一个单元格区域。例如,把A列中的百分制成绩按照右侧的规则转换成五个等级,如图5-24所示。

	A	B	C	D	E
1	成绩	等级		区间	等级
2	91	优		[0,60)	差
3	60	中		[60,80)	中
4	92	优		≥80	优
5	51	差			
6	-1	#N/A			

图5-24 LOOKUP查找函数

可以在B2中使用公式“=LOOKUP(A2,{0,60,80},{"差","中","优"})”，其中第2、3两个参数用花括号表示数组。数组中的3个值把值划分为3个区间，分别是≥0且<60、≥60且<80和≥80，即规则中的[0,60)、[60,80)和[80,∞)，属于半开半闭区间。落在某个区间中就返回第3个参数对应的值。而-1没有落在任意区间，所以返回“#N/A”。

（2）VLOOKUP函数和HLOOKUP函数。在使用Excel进行数据的汇总、查找等操作时，最重要的一个函数就是VLOOKUP，其中V表示vertical（垂直）的意思。而HLOOKUP中的H表示horizontal（水平）的意思。VLOOKUP函数的格式为：“VLOOKUP(lookup_value,table_array,col_index,[range_lookup])”。其中，要查找的lookup_value必须位于table_array的第1列；col_index表示返回结果在table_array中的第几列；range_lookup通常为FALSE，表示精确匹配。

在例5-10中（图5-25），A列到E列为公司所有员工，G列到I列为部分报名参加运动会的员工，需要在总表中查找这些运动员的信息，并显示在子表中，则H6中的公式为“=VLOOKUP(G3,B:C,2,FALSE)”，注意要查找的姓名位于查找范围B:C列的首列，而第3个参数为2，表示返回B:C列的第2列，也就是C列部门。比较常见的错误是，误以为查找返回的部门信息在C列，就把第3个参数写成3。与根据姓名查找部门类似，I6表示根据姓名查找性别，其公式为“=VLOOKUP(G3,B:E,4,FALSE)”，返回的性别位于查找范围B:E列的第4列，即E列。

	A	B	C	D	E	F	G	H	I
1	所有员工						运动会报名表		
2	序号	姓名	部门	生日	性别		姓名	部门	性别
3	1	刘洪	销售部	1980年11月28日	男		梁爽		
4	2	邓韬	工程部	1980年9月20日	男		罗洋		
5	3	梁爽	售后部	1986年5月1日	女		唐易		
6	4	陈敏	销售部	1984年12月30日	女		陈明		
7	5	任红	财务部	1980年8月16日	女		黄洋		
8	6	高升	售后部	1978年5月26日	男		高升		
9	7	彭强	销售部	1982年8月28日	男				
10	8	王陶	工程部	1990年6月16日	男				
11	9	王益	售后部	1971年12月3日	男				
12	10	游凤	销售部	1987年12月24日	女				

图5-25　VLOOKUP垂直查找函数

HLOOKUP函数的用法与VLOOKUP函数相同。

（3）MATCH函数和INDEX函数。由于VLOOKUP要求查找的数据必须在查找范围内的第1列，即只能从左往右进行查找，所以，当查找的数据在右侧、返回的结果在左侧时，就无法使用VLOOKUP了。此时，应该嵌套使用MATCH和INDEX两个函数，把MATCH匹配返回的结果作为INDEX函数的第2个参数。函数的格式如下：

MATCH(lookup_value, lookup_array, [match_type])

INDEX(array, row_num, [column_num])

在例5-11中（图5-26），需要在全部学生名单中，根据学号查找和返回部分报名运动会学生的班级和学号。由于在全部学生名单中，姓名位于班级和学号的右侧，换言之是从右往左进行查找，这是VLOOKUP函数做不到的。此时只有嵌套使用MATCH函数和INDEX函数。

	A	B	C	D	E	F	G	H	I
1	学生名单						运动会报名表		
2	序号	班级	学号	姓名	性别		姓名	班级	学号
3	1	1班	170101	刘洪	男		梁爽		
4	2	2班	170201	邓韬	男		罗洋		
5	3	3班	170301	梁爽	女		唐易		
6	4	1班	180102	陈敏	女		陈明		
7	5	4班	180401	任红	女		黄洋		
8	6	3班	160302	高升	男		金波		
9	7	1班	180103	彭强	男				
10	8	2班	170202	王陶	男				
11	9	3班	160303	王益	男				
12	10	1班	180104	游凤	女				

图5-26 反向查找

在H3中编辑公式“=INDEX(B:B,MATCH(G3,D:D,0))”，其中MATCH函数返回G3在D列中的位置，即第5行，然后INDEX函数返回B列中第5行的数据，即梁爽所在3班。使用公式求值功能，观察每一步返回的结果如下：

```
INDEX(B:B,MATCH(G3,D:D,0))
INDEX(B:B,MATCH("梁爽",D:D,0))
INDEX(B:B,5)
3班
```

(4)查找满足条件的最新或最后一个数据。Excel系统实现LOOKUP函数时采用的是二分查找法，所以该函数要求第2个参数必须要从小到大排序，否则就会出错。利用这个特点也可以查找最新或最后一个符合条件的数据。在例5-12中(图5-27)，需要返回每个值班员最后一次值班的时间。

	A	B	C	D	E	F
1	值班记录				值班人员	最后值班日期
2	序号	日期	值班人员		陈明	
3	1	2018/9/1	陈明		黄洋	
4	2	2018/9/2	黄洋		唐易	
5	3	2018/9/3	陈明		高升	
6	4	2018/9/4	唐易		梁爽	
7	5	2018/9/5	黄洋			
8	6	2018/9/6	高升			
9	7	2018/9/7	梁爽			
10	8	2018/9/8	唐易			
11	9	2018/9/9	黄洋			
12	10	2018/9/10	梁爽			

图5-27 查找最新数据

可以在F2中编辑公式“=LOOKUP(1,0/($C$3:$C$12=E2),$B$3:$B$12)”，该公式的含义是“=LOOKUP(1,0/(查找范围=条件),返回数值范围)”。请通过公式求值功能，观察并思考每一步的计算过程。

5.3.5 名称管理

(1)Excel中完整的地址形式。Excel允许引用另一个工作簿(文件)、另一个工作表中的单元格，其完整的地址形式为：

'[工作簿名.xlsx]工作表名'!单元格地址

由于我们经常仅引用同一工作表中的单元格，所以完整地址中的前半部分(下划线部分)就被省略了。为了节省输入的时间，我们通常会使用鼠标操作输入单元格地址。

（2）名称管理。公式功能区中包含了名称管理的功能。Excel中的名称表示一个绝对引用地址形式的范围。

5.3.6 文本函数

（1）SUBSTITUTE函数和REPLACE函数。

替换函数：SUBSTITUTE（text，old_text，new_text，[instance_num]），将字符串中的部分字符串以新字符串替换。instance_num为可选项，用来指定替换第几次出现的old_text。如果不指定，则表示替换全部的old_text。

REPLACE（text，start_num，num_chars，new_text），将字符串中第start_num开始的num_chars个字符用new_text替换。

例如，A1单元格中的数据为1234512367，则公式"=SUBSTITUTE(A1,"123","abc",2)"的结果是12345abc67，公式"=SUBSTITUTE(A1,"123","abc")"的结果是abc45abc67，公式"=REPLACE(A1,3,6,"abc")"的结果是12abc67。

又如，要统计A1单元格的字符串中的指定字符串（以小数点为例）的个数，可以使用公式"=LEN(A1)−LEN(SUBSTITUTE(A1,".",""))"。

（2）LEFT、RIGHT和MID等函数。

子串函数：MID（text，start_num，num_chars），从文本字符串中指定的位置起返回指定长度的字符。

左子串函数：LEFT（text，num_chars），从文本字符串中的第一个字符开始返回指定个数的字符。

右子串函数：RIGHT（text，num_chars），从文本字符串中的最后一个字符开始返回指定个数的字符。

（3）CODE、CHAR、VALUE和TEXT等函数。

CODE（text）：返回文本字符串中第一个字符的ASCII编码。

CHAR（number）：返回ASCII表中对应数值的字符。CHAR和CODE的作用正好相反。

VALUE（text）：将数字文本字符（包括常数、日期或时间格式中的任何一种格式）串转换为数字，否则返回错误值"#VALUE！"。

TEXT（value，format_text）：按照指定的格式将数字转换成文本。VALUE和TEXT的作用正好相反。

（4）双字节字符集函数。

Excel的文本函数中包含很多双字节字符集（DBCS）函数，这类函数在原函数名后多了一个字符B，如LEFT、LEFTB等。在双字节字符集函数中，一个汉字按照两个字符计算。如果区别汉字字符和英文字符，则应该考虑这类函数。例如，要计算单元格A1中汉字的个数，可以使用公式"=LENB(A1)−LEN(A1)"。

5.3.7 日期和时间

Excel支持两种不同的日期系统。这两种系统是1900日期系统和1904日期系统。默认的1900日期系统中，所支持的第一天是1900年1月1日。当输入某一日期后，会将该日期转换为表示从 1900 年 1 月 1 日起已逝去天数的序列号。例如,输入 1998 年 7 月 5 日,则 Excel 会将该日期转换为序列值 35981。常用的几个函数如下:

DATE(year,month,day),返回三个参数所指定年月日的序列值。

YEAR(serial_number),返回日期的年份值。

MONTH(serial_number),返回日期的月份值。

DAY(serial_number),返回以序号表示的某日期的天数。

TODAY( ),返回今天的日期。

NOW( ),返回现在的时间。

例如,A1 中存放的是身份证号码,如果简单地使用公式"=MID(A1,7,8)"取出其中表示出生日期的 8 位数字,其结果仅仅是一个字符串,无法参与其他日期和时间计算。应该使用公式"=DATE(MID(A1,7,4),MID(A1,11,2),MID(A1,13,2))"。

又如,A1 中存放的是出生日期,简单地计算年龄可以使用公式"=YEAR(TODAY( ))−YEAR(A1)"。如果要计算周岁就比较复杂,公式为"=YEAR(TODAY( ))−YEAR(A1)−N(DATE(YEAR(TODAY( )),MONTH(A1),DAY(A1))>TODAY( ))"。其中"DATE(YEAR(TODAY( )),MONTH(A1),DAY(A1))"表示今年的生日日期。

5.3.8　逻辑函数

N(value),将不是数值类型的值转换为数值形式,其中日期转换为序列值,TRUE 转换成 1,其他转换为 0。

5.3.9　Excel 公式的出错信息

(1)####。

错误原因:输入单元格的数值太长或公式产生的结果太长,单元格容纳不下。

解决方法:适当增加列的宽度。

(2)#div/0!。

错误原因:当公式中出现被零除的现象时,将产生错误值#div/0!。

解决方法:修改单元格引用,或者在用作除数的单元格中输入不为零的值。

(3)#N/A。

错误原因:这个错误的字面意思是:No Answer。当在函数或公式中没有可用的数值时,将产生错误值#N/A。

解决方法:如果工作表中某些单元格暂时没有数值,在这些单元格中输入#N/A,公式在引用这些单元格时,将不进行数值计算,而是返回#N/A。

(4)#NAME?。

错误原因:在公式中使用了 Microsoft Excel 不能识别的文本。

解决方法:确认使用的名称确实存在。如所需的名称没有被列出,添加相应的名称。如果名称存在拼写错误,修改拼写错误。

(5)#NULL!。

错误原因:当试图为两个并不相交的区域指定交叉点时,将产生以上错误。

解决方法:如果要引用两个不相交的区域,使用和并运算符。

（6）#NUM!。

错误原因：当公式或函数中某些数字有问题时，将产生该错误信息。

解决方法：检查数字是否超出限定区域，确认函数中使用的参数类型是否正确。

（7）#REF!。

错误原因：当单元格引用无效时，将产生该错误信息。

解决方法：更改公式，在删除或粘贴单元格之后，立即单击"撤消"按钮以恢复工作表中的单元格。

（8）#VALUE!。

错误原因：当使用错误的参数或运算对象类型时，或当自动更改公式功能不能更正公式时，将产生该错误信息。

解决方法：确认公式或函数所需的参数或运算符正确，并确认公式引用的单元格所包含的均为有效的数值。

5.4 条件格式

条件格式可以快速突出显示数据中的重要单元格，其作用是对选定区域中满足规则的单元格设置单独的格式。在"开始"功能区中单击"条件格式"按钮，将显示五种常用条件格式，包括突出显示单元格规则、项目选取规则、数据条、色阶和图标集，但是条件格式真正的核心操作在"新建规则"中。五种常用条件格式和"新建规则"中的规则类型的对应关系如图5-28所示，为了表示方便，图中"新建规则"中的六种规则类型与实际的排列并不一致。条件格式中真正的难点是公式和条件格式的结合使用，而不是这五种常用条件格式的使用。本节将按照"新建规则"里面的规则类型顺序进行讲述。在实际使用当中，应当尽量使用这五种常用条件格式。

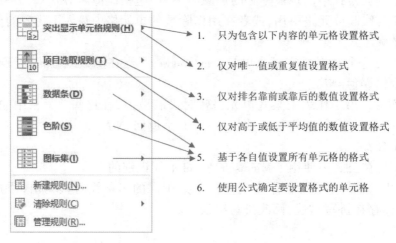

图5-28 五种常用条件格式和六种规则类型

5.4.1 基于各自值设置所有单元格的格式

可以使用双色刻度、三色刻度、数据条和图标集针对单元格设置格式。由于设置比较简单,基本的操作这里不再赘述。

在例5–13中(图5–29),要求通过图标集快速输入勾叉。即当在C3输入1时,自动变成√;当输入0时,自动变成×。

	A	B	C
1	表决汇总表		
2	序号	姓名	意见
3	1	刘洪	✔
4	2	邓韬	✔
5	3	梁爽	✖
6	4	陈敏	✖
7	5	任红	✖
8	6	高升	✖
9	7	彭强	✔
10	8	王陶	✔

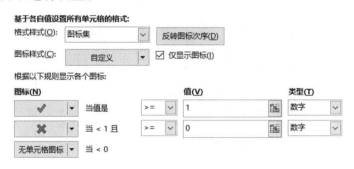

图5–29 图标集

选择C3:C10,执行“条件格式”→“新建规则”命令,选择默认的规则类型“基于各自值设置所有单元格的格式”,格式样式选择“图标集”选项,图标样式选择“✖”“✔”,然后按照图5–30所示进行设置。

图5–30 快速输入勾叉

5.4.2 四种简单条件格式

(1)只为包含以下内容的单元格设置格式。此种规则类型又可以细分为单元格值、特定文本、发生日期等三种常见数据类型以及空值、无空值、错误、无错误等四种常见情形。

(2)仅对排名靠前或靠后的数值设置格式。例如,可以设置成前10名、后20名、前30%和后40%等。

(3)仅对高于或低于平均值的数值设置格式。可以按照“>”“<”“≥”“≤”等四种方式与平均值进行判断,也可以使用统计学中的标准偏差进行判断。

(4)仅对唯一值或重复值设置格式。可以针对选定范围中的重复值或者唯一值设置格式。

条件格式中的这四种规则类型都比较简单,这里不再赘述。

5.4.3　使用公式确定要设置格式的单元格

一般通过以下四个步骤使用公式设置条件格式:

①选定区域。

②执行"新建规则"命令,选择"使用公式确定要设置格式的单元格"规则类型。

③针对选定区域的左上角单元格编写公式。

④设置格式。

(1)隔行着色。在例5-14中(图5-31),需要设置隔行着色格式。选择需要隔行着色的区域(不要整行选择),执行"新建规则"命令,选择最后一个规则类型"使用公式确定要设置格式的单元格",输入公式"=MOD(ROW(),2)=0",并设置好格式即可。

(2)满足条件的整行着色。同样在例5-14中,需要针对女性的那一整行设置条件格式。选择所有数据A3:E15(不要整行选择),执行"新建规则"命令,选择最后一个规则类型"使用公式确定要调制格式的单元格",输入公式"=$E3="女""并设置好格式即可。效果如图5-31所示。

	A	B	C	D	E
1			所有员工		
2	序号	姓名	部门	生日	性别
3	1	刘洪	销售部	1980年11月28日	男
4	2	邓韬	工程部	1980年9月20日	男
5	3	梁爽	售后部	1986年5月1日	女
6	4	陈敏	销售部	1984年12月30日	女
7	5	任红	财务部	1980年8月16日	女
8	6	高升	售后部	1978年5月26日	男
9	7	彭强	销售部	1982年8月28日	男
10	8	王陶	工程部	1990年6月16日	男
11	9	王益	售后部	1971年12月3日	男
12	10	游凤	销售部	1987年12月24日	女
13	11	唐锐	工程部	1981年6月14日	男
14	12	何莉	售后部	1985年3月3日	女
15	13	李明	销售部	1982年1月24日	男

图5-31　整行条件着色

在条件格式中,单元格的引用形式同样有效,重点在于"针对选定区域的左上角单元格编写公式",这也是正确设置条件格式的关键。

5.4.4　管理规则

除了可以"新建规则"之外,Excel还允许"编辑规则"和"清除规则"。

在单元格格式设置中,新的格式生效,旧的格式就不复存在,但是条件格式不同。新建条件格式后,旧的条件格式依然存在并发挥作用。因此,如果第一次条件格式设置错误,不能通过"新建规则"再建一个条件格式,而应该通过"管理规则"在原有条件格式上进行修改。

小提示:条件格式的优先级高于普通格式。如果使用其他人的Excel文件并发现某种格式怎么都去不掉时,那么应该是使用了条件格式。可以通过简单、粗暴地执行"条件格式"→"清除规则"→"清除整个工作表的规则"命令去掉条件格式。

5.5　分析和管理数据

5.5.1　合并计算

在工作当中,我们经常要把不同工作簿或工作表中的数据合并到一张表中。根据实际情况,合并的方法有很多种,如使用函数VLOOKUP等。在一定条件下,Excel的合并计算也可以快速达到类似的效果。在例5-15中(图5-32),三张工作表分别记录了5名销售员1月、2月、3月的销售额,需要在"合并"工作表中进行数据合并。

注意:下面三张表中5个人的顺序是不一致的,但是为了观察方便,这5个人每个月的销售额却是相同的。

▲	A	B	C
1	姓名	1月	
2	刘洪	81	
3	任红	82	
4	王益	67	
5	李明	89	
6	何强	58	

▲	A	B	C
1	姓名	2月	
2	任红	82	
3	王益	67	
4	刘洪	81	
5	李明	89	
6	何强	58	

▲	A	B	C
1	姓名	3月	
2	王益	67	
3	任红	82	
4	李明	89	
5	何强	58	
6	刘洪	81	

图5-32　用于合并计算的原始数据

在"合并"工作表中使用"数据"功能区中的"合并计算"功能。如图5-33所示,通过引用位置、添加、删除等功能,把3张表中的3个引用位置都添加了进来。也可以单击"浏览"按钮添加其他工作簿文件中的区域。"函数"中可以选择求和、计数、平均值、最大值、最小值等基本功能,也包含了标准偏差、方差等统计学上的功能。

其中的关键是标签位置。通常都会选择"最左列",以确保根据销售员统计数据。如果标签位置不选择"首行",则会把1月、2月、3月当成相同性质的数据,合并结果如图5-34(a)所示。如果标签位置选择"首行",则会把1月、2月、3月当成不同性质的数据,合并结果如图5-34(b)所示。

图5-33　合并计算

	A	B
1	姓名	
2	刘洪	243
3	任红	246
4	王益	201
5	李明	267
6	何强	174

（a）

	A	B	C	D
1		1月	2月	3月
2	刘洪	81	81	81
3	任红	82	82	82
4	王益	67	67	67
5	李明	89	89	89
6	何强	58	58	58

（b）

图5-34　合并计算结果

5.5.2　分类汇总

我们平时在使用Excel表格进行数据计算时，往往表格中有很多同类项目，如果一个一个地计算实在太麻烦，Excel提供了分类汇总功能，可以轻松实现分类汇总合并计算的效果。

在例5-16中（图5-35），工作表提供了序号、班级、学号、姓名以及三科成绩，需要按照班级统计成绩的最高分、最低分和平均分。

使用分类汇总，首先要分析分类的依据。在本例中，分类的依据是班级，所以在分类汇总之前，要按照班级进行排序。选择B2:G22（不包含序号所在的A列，包含第2行所在的表头），按照班级进行升序排序，然后使用分类汇总功能，打开“分类汇总”对话框，如图5-35所示。

在“分类汇总”对话框中，选择已排好序的“班级”作为“分类字段”，“汇总方式”选择“最高分”，“汇总项”可以多选，选择“语文”“数学”和“英语”，然后单击“确定”按钮，结果如图5-36所示。

如果发现分类汇总的设置错误，则可以通过单击“分类汇总”对话框左下角的“全部删除”按钮进行删除操作。如果希望在一个分类汇总结果中同时看到多种汇总结果，如同时看到最大值和最小值，也可以再次进行分类汇总，只是此时要取消选择“替换当前分类汇总”选项。

	A	B	C	D	E	F	G
1	学生成绩表						
2	序号	班级	学号	姓名	语文	数学	英语
3	1	1班	170101	刘洪	93	87	81
4	2	1班	170102	任红	63	60	82
5	3	1班	170103	王益	79	99	67
6	4	1班	170104	李明	93	74	89
7	5	1班	170105	何强	59	94	58
8	6	2班	170201	邓韬	82	54	54
9	7	2班	170202	高升	66	100	84
10	8	2班	170203	游凤	91	83	97
11	9	2班	170204	王刚	51	58	98
12	10	2班	170205	康琳	57	86	72
13	11	3班	170301	梁爽	95	91	59
14	12	3班	170302	彭强	62	58	80
15	13	3班	170303	唐锐	92	57	52
16	14	3班	170304	周进	96	82	51
17	15	3班	170305	王昱	91	100	71
18	16	4班	170401	陈敏	79	96	67
19	17	4班	170402	王陶	94	60	99
20	18	4班	170403	何莉	73	67	58
21	19	4班	170404	胡鑫	81	100	72
22	20	4班	170405	陶京	87	94	61
23							

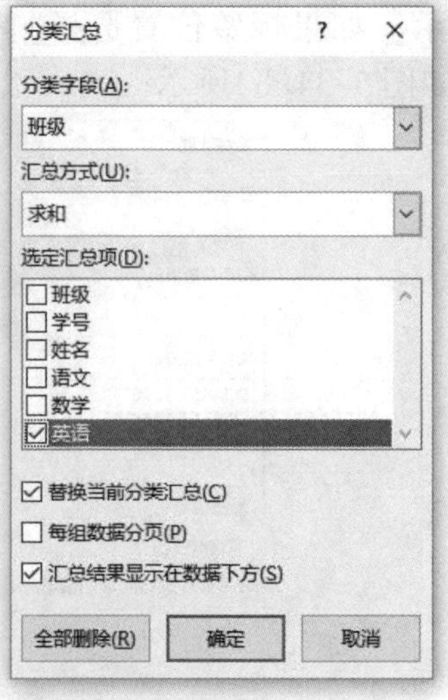

图5-35　“分类汇总”对话框

	A	B	C	D	E	F	G
1	学生成绩表						
2	序号	班级	学号	姓名	语文	数学	英语
3	1	1班	170101	刘洪	93	87	81
4	2	1班	170102	任红	63	60	82
5	3	1班	170103	王益	79	99	67
6	4	1班	170104	李明	93	74	89
7	5	1班	170105	何强	59	94	58
8		1班 最大值			93	99	89
9	6	2班	170201	邓韬	82	54	54
10	7	2班	170202	高升	66	100	84
11	8	2班	170203	游凤	91	83	97
12	9	2班	170204	王刚	51	58	98
13	10	2班	170205	康琳	57	86	72
14		2班 最大值			91	100	98
15	11	3班	170301	梁爽	95	91	59
16	12	3班	170302	彭强	62	58	80
17	13	3班	170303	唐锐	92	57	52
18	14	3班	170304	周进	96	82	51
19	15	3班	170305	王昱	91	100	71
20		3班 最大值			96	100	80
21	16	4班	170401	陈敏	79	96	67
22	17	4班	170402	王陶	94	60	99
23	18	4班	170403	何莉	73	67	58
24	19	4班	170404	胡鑫	81	100	72
25	20	4班	170405	陶京	87	94	61
26		4班 最大值			94	100	99
27		总计最大值			96	100	99

图5-36 分类汇总结果

5.5.3 数据保护

(1)保护工作表。在使用Excel的时候会希望把某些单元格锁定,以防止他人篡改或误删数据。在例5-17中(图5-37),我们希望只有单元格F2可以修改,其他数据都禁止修改。

	A	B	C	D	E	F
1	复利计算表					
2					本金:	¥ 10,000.00
3	利率 年限	1%	2%	3%	4%	5%
4	1	¥ 10,100.00	¥ 10,200.00	¥ 10,300.00	¥ 10,400.00	¥ 10,500.00
5	2	¥ 10,201.00	¥ 10,404.00	¥ 10,609.00	¥ 10,816.00	¥ 11,025.00
6	3	¥ 10,303.01	¥ 10,612.08	¥ 10,927.27	¥ 11,248.64	¥ 11,576.25
7	4	¥ 10,406.04	¥ 10,824.32	¥ 11,255.09	¥ 11,698.59	¥ 12,155.06
8	5	¥ 10,510.10	¥ 11,040.81	¥ 11,592.74	¥ 12,166.53	¥ 12,762.82
9	6	¥ 10,615.20	¥ 11,261.62	¥ 11,940.52	¥ 12,653.19	¥ 13,400.96
10	7	¥ 10,721.35	¥ 11,486.86	¥ 12,298.74	¥ 13,159.32	¥ 14,071.00
11	8	¥ 10,828.57	¥ 11,716.59	¥ 12,667.70	¥ 13,685.69	¥ 14,774.55
12	9	¥ 10,936.85	¥ 11,950.93	¥ 13,047.73	¥ 14,233.12	¥ 15,513.28
13	10	¥ 11,046.22	¥ 12,189.94	¥ 13,439.16	¥ 14,802.44	¥ 16,288.95

图5-37 保护工作表

选择F2单元格,通过右键菜单或按"Ctrl+1"快捷键打开"设置单元格格式"对话框,在"保护"标签页,可以看到该单元格处于默认"锁定"状态,如图5-38所示。所有单元格都是默认的"锁定状态",但是很明显,"锁定"并未生效,原因在对话框中已列明:只有保护工作表后,锁定单元格或隐藏公式才有效。

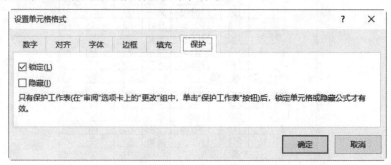

图5-38 设置单元格保护

图5-39 保护工作表

取消选择F2单元格的"锁定"复选框,在"审阅"功能区中使用"保护工作表"功能,打开"保护工作表"对话框,如图5-39所示。

可以设置或不设置密码。如果不设置密码,保护仍然有效。选择允许操作,单击"确定"按钮后进入保护状态。此时功能区中的"保护工作表"按钮也会变成"撤消工作表保护"按钮。此时工作表处于保护状态,并且大多数单元格(除了F2)均处于默认的"锁定"状态,所以对这些单元格除了能选择之外,不能进行任何其他操作。

(2)保护工作簿。如图5-39所示,单击"审阅"功能区中的"保护工作簿"按钮,打开"保护结构和窗口"对话框,选择"结构"选项,并设置密码(也可以不设置),单击"确定"按钮,即可保护工作簿。保护工作簿后,无法对工作表进行移动、添加、删除、隐藏、重命名等操作。

图5-40 保护工作簿

(3)设置打开密码。如果希望在打开Excel文件时输入打开密码,可以通过执行"文件"→"另存为"命令,打开"另存为"对话框进行设置,如图5-41所示。

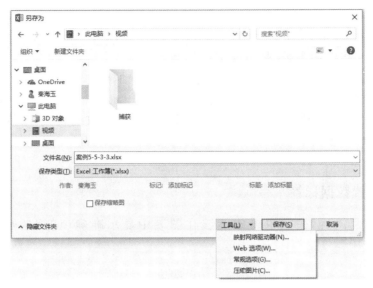

图 5-41 "另存为"对话框

在"另存为"对话框中,单击下方的"工具"按钮,选择"常规选项"选项,在打开的"常规选项"对话框中就可以设置打开密码了,如图 5-42 所示。

图 5-42 设置打开权限密码

5.6 图表设计

在处理数据的时候,当我们在面对纯粹的数据看不出什么趋势时,就需要用一些可视化的图表来更直观地显示数据之间的关系。我们常说,字不如表、表不如图。在 Excel 中,用图表来表达数据,是最好的方法。

5.6.1 基本图表类型

最常用的图表类型包括柱形图、折线图和饼图,除此之外,还有条形图、面积图、散点图、股价图、曲面图、雷达图、树状图,以及 Excel 2016 新增的旭日图、直方图、箱型图、瀑布图、组合图等。

插入图表的基本步骤如下:

(1)选择数据源,通常要包含标题行和标题列。在后面的步骤中,也可以使用"图表工具"功能区中的"选择数据"修改数据源。

（2）在"插入"功能区的"图表"子区域，选择所需的图表类型。后期也可以使用"图表"功能区中的"更改图表类型"更改图标类型。

（3）根据需要增删各种图表元素，包括坐标轴、轴标题、图表标题、数据标签、数据表、误差线、网格线、图例、趋势线等。

（4）设置图表元素的格式。Excel 2016对图表功能的改进较大，早期版本中通过多个步骤才能设计出来的双轴图表、瀑布图表均可在Excel 2016中简单地设计出来，因此不再赘述。

5.6.2 设置数据标签

插入图表后，我们往往也希望能够在图表中显示准确、详细的数据，如图5-43所示。

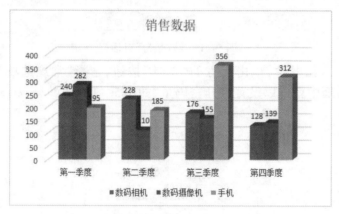

图5-43 数据标签

单击插入的图表，功能区中会新增"图表工具"功能区，包括"设计"和"格式"两个子功能区。执行"设计"→"添加图表元素"→"数据标签"命令，在打开的"设置数据标签格式"对话框中可对数据标签进行设计，如图5-44所示。

图5-44 设置数据标签格式

与"数据标签"类似的还有"数据标注"，该功能一般在数据量较少的时候才会使用。

5.7　数据透视表

如果针对一个陌生的物体进行鉴定，我们会从不同的角度观察它以得出答案。如果将数据看成一个物体，数据透视表允许“旋转”数据进行汇总，包括移动字段、交换字段位置、设置组等，以方便从不同的角度来观察数据。数据透视表在处理数据方面功能非常强大。

5.7.1　基本操作

在例5-18中，工作表是一份包含138名员工的员工名单，部分内容如图5-45中A列至E列所示。现需要对这些数据进行统计分析，并且统计过程可快速、灵活地变化。

员工名单

序号	姓名	部门	年龄	性别
1	刘洪	销售部	39	男
2	邓韬	工程部	39	男
3	梁爽	售后部	33	女
4	陈敏	销售部	35	女
5	任红	财务部	39	女
6	高升	售后部	41	男
7	彭强	销售部	37	男
8	王陶	工程部	29	男
9	王益	售后部	48	男

按部门统计性别

部门	男	女
销售部	36	11
工程部	33	5
售后部	25	16
财务部	4	8

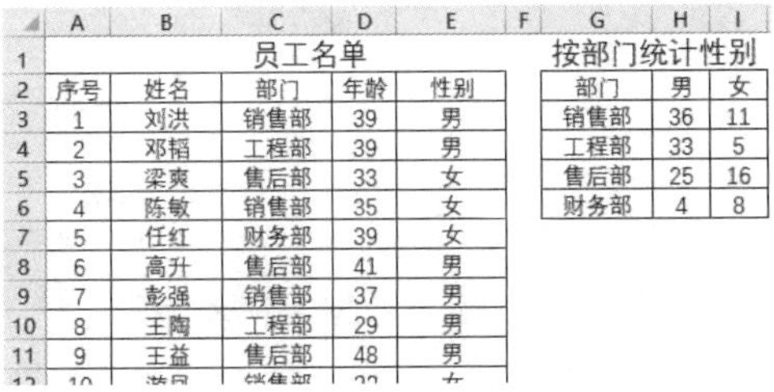

图5-45　按部门统计性别

如果要统计每个部门的男性员工和女性员工各有多少人，可以再设计一个统计表，如图5-45中G列至I列所示，其中H3单元格中的公式是“=COUNTIFS($C$2:$C$140,$G3,$E$2:$E$140,H$2)”。Excel通过数据透视表可以快速完成上述操作，并且不用写公式。

任意选择员工名单中有数据的单元格，执行“插入”→“数据透视表”命令，打开“创建数据透视表”对话框，数据透视表的放置位置使用默认的新工作表，单击“确定”按钮，新工作表如图5-46所示。

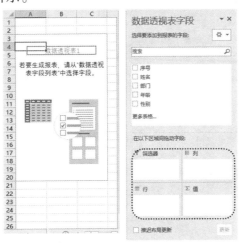

图5-46　数据透视表布局

把右下角的四个空白区域想象成一个二维表格,对于我们使用数据透视表非常有帮助。对照"按部门统计性别"表,可以认为"行"是首列(也就是行标题)、"列"是首行(也就是列标题)、"值"对应统计出来的数据。把部门拖到"行"、性别拖到"列"、姓名拖到"值",结果如图5-47所示。

图5-47　设置数据透视表字段

也可以把年龄拖到"值",但是由于年龄字段都是数字,所以默认的计算方式为求和,还需要在"值字段设置"中把"计算类型"改为"计数"。

5.7.2　将字段分组

数据透视表的很多功能都可以通过公式完成,但是字段分组功能通过公式实现就很麻烦了。在例5-18中,需要按年龄段统计人数。插入数据透视表后,将年龄拖入"行"和"值",并在"值字段设置"中把"计算类型"修改为"计数",这样就可以统计每个年龄的人数了。如图5-48所示。

图5-48　根据年龄计数

使用"数据透视表工具"功能区中的"组字段"功能,设置"起始于"为26、"步长"为5,这样就可以统计每个年龄段的人数了,如图5-49所示。

图5-49　根据年龄分组计数

5.8　数组公式

数组公式就是可以同时进行多重计算并返回一种或多种结果的公式。在数组公式中使用的两组或多组数据称为数组参数,数组参数可以是区域数组,也可以是常量数组。数组公式中每个数组参数必须有相同数量的行和列。输入数组公式时需要按"Ctrl+Shift+Enter"组合键(称为"三键回车")锁定数组公式。三键回车后,Excel会自动在公式的两边加上大括号{},表示为数组公式。

5.8.1　简单的数组公式

在例5-19中(图5-50),需要在C7单元格中计算五种商品的价格合计。最基本的方式是在D列计算出每种商品的价格,然后再求和;也可以使用SUMPRODUCT函数[1],即"=SUMPRODUCT(B2:B6,C2:C6)",该函数就是先计算两个数组对应元素的成绩再求和。考虑到数组公式可以将多个步骤合并成一个步骤,也可以使用数组公式"{=SUM(B2:B6*C2:C6)}"。

	A	B	C
1	货品名称	数量	单价
2	铅笔	100	¥0.30
3	钢笔	30	¥10.00
4	本子	70	¥1.00
5	橡皮	40	¥0.50
6	尺子	40	¥2.00
7	合计		¥500.00

图5-50　使用数组公式合并多个步骤计算

使用"公式"功能区中的"公式求值"功能,我们可以很好地观察到数组公式的计算过程。单击"求值"按钮,就会计算出下划线部分公式的结果,如图5-51所示。

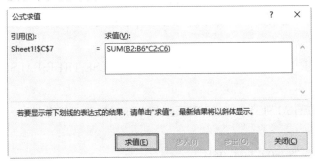

图5-51　使用"公式求值"观察数组公式的计算过程

---

[1]SUMPRODUCT函数是在Excel 2007版本中才有的函数。

使用"公式求值"功能可观察到的计算过程如下：

（1）SUM(B2:B6*C2:C6)。

（2）SUM({30;300;70;20;80})。

（3）￥500.00。

如果输入公式后不使用三键回车，而使用简单回车，则结果显示为"#VALUE"，主要是因为普通公式不支持数组的乘法。

前面讲到的由各种函数组成的公式，即使再复杂，通常也不会用到"公式求值"功能，但是在数组公式中，建议大家经常使用，以充分理解数组公式的奇妙之处。

5.8.2　利用数组公式实现条件最大值

五个基本函数中，求和、平均数、计数均有对应的条件函数，即条件求和、条件平均值、条件计数，那如何计算符合条件的最大值呢？我们可以利用数组公式实现类似的功能。

在例5-20中（图5-52），需要在F列计算每个班的最高分。

	A	B	C	D	E	F
1	班级	姓名	成绩		班级	最高分
2	1班	刘洪	55		1班	96
3	2班	邓韬	86		2班	92
4	3班	梁爽	57		3班	75
5	1班	陈敏	78			
6	2班	任红	69			
7	3班	高升	75			
8	1班	彭强	62			
9	2班	王陶	92			
10	3班	王益	59			
11	1班	游凤	96			

图5-52　条件最大值

在F2单元格中使用数组公式"{=MAX(($A$2:$A$11=E2)*$C$2:$C$11)}"，然后向下复制。其公式的含义为{=MAX((条件区域=条件)*数值区域)}。

在这里充分利用了TRUE为1、FALSE为0的特点。使用"公式求值"功能，我们能看到如下的计算过程：

（1）MAX(($A$2:$A$11=E2)*$C$2:$C$11)。

（2）MAX((({"1班";"2班";"3班";"1班";"2班";"3班";"1班";"2班";"3班";"1班"}="1班")*$C$2:$C$11)。

（3）MAX((({TRUE;FALSE;FALSE;TRUE;FALSE;FALSE;TRUE;FALSE;FALSE;TRUE})*$C$2:$C$11)。

（4）MAX({TRUE;FALSE;FALSE;TRUE;FALSE;FALSE;TRUE;FALSE;FALSE;TRUE}*$C$2:$C$11)。

（5）MAX({55;0;0;78;0;0;62;0;0;96})。

（6）96。

5.8.3 利用数组公式统计不重复数据个数

Excel中"数据"功能区中的"删除重复项"是一个十分常用的功能,那么怎样才可以计算出数据区域中有多少个不重复的数据呢? 在例5-21中(图5-53),需要在F2单元格计算有多少个销售员。常规方法是利用MATCH函数的特点分两步完成统计,在这种方法的基础上,通过数组公式可以一步完成计算。MATCH函数精确查找时是遍历法查找,当有多个满足条件的值时,只返回第1个满足条件的值。首先判断MATCH函数返回的位置与行号是否相等,如果相等就是第一个不重复的数据。

	A	B	C	D	E	F
1	订单号	销售员	金额	辅助列		不重复数据个数
2	A1801	刘洪	7900	1		5
3	A1802	邓韬	6600	1		
4	A1803	刘洪	6300	0		
5	A1804	陈敏	6200	1		
6	A1805	任红	6200	1		
7	A1806	邓韬	7500	0		
8	A1807	彭强	6100	1		

图5-53 统计不重复数据个数

把D列作为辅助列,在D2单元格中输入公式"=N(MATCH(B2,$B$2:$B$8,0)=ROW(B2)-1)",并向下复制到D8。然后在F2单元格中输入公式"=SUM(D2:D8)"。也可以通过数组公式把上述两步合并成一个公式,即"{=SUM(N(MATCH(B2:B8,B2:B8,0)=ROW(B2:B8)-1))}"。

5.8.4 多条件查找

(1)通过构造辅助列的方式完成查找。在实际工作中,经常会遇到如图5-54中B列至D列所示数据清单样式的数据表。在例5-22中,需要把B列到D列的数据转换成F列至H列的汇总表形式。

	A	B	C	D	E	F	G	H
1		成绩清单				成绩汇总表		
2		姓名	科目	成绩		姓名	语文	数学
3		刘洪	语文	84		刘洪		
4		陈敏	语文	66		陈敏		
5		彭强	语文	58		彭强		
6		游凤	语文	51		游凤		
7		邓韬	语文	50		邓韬		
8		任红	语文	66		任红		
9		王陶	语文	78		王陶		
10		梁爽	语文	74		梁爽		
11		高升	语文	80		高升		
12		王益	语文	81		王益		
13		刘洪	数学	78				
14		陈敏	数学	83				
15		彭强	数学	80				
16		游凤	数学	54				
17		邓韬	数学	72				
18		任红	数学	57				
19		王陶	数学	85				
20		梁爽	数学	65				
21		高升	数学	53				
22		王益	数学	62				
23		刘洪	英语	61				

图5-54 从一维表格到二维表格

比较初级的做法是,构造一个"姓名"&"科目"的辅助列,&是字符串连接运算符,然后利用VLOOKUP函数进行查找,如图5-55所示。

	A	B	C	D	E	F	G	H
1		成绩清单					成绩汇总表	
2	辅助列	姓名	科目	成绩		姓名	语文	数学
3	刘洪语文	刘洪	语文	84		刘洪	84	78
4	陈敬语文	陈敬	语文	66		陈敬	66	83
5	彭强语文	彭强	语文	58		彭强	58	80
6	游凤语文	游凤	语文	51		游凤	51	54
7	邓韬语文	邓韬	语文	50		邓韬	50	72
8	任红语文	任红	语文	66		任红	66	57
9	王陶语文	王陶	语文	78		王陶	78	85
10	梁爽语文	梁爽	语文	74		梁爽	74	65
11	高升语文	高升	语文	80		高升	80	53
12	王益语文	王益	语文	81		王益	81	62
13	刘洪数学	刘洪	数学	78				
14	陈敬数学	陈敬	数学	83				
15	彭强数学	彭强	数学	80				
16	游凤数学	游凤	数学	54				
17	邓韬数学	邓韬	数学	72				
18	任红数学	任红	数学	57				
19	王陶数学	王陶	数学	85				
20	梁爽数学	梁爽	数学	65				
21	高升数学	高升	数学	53				
22	王益数学	王益	数学	62				
23	刘洪英语	刘洪	英语	61				

图5-55 构造辅助列

其中,A3:A23区域的左上角A3的公式是"=B3&C3",然后向下复制;G3:H12区域的左上角G3的公式是"=VLOOKUP($F3&G$2,$A:$D,4,FALSE)",然后向右、向下复制。

(2)利用数组公式返回多个结果。前面的例子都是通过数组公式把多步操作合并成一步。数组公式的另外一个作用是同时返回多个结果。在图5-56中,我们通常的做法是在C2中输入公式"=A2*B2",然后双击并复制。也可以使用数组公式,选择C2:C4,输入公式"{=A2:A4*B2:B4}"并三键回车,得到的结果与常规方法相同。注意,在公式、返回结果、输入前选择的区域都是3行*1列。这种方法的一个优点是,无法单独修改其中某个单元格。

	A	B	C
1	单价	数量	合价
2	10	4	40
3	20	5	100
4	30	6	180

图5-56 数组公式返回多个结果

(3)在内存中构造数组。Excel规定在数组中,逗号用于表示同一行内多列数据的分割,分号用于表示同一列内多行数据的分割。例如,在工作表中选择2行*3列的区域,输入"{={1,2,3;4,5,6}}",则结果如图5-57所示。

1	2	3
4	5	6

图5-57 一次性输入二维数组

Excel中可利用数组公式"{=IF({1,0},数组1,数组2)}"在内存中构造一个表。在这个公式中,要求数组1和数组2的元素个数相同,假设为m个,换言之这两个数组都是m行*1列的数组。而{1,0}是一个1行*2列的数组,先由公式"IF(1,数组1,数组2)"得到数组1,再由公式"IF(0,数组1,数组2)"得到数组2,这样就形成了m行*2列的矩阵。另外,公式中的数组1和数组2还可以是多个数组的表达式。

在图5-58中,选择E2:F7,输入公式"{=IF({1,0},A2:A7&B2:B7,C2:C7)}"并三键回车,结果如图5-58所示。

	A	B	C	D	E	F
1	姓名	科目	成绩			
2	陈敏	语文	66		陈敏语文	66
3	陈敏	数学	83		陈敏数学	83
4	邓韬	语文	50		邓韬语文	50
5	邓韬	数学	72		邓韬数学	72
6	高升	语文	80		高升语文	80
7	高升	数学	53		高升数学	53

图5-58　构造m行*2列的矩阵

(4)利用数组公式实现多条件查找。有了前面的铺垫，两步合成一步，就不用再借助辅助列了。在G3:H12区域的左上角G3中输入公式"{=VLOOKUP($F3&G$2,IF({1,0},$B$3:$B$23&$C$3:$C$23,$D$3:$D$23),2,FALSE)}"，然后向右、向下复制，就可以实现多条件查找了。公式的通用形式为:

{=VLOOKUP(条件1&条件2,IF({1,0},范围1&范围2,范围3),2,FALSE)}

该公式的意义是:查找在范围1中满足条件1、范围2中满足条件2的行，并返回范围3中对应位置的值。

课后练习

(1)在例5-2中，通过使用高级筛选功能筛选出有两门及以上课程不及格的同学。

(2)在例5-3中，根据身份证号码的倒数第二位判断性别。

(3)在例5-5中，利用条件格式，针对不及格的分数采用红色文本。

(4)请设计一个公式，按照产量分摊每个月的电费(具体数据见图5-59)，注意公式中的引用形式。

车间	电费 产量	1月	2月	3月	4月	5月	6月
		¥1,000.00	¥1,200.00	¥1,300.00	¥1,100.00	¥1,200.00	¥900.00
车间1	100						
车间2	110						
车间3	130						
车间4	90						
车间5	100						

图5-59　题(4)图

(5)在例5-8中，请统计订单金额≥1500元的订单数及合计金额。

(6)在例5-10中，请配合使用VLOOKUP函数和MATCH函数设计一个公式，查找员工的部门和性别。

(7)在例5-11中，请配合使用INDEX函数和MATCH函数设计一个公式，查找学生的班级和学号。

(8)在例5-14中(图5-60)，针对满足条件的员工进行整行(A:E列)着色。

	A	B	C	D	E	F	G	H
1	所有员工						条件	
2	序号	姓名	部门	生日	性别		部门	性别
3	1	刘洪	销售部	1980年11月28日	男		销售部	男
4	2	邓韬	工程部	1980年9月20日	男			
5	3	梁爽	售后部	1986年5月1日	女			
6	4	陈敏	销售部	1984年12月30日	女			
7	5	任红	财务部	1980年8月16日	女			

图5-60　题(8)图

(9)在例5-16中，使用分类汇总，以班级为单位，同时查看各班的最高分和最低分。

(10)在例5-18中，使用数据透视表，统计不同性别和年龄段的职工人数。

第6章

PowerPoint 2016 演示文稿

Microsoft PowerPoint 2016 为微软公司 Office 2016 中的组件之一，PowerPoint 2016 的应用范围十分广泛，已成为人们工作生活的重要组成部分，在工作汇报、企业宣传、产品推介、婚礼庆典、项目竞标、管理咨询、教育培训等领域有着举足轻重的地位。用户可以使用投影仪或计算机放映演示文稿，也可以把演示文稿打印出来制作成文本资料。

在 PowerPoint 2016 中，不仅可以制作包含文字、图片、图表、动画、声音、视频等素材的电子演示文稿，还可以对幻灯片放映进行控制，以达到精美的展示效果。PowerPoint 2016 还增加了一些新特性，如"Presenter View"（演示者视图）可帮助使用者进行演示准备，"Ink Tools"（墨水工具）可以让使用者对幻灯片进行实时标注。

6.1 PowerPoint 2016 的基本介绍

6.1.1 PowerPoint 2016 的下载与安装

Microsoft PowerPoint 2016 可以从微软公司的官方网站上下载，用户可以根据自己的计算机操作系统来选择合适的版本。如图 6-1 所示，是 Office 安装界面，其中第一行中的第三个图标所代表的就是 PowerPoint 2016 组件。

通常用户从官方网站上下载的是整个 Microsoft Office 2016 组件，如果在使用时不需要其他的组件部分，也可以单独下载 PowerPoint 部分。在 PowerPoint 2016 的安装过程中，用户可以自定义工作目录，为了节省 C 盘空间，用户可自定义修改路径位置，把工作目录放在其他盘中。

图6-1 Office安装界面

6.1.2 PowerPoint 2016的工作界面介绍

如图6-2所示,PowerPoint 2016主界面的布局与其他Office组件类似。功能区包括"文件""开始""插入""设计""切换""动画""幻灯片放映""审阅""视图"等选项卡。工作区为幻灯片的编辑区。左侧的幻灯片/大纲窗格显示的是幻灯片的缩小视图。工作区的下方为备注区,主要是对该张幻灯片进行说明。状态栏可以显示当前幻灯片的张数和总张数。在最下方还可以对幻灯片设置备注及批注。幻灯片的视图模式包括普通视图、幻灯片浏览视图、阅读视图及幻灯片放映。通过拉动横向条可以对当前幻灯片的显示比例进行调节。

图6-2 PowerPoint 2016主界面

6.1.3 PowerPoint 2016的文件操作

(1)新建演示文稿。打开PowerPoint 2016后,执行"文件"→"新建"命令,出现如图6-3所示界面。在此新建界面中,主要是完成演示文稿的新建任务。在新建界面中,可以创建空白演示文稿,也可以根据设计模板创建演示文稿。

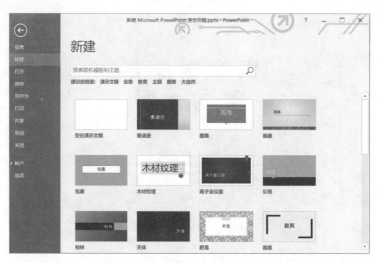

图 6-3　PowerPoint 2016 新建文件界面

　　用户也可以根据自己的需要在搜索框中搜索联机模板和主题,选择自己需要的幻灯片。在新建一个幻灯片模板后,将会出现以该模板为主题的第一张幻灯片。

　　(2)保存演示文稿。对幻灯片完成修改后,可以对当前的状态进行保存。保存幻灯片时,可以根据自己当前任务的需要将幻灯片保存为 pptx、pdf、jpg、png 等格式。保存演示文稿时,可执行"文件"→"保存"命令,在"另存为"界面中,通过选择"这台电脑""添加位置""浏览"选项来设置保存位置,如图 6-4 所示。同时,还可以选择当前文件的保存格式,可根据自己需要的格式选择相应的后缀名。在这里应区分几种 PPT 文件的后缀名,PowerPoint 2010 及以后版本的 PPT 文件的后缀名为 pptx;PowerPoint 97—2003 版本的 PPT 文件的后缀名为 ppt;PowerPoint 模板的后缀名为 potm,PPT 模板可以反复调用;PowerPoint 放映文件的后缀名为 ppsx,放映文件通过直接点击就可以播放。另外,PPT 文件也可以保存为图片、视频等格式。

　　在保存 PPT 文件时,还可以在"常规选项"中设置"打开权限密码"和"修改权限密码",如图 6-5 所示。

图 6-4　PowerPoint 2016 文件保存界面

图6-5 PowerPoint 2016文件保存加密设置

（3）打开演示文稿。打开一个演示文稿主要有以下两种方式：

方法一：直接双击电脑中PowerPoint格式的文件打开该文件。

方法二：在已经打开的PowerPoint窗口中，执行"文件"→"打开"命令打开其他文件。

（4）将PPT导出为其他文件。在PowerPoint 2016主界面中，执行"文件"→"导出"命令，出现如图6-6所示的界面。其中，可以创建PDF/XPS文档、创建视频、将演示文稿打包成CD、创建讲义和更改文件类型。在创建视频中，可以选择演示文稿的质量，最大为1920*1080，最小为852*480，如图6-7所示。将PPT文件导出为视频文件后将以MP4文件格式存储在电脑中。

图6-6 PowerPoint 2016文件导出设置界面

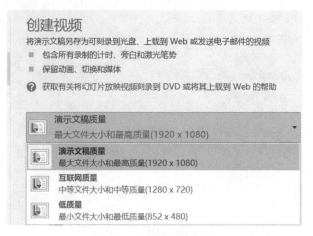

图 6-7　创建视频文件

6.2　演示文稿的美化

为了丰富演示文稿的内容表现形式,在 PowerPoint 2016中可以对演示文稿增加文本内容并对文本内容进行编辑和处理,对文本内容还可以采用艺术字效果的方式增加不同的表现形式,同时可以采用SmartArt功能来增强文本的演示效果。另外,还可以向演示文稿中插入丰富的图片、表格等对演示文稿进行美化。

6.2.1　文本编辑和处理

(1)输入文本。根据PPT自带模板新建幻灯片,第一张幻灯片的内容如图6-8所示。单击第一个文本框即可在文本框中输入文字。在单击文本框后,选项卡栏中会出现"格式"选项卡,此时可以在"格式"选项卡的功能区中对文字进行修改。

在"插入形状"功能区中可以选择要插入的文本框的排列方式,可以插入横排文本框和竖排文本框。

图 6-8　文本添加界面

输入文本,选择文本,在"开始"选项卡的"字体"组中可以对其设置字体、字号等字符格式;在"段落"组中可对其设置对齐方式、项目符号、编号和缩进等格式,其方法与Word类似。

(2)插入符号。利用PPT的插入符号功能可以添加键盘上没有的符号,如货币符号、数学符号和版权符号等,如图6-9所示。

(3)插入公式。利用PPT的插入公式功能可以插入常用的数学公式,如圆的面积、二项式定理、和的展开式、傅里叶级数等公式,如图6-10所示。

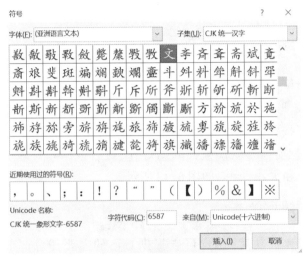

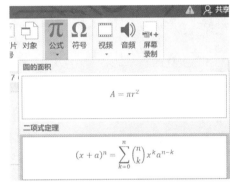

图6-9　插入符号界面　　　　　　　　图6-10　插入公式界面

(4)文本的删除、撤消与恢复操作。在文本编辑状态,选择需要删除的字符,按Delete键可以删除当前所选文字,也可以按退格键对文本进行删除。

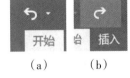

（a）　　（b）

图6-11　撤消按钮与恢复按钮

在"开始"选项卡的上方,有一个撤消当前操作的箭头,快捷键为"Ctrl+Z",如图6-11(a)所示;在"插入"选项卡的上方,有一个恢复键入的箭头,快捷键为"Ctrl+V",如图6-11(b)所示。

6.2.2　图片素材

(1)插入图片。通常在创建一个PPT后,为了在演示过程中对内容做更加清晰明确的介绍,用户可以插入图形或图片,通过图文并茂的方式让观看者对演示内容进行了解和记忆。

利用PPT中的插入图片功能可以插入联机图片、屏幕截图、相册等。

(2)插入相册。插入相册(相当于以前版本的插入剪贴画)。

插入相册的操作方法是:选择"插入"选项卡,在"相册"选项组中单击"新建相册"按钮,再选择所需的图片,即可将其自动插入幻灯片,如图6-12所示。

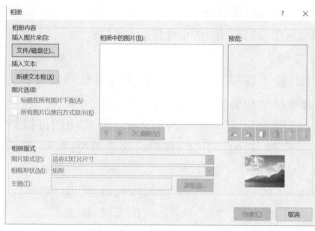

图 6-12 插入相册

图 6-13 插入图片形状

（3）插入形状。选择"插入"选项卡，单击"插图"选项组中的"形状"按钮，在出现的对话框中选择需要的图片，单击"插入"按钮，所需形状即被插入幻灯片，最后根据需要调整形状的位置和大小即可，如图 6-13 所示。

6.2.3 图片样式

插入图片成功后，用户可以根据自己的需要任意调节图片的大小。单击当前幻灯片中插入的图片，在选项卡栏中会出现"格式"选项卡。

在"格式"选项卡中，有"调整""图片样式""排列"和"大小"等功能区，如图 6-14 所示。

图 6-14 调整图片格式界面

（1）在"调整"功能区中选择"删除背景"选项，可以删除图片的背景，以强调或突出图片的主题，也可以删除杂乱的细节。但"背景删除"功能不适用于矢量图形文件，如可扩展矢量图形（SVG）、Adobe Illustrator 图形（AI）、Windows 图元文件（WMF）和向量绘图文件（DRW）等。

（2）在"调整"功能区中选择"更正"选项，可以对图片的"锐化/柔化"和"亮度/对比度"进行设置，如图6-15所示。

（3）在"调整"功能区中选择"颜色"选项，可以调节图片颜色的饱和度和色调等，如图6-16所示。

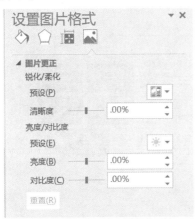

图6-15　图片更正

图6-16　调整图片颜色

（4）在"图片样式"功能区中，可以调整图片的"预设样式""图片边框""图片效果"和"图片板式"等。

（5）在"排列"功能区中，可以选择图片所处的位置，如图6-17所示。可以选择当前图片是否进行上移或下移。当同时选择多个图片作为对象进行排列时，可以根据需要选择某一个图片作为顶层或者底层。单击"选择窗格"按钮，将在界面右侧出现选择操作界面，可以根据需要对当前页的图片进行位置调整。

当需要把几个图片对象对齐页面边缘时，可以选择【对齐对象】功能。对齐对象可以同时选择如图6-18的方式进行对齐。

图6-17　"排列"功能区

图6-18　图片排列对齐方式

（6）在"大小"功能区中，可以选择对图片进行裁剪操作，也可以进行大小设置。

6.2.4 SmartArt 智能图表

在 PowerPoint 中可以插入 SmartArt 图形，SmartArt 图形是信息和观点的视觉表示形式。可以通过从多种不同布局中进行选择以创建 SmartArt 图形，从而快速、轻松、有效地传达信息。SmartArt 图形包括列表图、流程图、循环图、层次结构图、关系图、矩阵图等类型。

创建一个新的幻灯片，打开"插入"选项卡，单击"插图"选项组中的"SmartArt"按钮，打开"选择 SmartArt 图形"对话框，在对话框的左侧可以选择 SmartArt 图形的类型，在中间区域可以选择所选 SmartArt 图形类型的布局方式，右侧会显示关于该布局的说明信息，如图 6-19 所示。

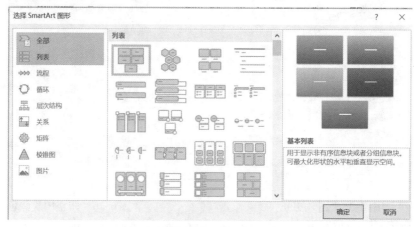

图 6-19 "选择 SmartArt 图形"对话框

在使用中，用户可根据自己的需要选择适合的 SmartArt 图形类型。若显示无序信息，则使用列表图；若在流程或时间线中显示步骤，则使用流程图；若显示连续的流程，则使用循环图；若创建组织结构图或显示决策树，则使用层次结构图；若需要对连接进行图解，则使用关系图；若显示各部分如何与整体关联，则使用矩阵图；若使用图片传达或强调内容（在 Office 2007 中不可用），则创建图片；若显示与顶部或底部最大一部分之间的比例关系，则使用棱锥图。

6.2.5 艺术字

（1）插入艺术字。打开演示文稿，选择要插入艺术字的幻灯片，打开"插入"选项卡，单击"文本"选项组中的"艺术字"按钮，在打开的对话框中选择需要的艺术字样式。此时幻灯片中出现一个艺术字文本框，直接在占位符中输入艺术字内容，然后根据需要调整位置和大小即可，如图 6-20 所示。

图 6-20 在幻灯片中插入艺术字

（2）艺术字样式。右击艺术字文本框,选择"设置形状格式"→"形状选项"选项,显示"填充与线条""效果"和"大小与属性"选项卡,如图6-21所示。

"填充与线条"选项卡中,"填充"的可选项为无填充、纯色填充、渐变填充、图片或纹理填充、图案填充和幻灯片背景填充;"线条"的可选项为无线条、实线和渐变色。

"效果"选项卡中,"阴影"的可选项为预设、颜色、透明度、大小、模糊、角度和距离;"映像"的可选项为预设、透明度、大小、迷糊和距离;"发光"的可选项为预设、颜色、大小和透明度;"边缘柔化"的可选项为预设和大小;"三维格式"的可选项为顶部棱台、底部棱台、深度、曲面图、材料和光源;"三维旋转"的可选项为预设和轴旋转。

"大小与属性"选项卡中,"大小"的可选项为高度、宽度、旋转、缩放高度和缩放宽度;"位置"中可以设置水平位置和垂直位置;"文本框"中可以设置垂直对齐方式、文字方向、不自动调整、溢出时缩排文字和根据文字调整形状大小;"可选文字"中可以对标题进行填写和对说明进行填写。

图6-21　艺术字设置形状格式中的形状选项

右击艺术字文本框,选择"设置形状格式"→"文本选项"选项,显示"文本填充与轮廓""文字效果"和"文本框"选项卡,如图6-22所示。"文字效果"选项卡中的可选项与上述"形状选项"一致。

图6-22　艺术字设置形状格式中的文本选项

在插入一个艺术字后,可以在"格式"选项卡中选择预定义的文本样式,如图6-23所示。

图6-23　预定义的艺术字文本样式

6.2.6　插入表格美化PPT

有时需要在幻灯片中插入表格来展示数据,插入表格的方法有以下四种:

(1)直接单击"插入表格"快捷按钮,在出现的插入表格界面中,拖动鼠标选择要插入的表格大小。用快捷方式插入的表格最大为10列×8行,如图6-24所示。

(2)执行"插入"→"表格"命令,打开"插入表格"对话框,输入列数和行数,单击"确定"按钮,如图6-25所示。

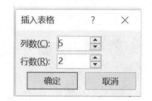

图6-24　插入表格快捷界面　　　　图6-25　"插入表格"对话框

(3)单击"绘制表格"按钮,拖动鼠标画出所需的表格。

(4)单击"Excel电子表格"按钮,将出现连接到Excel的情况,可以在当前界面使用Excel的功能对表格进行编辑。

创建好表格后,单击表格,在选项卡栏的"表格工具"中将出现"设计"和"布局"选项区。打开"设计"选项区,将出现如图6-26所示的功能区。

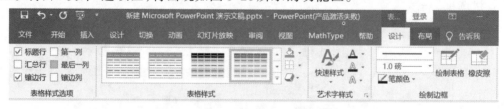

图6-26　"表格工具"中的"设计"功能区

在"表格样式选项"功能区中,可以指定所选表格的某个区域,如标题行、第一列、汇总行、最后一列、镶边行和镶边列等。

在"表格样式"功能区中,打开"表格样式预览"下拉菜单,可以看到有多种预设样式供用户选择。

在选择完表格样式后,可以对表格中的字体在"艺术字样式"中进行选择,也可使用"绘制边框"功能对表格边框进行重新设置。

在"布局"选项卡中,有"表""行和列""合并""单元格大小""对齐方式"等功能,如图6-27所示。

使用"表"功能可以进行选择表格、选择列、选择行等操作。

图6-27　表格"布局"功能区

使用"行和列"功能可以完成针对表格中具体某一行或列的操作。

使用"合并"功能可以选择把两个表进行合并或者把某一个表进行拆分。

使用"单元格大小"功能可以设置单元格的具体大小值,并且在设置好后可以选择在所选行之间平均分配高度以及在所选列之间平均分配宽度。

使用"对齐方式"功能可以选择将文本以左、中、右、上、中、下的方式对齐,也可以选择文字的排列方向,还可以设置单元格的边距。

使用"排列"功能可以选择多个窗格的排列方式,如图6-28所示。

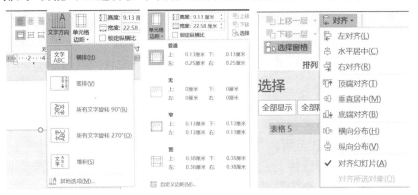

图6-28　表格"文字方向"和"排列"功能区

6.3　PPT幻灯片设计

6.3.1　添加页眉和页脚

新建幻灯片后,执行"插入"→"文本"→"页眉和页脚"命令,可打开"页眉和页脚"对话框,如图6-29所示。在"页眉和页脚"对话框中,可以选择修改当前幻灯片中的页眉和页脚或者备注和讲义页面中的页眉和页脚。

在"页眉和页脚"对话框中,可以选择幻灯片中包含的内容,如日期和时间(可以选择自动更新或固定)、幻灯片编号、页脚等,也可以选择是否在标题幻灯片中显示,如图6-29所示。

图6-29　幻灯片中添加页面和页脚界面

在"页眉和页脚"对话框中,还可以选择备注和讲义页面中包含的内容,如日期和时间(可以选择自动更新或固定)、页眉、页码、页脚等,设置好页眉和页脚后可以在"视图"选项卡的"母版"视图的"讲义母版"和"备注母版"中查看设置效果。

6.3.2　添加超链接

在演示文稿中添加超链接,可以链接到同一演示文稿中的某个位置、其他演示文稿、网页或网站、新文件,甚至可以链接到电子邮件地址。

在文档中创建基本超链接的最快方式是在键入现有网页地址后按 Enter 键或空格键,Office 会自动将地址转换为链接。除了网页,还可创建指向计算机上现有文件或新文件、指向电子邮件地址以及指向文档中特定位置的链接。还可编辑超链接的地址、显示文本和字体样式。在此以链接到百度首页为例,在"插入超链接"对话框中,选择链接到"现有文件或网页(X)"选项,在此选项中可以选择查找范围,如当前文件夹、浏览过的网页和最近使用过的文件等,这里选择直接在下方的地址栏输入要链接到的百度首页的地址,单击"确定"按钮后即可完成本次超链接的插入,如图6-30所示。

图6-30　幻灯片中添加超链接

注意:单击超链接只能在PPT全屏显示时打开。

6.3.3　添加媒体素材

（1）添加音频。在制作PPT时可以通过添加音频文件的方式来丰富PPT的内容，因此在创建一个PPT后，执行"插入"→"多媒体"→"音频"命令，在下拉菜单中可以选择"PC上的音频"或者"录制音频"选项，如图6-31所示。

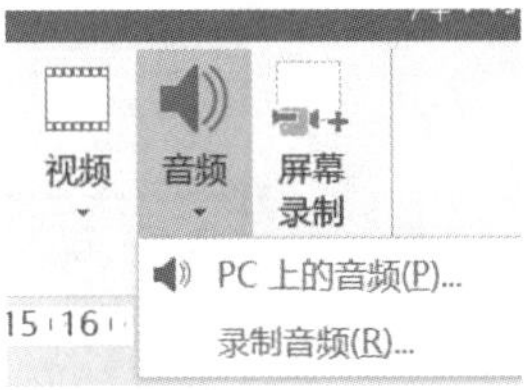

（2）添加视频。在演示文稿中可以插入影片，让演示文稿更加生动形象。影片主要分为剪辑管理器中的影片和计算机中的电影影片文件。通常可通过以下两种方法插入视频：

①插入联机视频，即网上的视频。

②插入电脑本机中的视频。

图6-31　幻灯片中添加音频

（3）屏幕录制。执行"插入"→"多媒体"→"屏幕录制"命令，选择当前计算机状态下需要录制的区域和动作，完成录屏后单击"结束"按钮就会在当前PPT状态下自动生成录制好的视频，如图6-32所示。

图6-32　幻灯片中屏幕录制

6.3.4　制作幻灯片母版

PowerPoint 2016的母版类型有三类：幻灯片母版、讲义母版和备注母版，其中最为常用的是幻灯片母版。幻灯片母版用于存储本演示文稿的主题信息和幻灯片的版式信息。修改幻灯片母版将改变基于该母版的全部幻灯片。

幻灯片版式是一种排版格式，通过占位符可以对幻灯片中的标题、内容和图表进行布局。在"开始"选项卡的"幻灯片"功能组中有"版式"功能，展开后会显示当前幻灯片所拥有的版式，所选幻灯片的版式可通过单击进行切换。幻灯片版式的创建和修改都可以在幻灯片母版中进行。

在"视图"选项卡中单击"幻灯片母版"按钮可以进入幻灯片母版的编辑界面，如图6-33所示。界面左侧显示当前演示文稿中的母版及其版式的缩略图，可查看幻灯片所应用的母版和版式；中心区域显示当前母版的格式或版式的格式；幻灯片母版的编辑功能主要集中在"幻灯片母版"选项卡中。若要创建幻灯片母版，可以单击"插入幻灯片母版"按钮；若要创建幻灯片版式，可以单击"插入版式"按钮；若要修改母版或版式中占位符的格式，需在其他选项卡中完成。

在幻灯片母版及各个版式中已经为幻灯片的页眉页脚、日期时间和编号等预留了相应的占位符，但默认情况下幻灯片并不显示这些对象。如需显示这些对象，可以在"插入"选项卡中选择"页眉和页脚""日期和时间"或"幻灯片编号"选项，选择这三个选项均会打开"页眉和页脚"对话框（图6-34），在该对话框中选择显示相应对象即可。若要调整这些对象的格式，需要编辑和修改幻灯片母版中相应的占位符。另外，在幻灯片母版和版式中插入的图片只能在幻灯片母版视图下编辑，不能在普通模式下编辑。

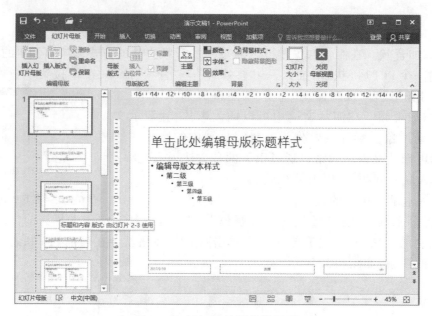

图6-33　幻灯片母版编辑界面

图6-34　幻灯片"页面和页脚"对话框

6.4　PPT动画效果设置

PowerPoint 2016提供了丰富的动画效果,用户可以将动画效果应用于幻灯片及幻灯片母版的各个对象上,不仅能控制幻灯片播放的流程,还能增强播放的趣味性。除了幻灯片内的动画效果外,在幻灯片切换的过程中也可以设置切换动画,使幻灯片的过渡衔接更加丰富生动。

6.4.1 设置动画效果

幻灯片的动画效果设置主要集中在"动画"选项卡中。在未选择任何对象之前,几乎所有动画功能均处于未激活状态。只有先选择幻灯片对象,才能进一步为其设置动画效果。在"动画窗格"内可以查看和调整当前幻灯片页面内的动画设置。执行"动画"→"高级动画"→"动画窗格"命令,即可打开动画窗格。

PowerPoint 2016提供了四种类型的动画效果:"进入"效果、"退出"效果、"强调"效果和"动作路径"。"进入"效果让对象进入幻灯片,在动画窗格中用绿色表示;"退出"效果实现对象的退出,用红色表示;"强调"效果让对象产生各类变化,用黄色表示;而"动作路径"让对象按照规定的路径运动,用蓝色表示。若要为幻灯片对象添加新的动画效果,可以在如图6-35所示的列表中选择,该列表中已列出了各个类型中常用的动画效果,若无满意的动画效果,可以通过单击"更多的××××"按钮进行进一步查找。

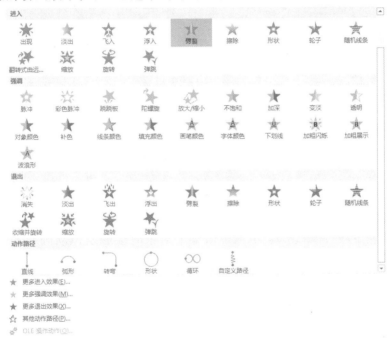

图6-35 幻灯片动画效果列表

通过动画效果列表设置对象的动画效果后,单击"动画"选项卡中的"效果选项"按钮可以直接修改动画效果的属性。以"形状"效果为例,在效果选项中可以设置方向为"切入"或"切出",形状为"圆形""方框""菱形"或"加号",序列为"作为一个对象""整批发送"或"按段落"。其他动画效果也有相应的效果设置内容。

在动画效果列表中设置的动画效果会替换该对象上已有的动画效果。单击"高级动画"功能组中的"添加动画"按钮才能在幻灯片对象上叠加多个动画效果。当一个幻灯片页面或幻灯片对象上有多个动画效果时,可以通过"计时"功能组设置各个动画效果的开始时间、持续时间、延迟时间以及先后顺序,"计时"功能组的功能布局如图6-36所示。

图6-36 动画效果"计时"功能组

动画效果的开始方式有三种：一是"单击时"，即单击鼠标触发，动画效果编号会增加；二是"与上一动画同时"，即动画开始时间与上一动画相同；三是"上一动画之后"，即将在上一动画播放后开始。后两种开始方式的动画效果编号将与上一动画相同，调整动画顺序可能导致动画开始时间发生变化。例如，如图6-37(a)所示，所选动画的开始方式为"上一动画之后"，即将在动画2播放后开始，但将其"向后移动"后[图6-37(b)]，则变为在动画3播放后开始。"持续时间"表示动画播放所需的时间，在动画窗格内用形状的长短表示。"延迟"表示动画延迟播放的时间，可推迟其开始时间。两个时间设置既可以使用向上和向下的三角进行微调，也可以直接输入数字进行设定，输入数字以秒为单位。要对动画的顺序进行重排只需单击"向前移动"或"向后移动"按钮即可。

（a） （b）

图6-37 动画顺序调整影响动画开始时间

（a）调整前 （b）调整后

幻灯片对象的动画效果还可以通过"触发"的方式启动。当为某个对象设置动画效果后，"触发"功能被激活。单击"触发"按钮可以设置该动画的触发条件。触发条件有"单击"和"书签"两种，"单击"表示当单击某个对象时会触发该动画效果播放，"书签"表示当音频或视频播放到某个标签时会触发该动画效果播放。利用"触发"功能可以实现动画在单击特定对象时激活或者为音频或视频的某一时点配上解释文字。例如，可

图6-38 动画触发设置

以利用"触发"功能实现当单击某个图片时显示图片的说明文本，具体操作过程为：①选择说明文本并添加一个"进入"的动画效果；②选择"触发"功能为"单击"，并选择单击对象为该图片（图6-38），则当播放幻灯片时，单击该图片即可触发说明文本的"进入"动画效果。

如需对多个对象设置相同的动画效果，可以同时选择多个对象，再进行动画效果的设置，或者利用"动画刷"将一个对象上的动画效果复制到另一个对象上，这样可以大大节省动画设置的时间。"动画刷"的使用方法和"格式刷"类似，均须先选择某个对象作为参考，然后单击或者双击"动画刷"按钮，最后只需用变为刷子状的鼠标单击目标对象即可实现动画效果的复制。单击"动画刷"时复制功能仅能使用一次，而双击"动画刷"时复制功能可使用多次。

通过"效果选项"可设置的动画属性相对较少。若要对某个动画效果进行更为详细的设置（如添加动画音效、设置动画重复出现等），需要在动画窗格中右击该动画，选择"效果选项"选项，打开如图6-39所示的对话框。在"效果"标签页中可以设置动画的音

效以及音效的音量大小,也可以设置动画播放后隐藏或颜色变化,还可以设置动画文本的发送方式。其中,动画文本的发送方式分为"整批发送""按字/词发送"和"按字母发送"三种。修改动画的重复次数可在"计时"选项卡中完成。

　　动画效果中动作路径的设计非常灵活。PowerPoint 2016中每条路径都拥有一个绿色标识的起点和一个红色标识的终点。软件中不仅有大量预设的动作路径,还提供了编辑路径、锁定路径和反转路径等功能,如图6-40(a)所示。选择"编辑路径"选项,路径会变成一条由黑点和红线构成的线条。拖动黑点或红线可以更改路径,右击黑点可以设置顶点类型或者删除该点,右击线条可以设置线段类型或删除线段。使用"开放路径"功能会将闭合路径中的起点和终点分开,使用"闭合路径"功能则会将开放路径中的起点和终点连接到一起。使用"锁定"功能后,路径不会随着对象位置的变化而变化;使用"解除锁定"功能后,路径位置将跟随对象一同变化。使用"反转路径方向"功能会调换路径的起点和终点。使用"自动翻转"功能会让对象沿着动作路径原路返回。使用"平滑开始"和"平滑结束"功能可设定对象在路径开始和路径结束时的速度,这两项设置可在图6-40(b)所示的"自定义路径"对话框中进行。

图6-39　"效果选项"对话框

（a）　　　　　　　　（b）

图6-40　动作路径设置

6.4.2　设置切换效果

切换是指演示文稿在播放时幻灯片进入和退出的方式,设置合适的幻灯片切换方式能让演示文稿的播放更加自然和流畅。PowerPoint 2016提供的切换效果可以分为"细微型""华丽型"和"动态内容"三类,和动画效果配合使用可以产生绚丽夺目的动画效果。切换效果的设置主要集中在"切换"选项卡中。图6-41中列出了全部的切换效果。

设定当前幻灯片的切换效果只需要从中选择一个即可。单击"效果选项"按钮,可以在下拉菜单中选择相应的选项对所选择的切换效果进行调整。例如,"缩放"切入效果就有"切入""切出"和"缩放和旋转"三种,可以任选其一进行设置。所有的切换效果默认都是无声的,可以在"计时"功能组中为切换效果添加声音,如图6-42中将切换声音设置为"风铃"。不同切换效果的持续时间是不同的,如需调整可以在"计时"功能组的"持续时间"中设置,如图6-42中切换效果的持续时间为1.5秒。幻灯片的切换方式有手动和自动两种,手动换片通过单击即可完成,自动换片需要设置换片时间,待到换片时间到时自动切换。两种换片方式可以选择其中一种,也可以同时使用,如图6-42中就设置了两种换片方式,自动换片时间为5秒。需要注意的是,当幻灯片内的动画播放时间超过自动换片时间时,软件会等待动画播放结束后才切换幻灯片;如果同时设置有手动和自动两种换片方式,在自动换片时间到达前通过单击可切换幻灯片,否则将等待换片时间到达时才会自动换片。

图6-41　幻灯片的切换效果

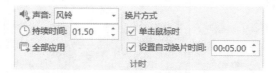

图6-42　幻灯片的切换设置

在选择切换效果前,可以使用"预览"功能查看效果。另外,对幻灯片某一页面设置的切换效果仅对该页面有效,如需将切换效果应用于所有的幻灯片,可以通过单击图6-42中的"全部应用"按钮来实现。

6.5　PPT审阅和幻灯片放映

　　演示文稿制作完成后,通过放映可以查看幻灯片的制作效果或将精心制作的幻灯片展示给观众。PowerPoint 2016提供的功能有:多种不同的放映方式,用户可以根据需要灵活选择;在幻灯片放映时将幻灯片放大或者添加笔迹标识等功能,以帮助用户更好地实现对演示过程的控制;排练计时功能,以方便用户预演和控制播放时间。针对不同的应用场合,用户可以将演示文稿以不同的文件格式进行保存。为防止信息泄露,用户还可以对文档进行加密保护。为方便演讲,用户还可以为演示文稿添加备注或将演示文稿打印出来。

6.5.1　设置放映方式

　　PowerPoint 2016中,在"幻灯片放映"选项卡中可设置幻灯片放映方式。在图6-43中,单击"从头开始"或"从当前幻灯片开始"按钮都可以直接放映幻灯片。另外,也可以使用快捷键进行控制,"从头开始"的快捷键为F5,"从当前幻灯片开始"的快捷键为"Shift+F5",按Esc键可以结束放映。

图6-43　"幻灯片放映"选项卡

　　"联机演示"功能允许其他用户通过浏览器远程观看幻灯片放映。放映幻灯片时,并不需要按照文档中幻灯片的实际顺序播放,使用"自定义放映"功能可以重新定义幻灯片的播放顺序。单击"自定义幻灯片放映"按钮可打开"自定义放映"对话框,如图6-44(a)所示。单击"新建"按钮可以新建一个自定义放映,单击"编辑"按钮可以对选择的自定义放映进行编辑修改,单击"放映"按钮会按照选择的自定义放映播放幻灯片。"新建"和"编辑"自定义放映时会出现如图6-44(b)所示的"定义自定义放映"对话框。在对话框左侧按照顺序列出了当前演示文稿中的幻灯片,选择某幻灯片并单击中部的"添加"按钮可以将其添加到自定义放映的播放序列中。向上和向下的箭头可以调整幻灯片在自定义播放中的顺序,叉号可以将处于选择状态的幻灯片从播放序列中删除。同一张幻灯片可以在自定义放映中多次播放。

（a） （b）

图6-44 自定义幻灯片放映

如果不希望放映演示文稿中的某张幻灯片，可以将其隐藏。单击图6-43中的"隐藏幻灯片"按钮可隐藏幻灯片，被隐藏幻灯片的编号会用红色斜线标识，再次单击"隐藏幻灯片"按钮可以取消隐藏状态。关于幻灯片的详细设置，可在如图6-45所示的"设置放映方式"对话框中完成，单击"设置幻灯片放映"按钮即可打开该对话框。幻灯片的放映类型有三种：默认为演讲者放映，以全屏幕的方式展示，适合演讲和教学，放映的全程由演讲者控制；观众自行浏览，以窗口的方式播放幻灯片，不允许使用绘图笔；在展台浏览，以全屏幕展示幻灯片，自动设置为循环播放。在"设置放映方式"对话框中，还可以设置播放全部或是部分幻灯片，又或者是选择自定义放映。当演讲者需要在放映时查看备注信息时，可以选择"使用演示者视图"选项，按"Alt+F5"组合键可以体验该功能。

图6-45 "设置放映方式"对话框

6.5.2 控制放映过程

在放映幻灯片时，用户可以通过鼠标和键盘控制放映过程。单击或按Enter键、N键、PgDn键、→键、↓键以及空格键都可以前进到下一项目或者切换到下一幻灯片。要返回到上一项目或上一幻灯片可以按P键、PgUp键、←键和↑键。在放映过程中，屏幕左下角有放映控制工具,右击会弹出控制菜单,如图6-46所示。控制工具中的左三角按钮和右三角按钮分别对应控制菜单中的"上一张"功能和"下一张"功能,用于切换幻灯片;第三个按钮对应于控制菜单中的"指针选项"功能,用于选择绘图笔及其颜色;如需定位某张幻灯片可单击第四个按钮或选择"查看所有幻灯片"选项;控制工具中的放大镜和菜单中的"放大"功能可以将屏幕的局部放大;菜单中的"演示者视图"和"结束放映"等功能在控制工具的最后一个按钮中。

图6-46 放映控制工具及控制菜单

如果对幻灯片放映有严格的时间控制要求或是在演讲前进行排练,可以使用"幻灯片放映"选项卡中的"排练计时"功能。当启动"排练计时"功能时,演示文稿会进入播放状态,并在屏幕的右上角显示"录制"对话框,如图6-47所示。"录制"对话框中会对放映时间进行记录,中间的时间表示当前幻灯片所用的时间,右侧的时间表示幻灯片开始放映以来的总时间。"录制"对话框中还有三个控制按钮:向右的箭头表示下一项,用于推进幻灯片放映;中间的按钮为暂停录制按钮,录制暂停后会出现对话框提示;当对某张幻灯片的录制不满意时,可以单击右侧的重复按钮,对当前幻灯片的录制进行重新计时。排练计时完成后,屏幕上会出现一个确认对话框,询问是否接受排练时确定的时间,单击"确定"按钮会将排练时间记录到"切换"选项卡中的"设置自动换片时间",否则将放弃本次排练所确定的时间。

图6-47 "录制"对话框

6.5.3 保存演示文稿

在演示文稿制作完成后,用户可以根据需求将演示文稿保存为其他类型的文件。保存为其他类型的文件格式时,需要用到"文件"选项卡中的"另存为"功能或者"导出"功能。如图6-48所示,使用"导出"功能可以创建PDF/XPS文档、创建视频、将演示文稿打包成CD、创建讲义和更改文件类型。PDF文件使得文档不能被轻易地编辑修改,方便打印;创建视频可以将演示文稿按照录制或排练计时所设置的自动播放效果录制为视频,视频可选的格式为MP4格式和WMV格式;将演示文稿打包成CD可以将演示文稿中链接或嵌入项目集体打包,方便在其他电脑上播放;创建讲义能将幻灯片和备注保存到Word文档;更改文件类型可以方便将演示文稿转换为其他文件类型,常用文件类型可以直接在右侧的展开菜单中选择。单击"另存为"按钮可以打开"另存为"对话框。

　　在如图6-49所示的"另存为"对话框中,首先需要确定转换文件存放的路径和名称,然后在保存类型中选择所需要保存的格式。在低版本PowerPoint中不能使用默认的PPTX文件格式,一般需转存为PowerPoint 2003支持的PPT格式。转为PPT格式后会导致演示文稿中部分功能无法正常使用或者出现文字错位等现象,因此在转换后应仔细检查一次演示文稿。演示文稿中如果没有动画效果,可以选择将其保存为图片格式,常用的有JPEG格式、PNG格式、EMF格式等。单击"保存"按钮后,可以选择转换当前幻灯片或者转换全部幻灯片。

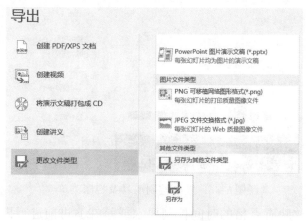

图6-48　幻灯片的导出

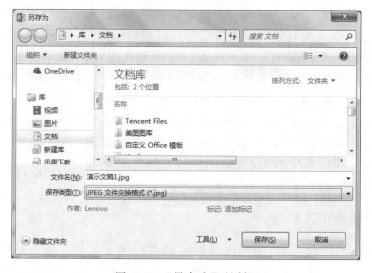

图6-49　"另存为"对话框

　　因为PowerPoint 2016中设置有自动保存功能,所以演示文稿会定期进行保存。若遇到演示文稿在未保存的情况下意外关闭,可以通过执行"文件"→"信息"→"管理演示文稿"命令进行文档恢复,但文档恢复的前提是存在自动备份的文件。图6-50中就存在多个自动备份文件,如需恢复某个时间点的文档只需要单击距离该时间点最近的备份文档即可。自动备份的时间间隔可以在"PowerPoint选项"对话框的"保存"选项页中进行设置,"PowerPoint选项"对话框可通过"文件"选项卡中的"选项"功能组打开。

如果演示文稿有保密需求,PowerPoint 2016 提供了多种文档保护措施。执行"文件"→"信息"→"保护演示文稿"命令,将显示如图6-51所示的四个选项。选择"标记为最终状态"选项后,演示文稿将转变为只读状态,但任何人都可以通过单击"恢复编辑"按钮取消只读状态。选择"用密码进行加密"选项后,必须提供正确的加密密码才能打开和编辑演示文稿,这是最为常用的保护措施。选择"限制访问"选项后,会连接到权限管理服务器,只有拥有权限的人才能编辑和修改演示文稿。选择"添加数字签名"选项后,可以通过查看签名来验证和确定文档是否被修改过。

图 6-50　恢复演示文稿

图 6-51　保护演示文稿

6.5.4　打印演示文稿

演示文稿除了放映外,还可以将其打印在纸张上方便随时查看。在打印之前,可以对幻灯片进行页面设置。执行"设计"→"幻灯片大小"→"自定义幻灯片大小"命令,打开"幻灯片大小"对话框,在该对话框中可以设置幻灯片、备注、讲义和大纲是纵向排版还是横向排版;幻灯片页面的高度和宽度可以任意设置,也可以在下拉菜单中选择;幻灯片编号的起始值默认为1,也可以设置为其他值,如图6-52所示。

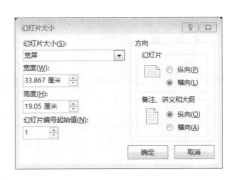

图 6-52　幻灯片页面设置

PowerPoint 2016的打印设置在"文件"选项卡的"打印"功能中。如图6-53所示,左侧为相关打印选项设置区域,右侧为打印效果预览区域。在"份数"中可以指定打印数量;"打印机"可选择已连接的本地打印机或网络打印机,打印机会显示其状态是否可用。在设置中,首先应设置打印范围,可以打印整个文档,也可以打印当前页或者某些页面;其次应设置打印内容,可以选择打印整张幻灯片、备注页或者大纲;再次应设置打印版式,即一张纸内应放置多少幻张灯片及如何放置;最后应设置打印顺序和打印颜色以及是双面打印还是单面打印等。

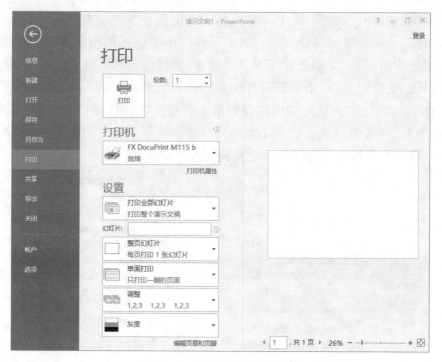

图 6-53　演示文稿打印设置

课 后 练 习

（1）依据第 4 章课后练习（2）的内容，设计并完成一个演示文稿，并根据演示文稿进行演讲。具体要求：

①完成至少 10 页幻灯片。

②通过编辑幻灯片模版，在每一页上增加一个公司的 LOGO。

③幻灯片中包含背景音乐。

④每一页都有恰当的动画。

⑤幻灯片之间设置切换效果。

⑥第 4 章课后练习（2）中用到的图片、流程图、SmartArt、表格都出现在幻灯片中。

⑦在幻灯片中设计一个图表和艺术字。

（2）请在网络上搜索 PowerPoint 插件和 PowerPoint 模版等内容，并加以运用。

第 7 章

多媒体技术及应用

通过本章的学习,应掌握以下内容:
- 多媒体技术的基本概念及常见多媒体元素
- 多媒体技术的基本特点
- 多媒体技术的发展及应用
- 多媒体的关键技术
- 多媒体信息处理软件及基本应用

多媒体技术从20世纪80年代发展至今,已经迅速应用到生活的各个方面,人们的工作和生活也因其发生很大的变化。计算机已经具备处理文字、图像、动画、音频和视频等信息的能力,人们接收到的信息更加丰富多彩。

多媒体技术及应用已经在信息技术领域处于重要的地位,并日益推动现代经济和社会进步,是当今信息时代的标志性产物。

7.1 多媒体技术概述

7.1.1 多媒体技术的基本概念

(1)媒体。媒体(Media)源于拉丁语"Medius"的音译"媒介",即两者之间之意。媒体就是信息传播的媒介。媒体包含两层含义:一是存储信息的实物,如光盘、硬盘、U盘等;二是承载并传递信息的载体,如文字、图形、图像和声音等,它们本身就含有某种信息。

媒体包括传统媒体(如以纸张为信息载体的报纸、杂志等)和现代媒体(如以计算机二进制数的形式为信息载体的数字媒体)。

(2)多媒体。多媒体一词来自英文 Multimedia,是指融合两种或两种以上的媒体信息的载体。多媒体通过人机交互进行信息交流和传播,媒体元素一般包括文字、图形、图像、动画、音频和视频等。

(3)多媒体技术。多媒体技术是指通过计算机对多媒体信息进行综合处理和管理,从而建立起信息逻辑关系,最终达到人机交互作用的各种技术。

（4）超媒体。超媒体（Hypermedia）即超级媒体的缩写，是指对多媒体信息（包括文本、图像、视频等）采用超级链接的形式组织成网状结构，以方便对多媒体信息进行传播、交互和管理的技术。万维网（World Wide Web）就是以超级链接的形式组织而成的全球性的多媒体信息系统。

超媒体＝超文本＋多媒体。超媒体在本质上和超文本一样，只不过超文本技术在诞生的初期管理的对象是纯文本，所以叫作超文本。随着多媒体技术的兴起和发展，超文本技术的管理对象从纯文本扩展到多媒体，为强调管理对象的变化，就产生了超媒体这个词。

（5）数字媒体。数字媒体（Digital Media）是指以二进制数字的形式记录、处理、传播、获取过程的信息载体，由感官逻辑媒体和实物媒体组成。感官逻辑媒体是指由编码组成的数字化的文字、图形、图像、声音、视频等。实物媒体是指存储、传输、显示感官逻辑媒体的硬件设备。

（6）融媒体。融媒体（Fusion Media）是指充分利用媒介载体，把广播、电视、报纸等既有共同点又存在差异性的不同媒体，在人力、内容、宣传等方面进行全面整合，实现"资源通融、内容兼融、宣传互融、利益共融"的新型媒体。

（7）新媒体。新媒体（New Media）是指符合当前时代的所有数字化媒体。新媒体是一个相对宽泛的概念，是针对报刊、广播、电视等传统媒体而言的。宽泛是指它基本涵盖了所有数字化的媒体形式，包括利用数字技术和网络技术产生的数字化的传统媒体、网络媒体、移动端媒体、数字电视、数字报纸杂志等。

7.1.2 常见的多媒体元素

（1）文本。文本（Text）包括以各种字符呈现的字母、汉字、数字等语言，是最基本的媒体元素。

文本有专门的文本输入和编辑软件，常用的最简单的文本编辑软件是记事本，其生成的文本格式文件的后缀名为 txt（Text 简写）。记事本常用来快速编写纯文本文件。所谓纯文本文件，也称作非格式化文本文件，是指只有文本信息而没有其他相关格式信息的文件。格式化文本文件是指带有字体格式、边框格式、段落格式等排版信息的文本文件。

（2）图形。图形（Graph）一般是指通过计算机生成的各种有规则的图，如直线、各种曲线，以及任意直线和曲线组成的几何图。图形是描述点线面的大小、形状、位置和维数的指令集合。通常图形文件中仅记录某些特征点，通过计算机程序算法才生成形状，所以也称为矢量图，矢量图在数学上被定义为一系列由线连接的点。

矢量（Vector）是一种既有大小又有方向的量，也指一个同时具有大小和方向的几何对象。矢量图形的主要优点是存储空间较小、缩放不会变模糊、能高分辨率印刷，主要缺点是较难表现有丰富色彩的图像。

常用的矢量图形绘制软件有 AutoCAD、CorelDraw、Flash MX、Illustrator 等。

（3）图像。图像（Image）是指所有能在视觉中呈现的画面，是客观对象的一种表示，可以是各种介质上的信息，包括现代以数字化形式存储的各种画面。数字化的图像可以通过计算机处理,图像常指位图图像。图像元素是由像素点组成的,像素点记录位置和色彩信息,像素点越多,图像越清晰,放大位图图像即可发现像素点。

当图像能传达某种情感,能使人得到某种美的视觉体验或美的享受,图像即能成为一种视觉艺术作品。常用的位图处理软件是 Adobe Photoshop。随着计算机的快速发展,图形和图像的界限会越来越小,它们会相互融合和贯通。

(4)音频。音频(Audio)就是声音,包括噪音。随着计算机的发展,声音能被录制并通过计算机精确处理。音频也指各种声音的存储格式。声音是因物体振动产生的,物体振动的频率不同就会产生不同的声音,声音以波的形式振动传播。常见的音频包括音乐和语音。

音乐是符号化了的有规律的声音,这种符号就是乐曲。音乐能表达人类的某种情感,音乐是指由旋律、节奏、人声和乐器音响等配合而构成的一种听觉艺术。人的声音是一种特殊的音频,但同样是一种波形,它有语言的内涵,可以用计算机获取并转化为数字化的语音。

(5)视频。视频(Video)就是连续的画面,包含图像和声音,也指各种动态影像的存储格式。视频可以通过计算机制作或摄像机(视频拍摄设备)获取,视频拍摄是把光学图像和声波信号转变为电信号,然后进行数字化存储和传输。

随着网络技术的发展,视频数据可以以串流媒体的形式在网络中传播,串流媒体是分段传送媒体和即时传输视频的一种技术和过程。

(6)动画。动画(Animation)顾名思义是运动的图画,动画实质上由许多幅静态图像组成,当连续播放时产生动画。

动画如果具有审美的价值属性,就具有艺术性。作为艺术作品的动画,它是集绘画、漫画、摄影、音乐、文学、数字媒体和电影等多种艺术门类于一身的艺术表现形式。

7.1.3 多媒体技术的基本特点

(1)多样性。多样性是指存在多种媒体信息,如图像和文字、音频和视频等,计算机能综合处理这些信息。

(2)集成性。集成性包括多媒体信息的集成和设备的集成。多媒体信息的集成是指将不同媒体信息有机组合为完整的多媒体信息系统;设备的集成是指多种媒体设备有机地组成一个整体,如多媒体硬件设备的集成。

(3)实时性。实时性是指在多种媒体信息集成时,声音和动态图像密切相关,并随时间实时变化,所以多媒体技术要考虑时间特性,要支持实时处理。

(4)交互性。交互性是指人与计算机可以进行信息交互、人机对话,用户能够通过计算机更加有效地控制和使用多媒体信息。

7.1.4 多媒体技术的发展及应用

(1)多媒体技术发展简史。1984年,美国 Apple(苹果)公司首先引入位图等技术,并开发图形用户界面,这是多媒体技术诞生的一个标志。

1985年，美国的Commodore（康懋达）公司推出世界上第一台多媒体系统Amiga（女性朋友）。这套系统有完备的视听处理能力，有一些实用工具和性能良好的硬件，开启了多媒体技术美好的未来。

1986年，荷兰的Philips公司和日本的Sony公司合作推出了一种叫作CD-I的光盘系统（交互式紧凑光盘系统），这种系统能将高质量的多媒体元素以数字的形式存储在650MB的光盘上。能存储大容量多媒体信息的光盘出现，为多媒体存储技术提供了有效手段。

1989年，美国Intel公司和IBM公司合作首次推出了交互式数字视频系统DVI产品（Digital Video Interactive）。DVI可以在IBM架构兼容Windows环境的个人计算机中实现对数字视频、音频、静止影像和计算机图形的综合。

1992年，由动态图像专家组（Moving Picture Expert Group）开发的MPEG-1标准正式出版，MPEG-1标准是第一个视频压缩编码标准，为在计算机中存储数字音视频提供了保障。随后出现了MPEG-2、MPEG-4、MPEG-7、MPEG-21等标准。

随着计算机技术的不断发展和创新，多媒体技术不断向高速度化、高分辨率化、智能化、简单化、多维化和标准化方向发展，多媒体技术将更多地和人们的生活相融合。

（2）多媒体技术的应用领域。

①教育领域。多媒体技术应用较早的领域就是教育领域，多媒体技术在教育领域的发展比较快也很有前途。多媒体技术传播信息的能力和丰富的表现形式使教育技术水平有了很大的提高。在很多学校，计算机多媒体教学形式已基本代替了基于黑板的传统教学形式，多媒体教学形式能够扩大信息量、增强知识趣味性和增加学习的主动性。在计算机多媒体教学形式的影响下，黑板板书教学形式已越来越少采用，但板书教学形式有自己的独特之处，应该和多媒体教学形式结合使用。

②单位办公。在单位办公区域可以组建多媒体办公系统，多媒体办公系统能够实现视听一体化，可以在办公中通信，也可以做各种文件资料信息处理并共享，还可以召开视频会议。

③多媒体电子出版物。电子出版物就是将数字化的图、文、声和像等信息存储在诸如光盘等介质上，可以通过计算机或其他读取设备阅读和使用。电子出版物可以用光盘、移动硬盘、存储卡等作为载体，使用很灵活，复制、携带和信息检索等都比较方便。还可以在网络中传播电子出版物，或直接供用户阅读。

④娱乐。人们通过多媒体技术可以在计算机上听音乐、看美图、看视频和玩游戏，也可以处理来自数码相机或摄像机的图片和视频，还可以设计制作个性化的创意图形、图像、音频和视频等作品。

⑤过程模拟。利用多媒体技术实现虚拟现实，能够模拟设计出各种仿真现象，如仿真驾驶和其他训练系统，还可以模拟设备运行、物理实验、化学实验、火山喷发和天气预报等的发生过程，以便安全、形象地理解事物发生变化的原理。

⑥公共信息服务。使用多媒体技术可以为城市街道、旅游场所、商店和展览馆等公共场所提供各种多媒体信息服务，如使用多媒体技术制作的户外电子广告、多媒体触摸一体机、银行多媒体自助终端等。

7.2 多媒体的关键技术

7.2.1 音频技术

（1）数字音频。简单地说，数字音频就是数字化的音频，是以计算机二进制数字的方式记录的音频。因为计算机以二进制数字的方式存储和处理数据，因此计算机在使用实际声音信号前，必须先对声音信号进行数字化处理，转换成计算机能识别的二进制数字信号，然后通过计算机进行存储和编辑处理。

数字音频技术就是将实际声音信号转化为可以存储和编辑处理的二进制数字，再把存储和编辑处理后的二进制数字还原为实际声音信号的技术。

（2）音频文件格式。

①WAVE格式。WAVE格式文件的扩展名为wav，意思是波形文件。WAVE格式是Microsoft和IBM公司合作研发的计算机标准声音格式。

WAVE格式文件的优点是：采用非压缩算法，编辑后不易失真，处理速度较快；还原好、音质好，常用于自然声音；兼容性好，大多数播放器都能播放WAVE格式文件。缺点是文件数据比较大。

②MP3格式。MP3（MPEG Audio）格式文件的扩展名为mp3，是按MPEG标准经过压缩的数字音频文件，全称为动态影像专家压缩标准音频层面3（音频层根据压缩质量和编码复杂度可分为Layer1、Layer2和Layer3三层）。

MP3压缩方法是一种有损压缩，主要原理是舍弃人耳不易感觉到的高频声音信号，将声音用1∶10到1∶12的压缩比压缩，从而大大降低数据容量。MP3常用于记录音乐文件，也是目前比较流行的音乐文件格式。

③MIDI格式。MIDI格式文件的扩展名为mid，MIDI全称为Musical Instrument Digital Interface（乐器数字接口）。MIDI文件的原理是用音乐的音符数字控制信号来记录音乐，所以它和一般的音频文件格式不同。

MIDI文件是一种音乐格式文件，MIDI文件的信息不是数字化的声音波形信号，而是音乐代码（或称为电子曲谱）。也可以说MIDI是一种标准或协议，即电子乐器间以及电子乐器和计算机间的统一交流协议。MIDI格式文件的优点是数据量非常小。

④WMA格式。WMA（Windows Media Audio）格式文件的扩展名为wma。WMA格式表示Windows Media音频格式，是微软公司推出的一种音频格式，跟MP3格式齐名。WMA格式文件在压缩比和音质上都优于MP3。

⑤CD格式。CD（Compact Disc）格式文件的扩展名为cda。CD格式，即CD Audio（CD音频格式），是常见的CD光盘文件格式。CD格式文件的特点是音质较好，基本忠于原声。

CD光盘既能在CD播放机中播放，也能用计算机播放。因为一个CD音频文件只是一个索引信息文件而并非声音信息，所以不能直接把CD格式的cda文件复制到计算机里播放,需要先使用 Windows Media Player 或格式工厂(格式转换工具)把 CD 格式文件转换成 WMA 格式或其他音频格式文件才行。

7.2.2 视频技术

(1)数字视频。简单地说,数字视频就是数字化的视频,是以计算机二进制数字的方式记录的视频。因为计算机以二进制数字的方式存储和处理数据,因此计算机在使用实际视频信号前,必须先对视频信号进行数字化处理,转换成计算机能识别的二进制数字信号,然后通过计算机进行存储和编辑处理。

(2)视频文件格式。

①AVI 格式。AVI(Audio Video Interleaved)全称为音频视频交错格式,其文件扩展名为 avi,是微软公司推出的一种视频格式,常在 Windows 视频软件中播放。AVI 文件用一个文件容器存储声音和影像数据,音频和视频能够同步回放。AVI 文件可以封装多种编码的视频数据,常用多媒体光盘保存 AVI 格式的电视、电影等各种视频信息。

②MP4 格式。MP4 全称为 MPEG-4 Part 14,MP4 格式文件的扩展名是 mp4。MP4 格式是常用于存储视频和音频的数字多媒体容器格式,但 MP4 格式文件也可用于存储其他数据,如字幕和静止图像等。与大多数现代容器格式一样,它允许通过 Internet 进行流式传输。MPEG-4 Part 14 属于 MPEG-4 标准的一部分。

便携式媒体播放器有时也被称为"MP4 播放器",虽然有些只是播放 AMV 格式视频(动画音乐视频)或其他格式视频的 MP3 播放器,并不一定播放 MPEG-4 Part 14 格式视频。

③DAT 格式。DAT 是数据流格式,其文件扩展名为 dat,即熟悉的 VCD 中的文件格式。用计算机打开 VCD 光盘(Video Compact Disc,光碟中存储视频信息的标准),在 MPEGAV 目录中会有一些 dat 文件。DAT 格式文件实际也是基于 MPEG 压缩方法生成的,是 VCD 刻录软件将 VCD MPEG 标准文件进行自动转换而生成的。

④WMV 格式。WMV(Windows Media Video)是 Microsoft 开发的文件编码格式。WMV 由三种不同的编解码技术组成:最初为互联网流媒体应用而设计开发的 WMV 原始的视频压缩技术;为满足特定内容需要的 WMV 屏幕和 WMV 图像的压缩技术;经电影电视工程师协会(SMPTE)标准化后,WMV 版本 9 被采纳作为物理介质的发布格式,如 HD DVD(High Definition DVD,一种数字光储存格式的光碟产品)和蓝光光盘(Blu-ray Disc,简称 BD,是 DVD 后代光盘格式之一)。微软公司还开发了一种被称为高级系统格式的数字容器格式,用于存储由 Windows Media Video 编码的视频。

⑤ASF 格式。ASF(Advanced Streaming Format)即高级串流格式,ASF 能实现流式多媒体内容发布,音频、视频和图像等多媒体信息能通过此种格式以网络数据包的形式传输。ASF 支持多种压缩/解压缩编码方式。

Microsoft Media Player 播放器能播放在 Internet 中传输的 ASF 流式文件,可边下载边播放。

7.2.3 图形图像技术

(1)颜色模式。无论图形还是图像,都是由颜色信息和形状信息组成的。颜色模式就是将某种颜色的信息表示为数字形式的模型,或者说是记录颜色信息的方式。颜色模式包括RGB颜色模式、CMYK颜色模式、HSB颜色模式、Lab颜色模式、位图模式、灰度模式、索引颜色模式、多通道模式和双色调模式。

①RGB颜色模式。RGB颜色模式的名称来自三种加色原色的首字母:红色、绿色和蓝色。RGB是依赖于设备的颜色模型,不同的设备以不同的方式检测或再现给定的RGB值。通过指定包括红色、绿色和蓝色中的每一个值的多少来描述RGB颜色模型中的颜色。颜色表示为RGB三元组(r,g,b),其中每个数字可以在0至定义的最大值(255)之间任意取值。如果所有数字都为0,则结果为黑色,如果全部都取最大值,则结果为最明亮的白色。

②CMYK颜色模式。CMYK颜色模式是一种减色方式的颜色模式,常用于彩色印刷。CMYK指的是在彩色印刷中使用的四种墨水:Ç(Cyan,青色)、M(Magenta,品红色)、Y(Yellow,黄色)和K(Black,黑色)。

与RGB颜色模式不同,RGB是一种发光的色彩模式,而CMYK是一种依靠反光的色彩模式,CMYK颜色模式通过在较浅(通常为白色)的背景上部分或完全地遮盖颜色来工作。墨水减少了原本会被反射的光线,这种模式叫作减色法。墨水从白光中"减去"红色、绿色和蓝色,白光"减去"红色留下青色,白光"减去"绿色留下洋红色,白光"减去"蓝色留下黄色。

在RGB的加色模式中,白色是所有主要彩色光的"添加"组合,而黑色没有光。在CMYK模式中,它是相反的,白色是纸张或其他背景的自然色,而黑色是由彩色墨水的完整组合产生的。为了节省墨水成本并产生更深的黑色调,使用黑色墨水代替由青色、品红色和黄色的组合产生的暗色。

③HSB颜色模式。HSB颜色模式是RGB颜色模式的替代表示,H(Hue)为色相,S(Saturation)为饱和度,B(brightness)为亮度。HSB模式中,S和B的数值越大,颜色饱和度和明度越高,颜色表现为明亮艳丽。

④Lab颜色模式。Lab颜色模式由L(Luminosity,亮度)以及两个颜色轴a和b组成。a的颜色范围是从洋红色至绿色,b的颜色范围是从黄色至蓝色,L的取值范围是从0到100。

⑤位图模式。位图模式是只用黑、白两种颜色来表示的色彩模式,所以位图模式也叫作黑白模式。由于只用黑、白两种颜色来表示,在转换为位图模式时会失去很多细节,Photoshop能提供几种算法对失去的细节进行模拟。在分辨率和宽度、高度等同的情况下,因为包含的信息量最少,所以图像也最小。

⑥灰度模式。灰度模式是指用纯白、纯黑以及各种灰色来表示颜色的色彩模式。

灰度仍属于RGB模式的色彩范围,RGB模式的三种颜色各有256个级别,灰度是在RGB的三数值相等的情况下形成的,这种情形的排列组合是256个,灰度数就有256级,即在纯黑和纯白之间还有254种中间趋黑或趋白的灰色。

⑦索引颜色模式。索引颜色模式是常用于网页和动画的一种色彩模式,是采用一个颜色查找表存放并对应图像中的颜色,只使用256种颜色。在Photoshop中,如果图像中的某种颜色没有出现在表中,将以可用的近似颜色取代。

索引颜色模式是一种以有限的方式管理数字图像颜色的技术,可以节省计算机内存和文件存储空间,以及加快显示刷新和文件传输速度。当以这种方式对图像进行编码时,颜色信息不是由图像像素数据直接承载的,而是存储在被称为颜色表的数据中,所以不直接使用原图像像素点颜色信息而使用索引色信息。

⑧双色调模式。双色调模式是指在一个灰度模式图像基础上添加最多4种颜色混合其色阶来组成新图像。由此可创建双色调(2种颜色)、三色调(3种颜色)、四色调(4种颜色),双色调模式通过对色调进行重新编辑而产生特殊效果。采用该模式的主要目的是用尽可能少的颜色表现尽可能多的层次,这样能减少印刷成本,因为在印刷中每增加一种颜色需更大的成本。

(2)图像分辨率。图像分辨率通常是指位图图像在单位尺寸内所显示的像素数,通常以每英寸拥有的像素数表示,即PPI(Pixel Per Inch)。图像分辨率与图像的质量成正比,分辨率越高,图像包含的像素点数越多,图像也就越清晰,同时文件数据也会越大;相反会降低图像质量。

一般情况下,用于显示器显示的图像,如网页中的图像,其分辨率可以设置为72ppi,这样可以保持与显示器的PPI相近;如果图像用于印刷,则质量要求较高,其分辨率可以设置为150~300ppi或更高,以保证印刷出来的图像较清晰。

(3)图形图像文件格式。

①CDR格式。CDR是CorelDraw软件的文件格式。CorelDraw是由Corel公司开发和销售的矢量图形编辑软件,主要用于广告、印刷、出版、书籍排版、插画制作和多媒体图形制作处理等。

②AI格式。AI格式是Adobe Illustrator的一种专有的文件格式。Adobe Illustrator是由Adobe公司开发的矢量图形处理工具,跟CorelDraw软件的功能类似。

③BMP格式。BMP格式是Microsoft Windows系统中标准图像文件格式,也被称为位图图像文件,用于存储位图的数字图像。BMP格式文件能够以各种颜色深度存储单色和彩色的二维数字图像,除了图像深度外,不采用压缩,所以BMP文件很大,不适合需要传输的Web页。

④JPEG格式。JPEG格式是一种常用的有损压缩的数字图像格式。JPEG(Joint Photographic Experts Group)是联合图像专家组的缩写,JPEG文件的扩展名通常为jpg或jpeg。

可以调整JPEG图像的压缩程度,允许在存储大小和图像质量之间进行选择。JPEG格式文件通常使用10:1压缩比,图像质量几乎没有明显损失。

JPEG是数码相机和其他摄影图像捕捉设备使用的最常见图像格式,同时JPEG也是在万维网上存储和传输的图像的最常见格式。

JPEG支持的最大图像尺寸为65535×65535像素,因此宽、高比为1:1时数据存储量最高可达4千兆字节。

⑤GIF格式。GIF（Graphics Interchange Format）的实际意思是图像交换格式，GIF格式是一种位图图像格式，已在万维网上得到广泛使用。

该格式支持每个图像最多256种颜色，允许单个图像引用自己的颜色表（索引颜色模式）。它还支持动画，并允许每帧包含最多256种颜色的单独颜色表。这些限制使得GIF不太适合再现彩色照片和其他具有色彩渐变的图像，但它非常适合较简单的图像，如具有单色区域的图形或徽标。使用Lempel-Ziv-Welch（LZW）无损数据压缩技术压缩GIF图像，可以减少文件大小而不降低视觉质量，这种压缩技术于1985年获得专利。1994年软件专利持有者Unisys和CompuServe之间的许可协议的争议刺激了便携式网络图像（PNG）标准的发展。

⑥PNG格式。PNG（Portable Network Graphics）是一种无损压缩位图格式，是为增加GIF文件格式不具备的特性而创建的。它也在万维网上得到了广泛使用。

PNG支持24位RGB颜色或32位RGBA颜色，支持灰度图像（带或不带透明度的alpha通道）。PNG设计用于在Internet上传输的图像而不是专业质量的打印图像，因此不支持CMYK等非RGB色彩空间。

⑦TIFF格式。TIFF（Tagged Image File Format）的意思是标记图像文件格式，TIFF格式是基于标记的相对复杂的位图图像文件格式，用于对图像质量要求较高的图像存储和转换。

TIFF格式最初由Aldus公司和微软公司一起为PostScript打印而开发，经过发展，TIFF格式在扫描、传真、文字处理、光学字符识别、图像处理、桌面排版和页面布局等应用程序中广泛使用。

⑧PSD格式。PSD格式是Photoshop文件的默认文件格式，意思是"Photoshop Document"，是Photoshop的源文件格式。PSD文件存储图像，支持Photoshop中可用的大多数成像选项，包括含有蒙版、透明度、文本、Alpha通道和专色、剪切路径和双色调设置等的图层。PSD文件的最大高度和宽度都为30000像素，存储限制为2千兆字节。

7.3 音频处理软件——GoldWave

7.3.1 软件简介

GoldWave软件是一个功能比较强大的数字音频编辑软件，具有播放、录制、编辑音频以及转换音频格式等功能。GoldWave支持多种音频格式，能从CD、VCD、DVD等视频中提取声音。

GoldWave的界面如图7-1所示。刚打开GoldWave时，许多按钮、菜单都不能使用，需要新建或打开一个声音文件方能使用。

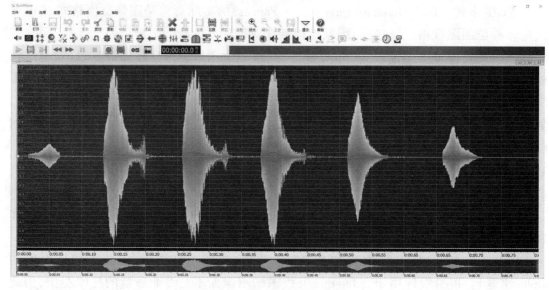

图 7-1　GoldWave 软件的界面

7.3.2　录制声音

（1）选择"文件"菜单中的"新建"选项，选择"工具"菜单中的"控制器"选项，如图 7-2 所示。

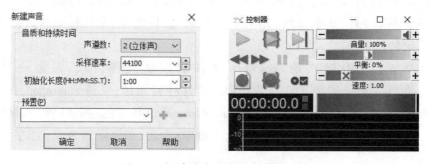

图 7-2　新建声音文件和控制器面板

（2）单击控制器面板上的目标 打开控制器属性对话框，可以设置录音方式、音量、波形图、播放方式及声音设备。如果在"录音"选项中选择"无限制"选项，则录制声音时将不受时间限制。单击控制器面板上的红色录音按钮则开始通过麦克风获取音频信息。

（3）单击控制器面板上的暂停录音按钮 ▮▮ 可暂停录音，再次单击录音按钮可继续录音，单击停止录音按钮 ▪ 则录音结束，单击播放按钮 ▶ 可播放录制的声音。录制完一段音频后，可以通过使用鼠标左键确定起始点和鼠标右键设置结束标记来进行选择性编辑。

（4）选择"文件"菜单中的"另存为"选项，选择文件格式，即可保存录制好的声音。

7.3.3 提取 CD 中的音频

(1)将 CD 放入计算机光驱中。

(2)选择"工具"菜单中的"CD 读取器"选项,如图 7-3 所示。

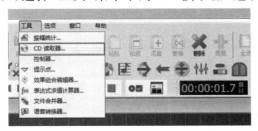

图 7-3 CD 读取器

(3)在 CD 读取器面板上的"选择 CD 驱动器"中选择光盘地址,在读取的音频列表中选取需要的音轨(文件名称)。

(4)单击 CD 读取器面板下方的"保存"按钮,设置保存路径、类型和属性,即可保存提取的音频。

7.3.4 提取视频中的音频

(1)选择"文件"菜单中的"打开"选项或单击"打开"按钮,找到一个视频文件并打开。GoldWave 不显示视频效果,只显示视频文件中的音频的波形。

(2)选择"文件"菜单中的"另存为"选项,在"保存声音为"对话框中选择保存的路径、设置文件名称并选择保存类型,单击"保存"按钮(图 7-4),即可保存提取的音频。

图 7-4 保存视频中提取的音频

7.3.5 转换音频格式

(1)打开要转换的文件,如将 bird.wav 转换为 bird.mp3。

(2)选择"文件"菜单中的"另存为"选项,在打开的对话框中选择保存路径、设置文件名称并选择保存类型为 MP3,单击"保存"按钮,即可实现音频格式的转换。

(3)批量转换。

①选择"文件"菜单中的"批处理"选项,在"批处理"对话框中单击右侧的"文件"按钮,从计算机中按住 Ctrl 键或 Shift 键选择多个音频文件(可选择多种格式),如图 7-5 所示。

②在"批处理"对话框中打开"转换"选项卡并选择"转换文件格式为"选项,选择要转换的类型后再打开"目标"选项卡,确认要保存的路径后单击"开始"按钮。

图7-5　转换音频格式

7.3.6　音频剪辑

(1)打开要剪辑的音频文件。交替按空格键在播放和暂停之间进行切换,可以一边听一边根据下面的时间轴选择剪切范围,可以通过使用鼠标左键确定起始点和鼠标右键设置结束标记来确定选择范围。

(2)按"Ctrl+C"组合键将选择范围中音频复制到剪贴板中,然后新建一个声音文件,按"Ctrl+V"组合键将选择范围中音频粘贴到新建文件中。

(3)在新建文件中没有波形的区域单击并向左拖动选择所有没有波形的区域,然后按Delete键删除所有没有波形的区域。

(4)选择"文件"菜单中的"保存"选项,在打开的对话框中选择保存路径、设置文件名称并选择保存类型,单击"保存"按钮。效果如图7-6所示。

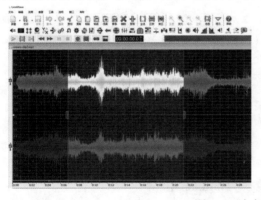 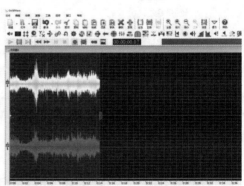

图7-6　音频剪辑效果

7.3.7　降噪处理

(1)打开要进行降噪处理的音频文件,选择要进行降噪处理的范围,并将要进行降噪处理的波形拷贝到剪贴板中准备作为样本处理。

（2）按"Ctrl+A"组合键选择所有要进行降噪处理的音频文件的全部波形，执行"效果"→"过滤器"→"降噪"命令，在"降噪"对话框中选择"使用剪贴板"选项（意思是用剪贴板中音频作为样本），设置区域的"FFT大小""重叠"和"比例"分别为14、8x和70，如图7-7所示。

（3）进行降噪处理后声音变小，执行"效果"→"音量"→"匹配音量"命令，在"匹配音量"对话框中可将"预置"设为"默认"，然后单击"确定"按钮。

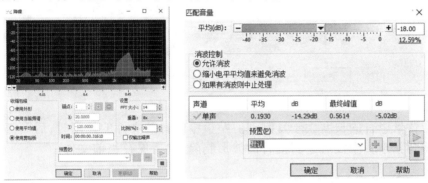

图7-7　音频降噪处理

7.3.8　伴奏制作

（1）打开要去掉人声制作为伴奏的音频，执行"效果"→"立体声"→"消减人声"命令，在"消减人声"对话框中将"声道消去音量"设为10，将"带阻滤波音量和范围"设为-10，然后单击"确定"按钮，如图7-8所示。

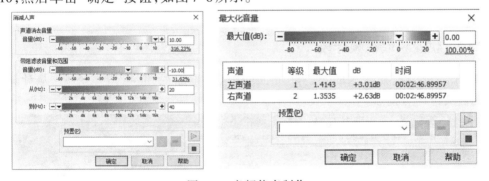

图7-8　音频伴奏制作

（2）再执行两次"消减人声"命令，若一次将"带阻滤波音量和范围"设置得很小，则容易造成声音失真，因此可先将其设置得较大，然后多执行几次"消减人声"命令，逐渐将其减小。多次执行"消减人声"命令后，整体声音会变小。

（3）执行"效果"→"音量"→"最大化音量"命令，在"最大化音量"对话框中保持默认设置不变，单击"确定"按钮。

7.3.9　声音合成

（1）打开将要添加到背景上的主体音频文件作为当前文件，全选波形并将波形复制到剪贴板中。

（2）打开将要作为背景声音的文件作为当前文件，执行"编辑"→"混音"命令，在"混音"对话框中将"音量"设为12.00，可以单击"混音"对话框中播放按钮 ▶ 预听混音效果，然后单击"确定"按钮，如图7-9所示。

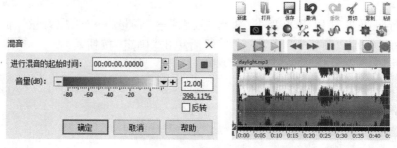

图7-9　声音合成

（3）当背景声音的长度大于复制到剪贴板中的音频文件的长度时，后面部分将不参与混音，将背景声音中没有进行混音的波形删除，然后保存当前文件。

7.4　视频处理软件——爱剪辑

7.4.1　软件简介

爱剪辑软件是一款流行的简单易用、功能强大的免费视频剪辑软件，由爱剪辑团队根据中国人的使用习惯创作而成。软件界面如图7-10所示。

7.4.2　快速获取视频片段

（1）添加视频。在默认的"视频"界面中单击"添加视频"按钮，从计算机中打开视频文件即可播放，如图7-10所示。

图7-10　软件界面

（2）获取中间片段。按"Ctrl+E"组合键打开时间轴（或者拖动视频播放器上的时间轴），先单击选择要截取视频的起点时间，接着单击"预览/截取"对话框（图7-11）中开始时间: `00:00:00.000` ⟳右侧的按钮获取起点时间，再向右单击选择要截取视频的结束时间，最后单击图7-11中结束时间: `00:00:28.288` ⟳右侧的按钮获取终点时间。单击"播放截取的片段"按钮可以预览截取的片段，单击"确定"和"导出视频"按钮即可保存已截取的视频片段。

图7-11　获取视频片段

（3）获取两端片段。添加视频并载入"已添加片段"区，单击播放区下方的向下箭头或按"Ctrl+E"快捷键打开时间轴，使用"+"键可以放大时间轴，使用"-"键可以缩小时间轴，使用"上下方向"键可以逐帧选取视频画面，使用"左右方向"键可以以5秒的范围选取视频画面。单击选择要分割视频的时间位置点后，再单击时间轴中的 ⊗剪刀按钮或"已添加片段"区下方的剪刀按钮，或按"Ctrl+K"快捷键和"Ctrl+Q"快捷键都可以将视频从分割点剪开。在"已添加片段"区删除不要的视频片段部分并导出，即可获取想要的视频片段部分。

7.4.3　修改视频中的声音

如果视频是多音轨的视频，在界面的中间位置可以找到"声音设置"区，在"声音设置"区的"使用音轨"下拉菜单中可以选择音轨，可以选择"消除原片声音"选项。在"声音设置"区中还可以对"原片音量""头尾声音淡入淡出"选项进行设置，如图7-12所示。

图7-12　声音设置

7.4.4　剪去视频中某段

（1）删除两端片段。添加视频并载入"已添加片段"区，打开时间轴，选择要剪切的时间点位置，将视频从分割点剪开，在"已添加片段"区选择一个视频片段并删除，如

图7-13所示。或者通过设置"预览/截取"对话框中的开始时间点和结束时间点来删除前面或后面片段,删除前面片段时把起始点移到前面片段时长处,删除后面片段时把结束点移到后面片段起点处。

(2)删除中间片段。添加视频并载入"已添加片段"区,打开时间轴,选择中间视频段的起点并单击剪刀按钮剪切,再选择中间视频段的终点并单击剪刀按钮剪切,回到"已添加片段"区删除中间视频片段,导出剩余视频并保存。

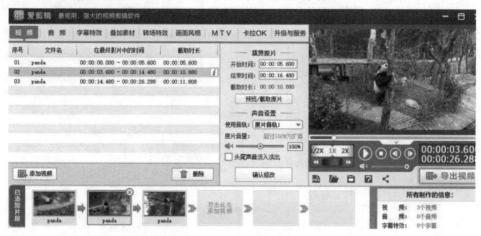

图7-13　剪去视频中某段

7.4.5　在视频中添加音频

(1)添加音频。在软件中添加视频后,打开"音频"菜单,单击"添加音频"按钮,可以选择"添加音效"或"添加背景音乐"选项,如图7-14所示。

(2)修改和删除。在音频列表中选择要修改的音频,在音频列表右边,可以设置"音频在最终影片的开始时间"和"裁剪原音频"的开始时间和结束时间,也可以在"预览/截取"对话框中预览所截取的音频片段。在音频列表中选择要删除的音频并单击"删除"按钮即可删除音频。

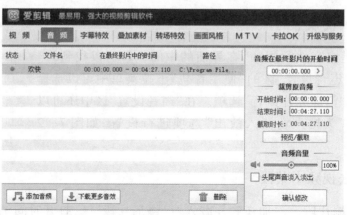

图7-14　添加音频

7.4.6 在视频中添加字幕

打开"字幕特效"菜单,在右侧的视频时间进度条上选择要添加字幕的时间位置点,双击视频区并在"输入文字"对话框中输入文字,在"顺便配上音效"下方选择为字幕匹配的音效。在界面左侧还可以设置字幕显示特效,如图7-15所示。

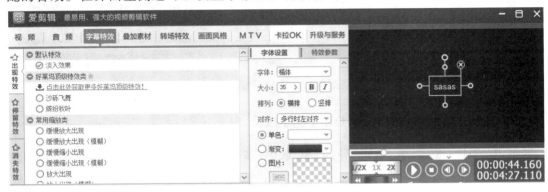

图 7-15　添加字幕

7.4.7 在视频中添加图片

打开"叠加素材"菜单,在右侧的视频时间进度条上选择要添加图片的时间位置点,双击视频区并在"选择贴图"对话框中添加图片,在"顺便配上音效"下方选择为图片匹配的音效。在界面左侧还可以设置图片的显示特效,如图7-16所示。

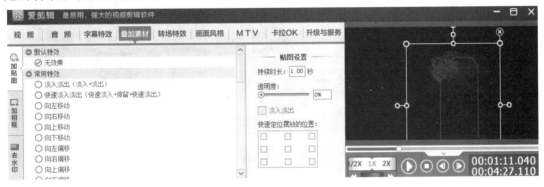

图 7-16　添加图片

7.4.8 在视频中添加转场特效

转场特效是为了使不同场景间的片段衔接、过渡自然,而且能实现一种特殊的视觉效果。如需在两个片段间添加转场特效,则选择后面的片段为其添加转场特效。选择后面的片段在转场特效列表中选择转场特效,在右侧"转场设置"中设置"转场特效时长",最后单击下方的"应用/修改"按钮,如图7-17所示。

图7-17　添加转场特效

7.4.9　在视频中添加卡拉 OK 字幕特效

打开"卡拉OK"菜单，单击"导入KSC歌词"按钮，可选择下载KSC歌词文件，也可选择导入KSC歌词文件。在歌词列表右边，可以设置歌词的显示效果，如图7-18所示。在"特效参数"中可以设置扫字特效和起唱图案。如果KSC歌词和音频不一致，需要将歌词延后，可以在"特效参数"的"时间设置"的"延后"中设置延后的时间长度值。

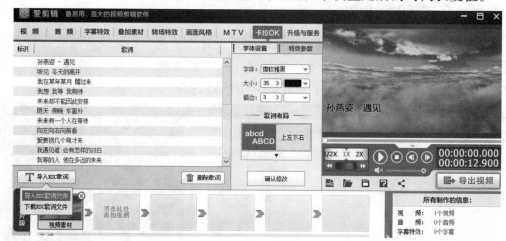

图7-18　添加卡拉 OK 字幕特效

7.5　图像处理软件——Adobe Photoshop

7.5.1　软件简介

Adobe Photoshop 常简称为"PS"，是由 Adobe Systems 公司开发和推出的功能强大的专业图像处理软件。Adobe Photoshop 主要处理位图图像，界面如图7-19所示。

图 7-19 Photoshop 软件的界面

7.5.2 新建和打开文件

(1)新建文件。选择"文件"菜单下的"新建"选项,或按"Ctrl+N"快捷键,打开"新建文档"对话框,在左侧可选择新建特定属性的图像,在右侧可设置图像的相关属性,包括宽度、高度、分辨率、方向、颜色模式和背景内容等。如果新建图像用于网页,分辨率常设置为72ppi(像素/英寸);如果新建图像用于印刷,分辨率通常设置为300ppi(像素/英寸)。在"打印"菜单中可选择常用文件尺寸,如A4尺寸。

(2)打开文件。选择"文件"菜单下的"打开"选项,或按"Ctrl+O"快捷键,或在界面中文件区域外黑色区域双击,都可打开文件,如图7-20所示。

7.5.3 使用 Photoshop 绘图

(1)使用选区工具绘制图形。确认已选择"窗口"菜单下的图层面板,双击新建文件产生的一个背景图层,在打开的对话框中单击"确定"按钮,让默认锁定的背景图层变为可编辑图层,或者在图层面板中新建一个图层,然后在新图层中操作。接着单击左边工具栏中第二个工具图标(矩形选区工具),在新建文件中拖动鼠标画出矩形选区。在左边工具栏下方单击由两个小方块叠加在一起的图标的前一个图标(即选择一种前景色作为填充颜色),使用左边工具栏中的油漆桶工具进行颜色填充(或者按"Alt+Delete"组合键)。使用选区工具在选区外单击可清除选区,使用工具栏中的第一个工具(移动工具)可以移动当前图形。

(2)使用钢笔工具绘制图形。选择左边工具栏中的"钢笔工具",在新建图层上单击并拖动鼠标画出想要的图形,然后单击起始点封闭图形。在右键菜单中选择"建立选区"选项,在建立的新选区中选择前景色进行填充,如图7-21所示。

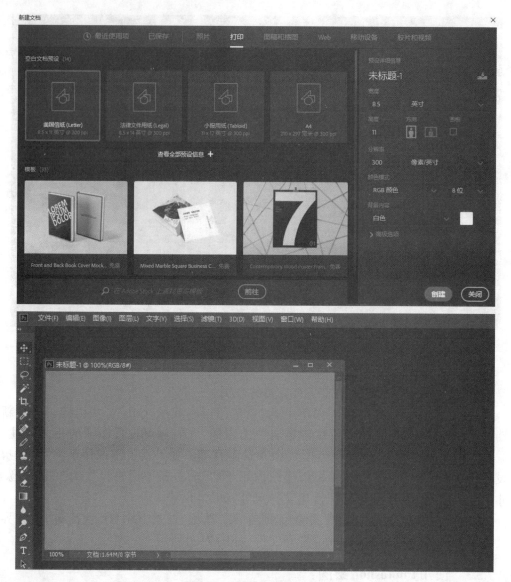

图 7-20 新建和打开文件

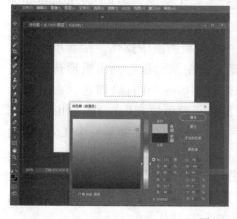 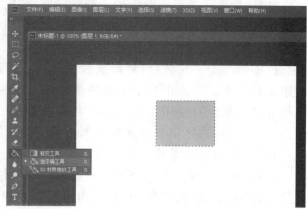

图 7-21 使用 Photoshop 绘图

7.5.4 图像大小和形状编辑

（1）图像大小编辑。选择"图像"菜单中的"图像大小"选项，在"图像大小"对话框中可以任意设置图像的宽度、高度和分辨率等。单击左边工具栏中的裁剪工具图标 ，可以对图像进行任意剪裁，如图7-22所示。

（2）图像形状编辑。选择"编辑"菜单中的"变换"选项，可以对图像进行任意形状变换。

图7-22　图像大小和形状编辑

7.5.5 图像色彩调整

（1）选择"图像"菜单中的"调整"选项，可以对图像的亮度/对比度、曝光度、色相/饱和度和色彩平衡等色彩属性进行调整，如图7-23所示。

图7-23　图像色彩调整

（2）选择"图层"面板中的"不透明度"属性，可以设置图像的不透明度。如果有两个图层，Photoshop可以用不同的计算方法将上层颜色与底层颜色进行混合而得出新的颜色。打开一个图像并复制该图像的图层，按住Alt键向下拖动未被锁定的图层即可复制图层。选择上面的图层并设置如"颜色加深""强光"等混合模式可以得到不同的特殊的图像色彩效果。

7.5.6　使用Photoshop滤镜

Photoshop滤镜主要用来实现图像的各种特殊效果，Photoshop滤镜具有一些神奇的作用，Photoshop滤镜操作简单，只需要执行该滤镜的相应命令即可。执行"滤镜"→"风格化"→"油画"命令产生的画面效果如图7-24所示。

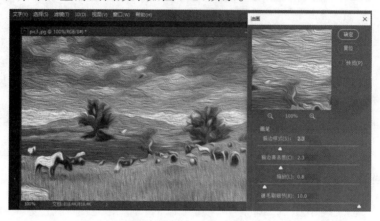

图7-24　Photoshop滤镜

7.5.7　图像合成

图像合成是Photoshop图像处理中非常重要且常用的功能。

（1）抠图。打开一个需要去掉背景的主体图像，如果背景为单色，可以使用工具栏中的魔棒工具■快速抠图。使用魔棒工具在单色背景上单击即可选取单色背景区域，然后选择"选择"菜单中的"反选"选项或按"Shift+Ctrl+I"快捷键反选图像主体部分，再按顺序使用"Ctrl+X"（剪切）键、"Ctrl+N"（新建文件）键、Enter（确定）键和"Ctrl+V"（粘贴）键将图像主体部分复制到新建文件的新图层上，此时图像的主体部分和背景是分离的，图像主体部分可以任意移动，如图7-25所示。

（2）添加文字。选择左边工具栏中的文字工具■，在图层面板最上面新建一个图层或用文字工具在图像上单击生成一个新图层，在最上面新建的图层中输入想要的文字，然后从"窗口"菜单中调出字符面板，在字符面板中可以对文字的样式进行任意修改。

（3）合成。打开一个需要与主体图像合成的背景图像文件，将前面抠出的主体图像拖到背景图像中，调整主体图像的大小和位置，如果需要重复主体图像，可以按住Alt键拖动复制主体图像，使用"Ctrl+T"快捷键可以调整每个主体图像的大小和方向，通过图层面板还可以调整主体图像的透明度，使用"Ctrl+U"快捷键可以调出"色相/饱和度"对话框,在该对话框中可以对每个主体图像的颜色进行调整,最后保存为后缀名为jpg的图像文件即可。

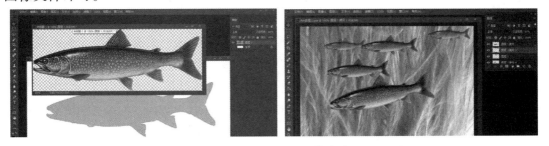

图7-25 Photoshop图像合成

7.6 动画制作软件——Flash（Animate CC）

7.6.1 软件简介

Flash最初是Macromedia公司的二维矢量动画设计和编辑软件,后由Adobe公司收购。2015年12月,Adobe将Flash Professional CC 2015改名为Animate CC,缩写为An。Animate CC软件的界面如图7-26所示。

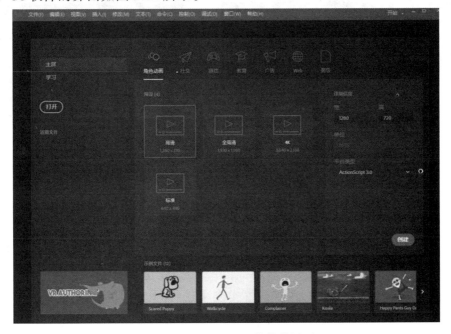

图7-26 Animate CC软件的界面

7.6.2 绘制模式

（1）合并绘制。使用软件默认状态下的合并绘制模式,绘制出的图形如果发生重叠,图形会自动合并,移动上方的图形会改变下方的图形的形状。选择右侧工具栏中的"椭圆工具",工具栏左侧会有属性栏与之对应,在属性栏设置笔触颜色、形状和填充颜色后即可在工作区(场景)绘制一矩形。在工具栏中选择第一个工具"选择工具",即可对所绘图形进行选取、移动、变形等操作。在合并绘制模式下绘制的图形,不同颜色的图形重叠时上方的图形会吃掉下方与之重叠的图形,相同颜色的图形重叠时会融合在一起,即被合并。在合并绘制模式下绘制的图形,可以通过按"Ctrl+G"(组合)快捷键生成独立的对象,也可以通过单击属性栏中的创建对象按钮■转换为对象绘制的状态,还可以通过按"Ctrl+B"(分离)快捷键返回到未组合状态,如图7-27所示。

(2)对象绘制。单击工具栏最下方的对象绘制图标■(或在绘图工具对应的属性栏中单击此图标),可将当前合并绘制模式转换为对象绘制模式。在对象绘制模式下绘制的图形是一个独立的对象,发生重叠时互不影响,不会发生合并,但同样可以使用"选择工具"对图形进行选取、移动、变形等操作。在对象绘制模式下绘制的图形,可以通过按"Ctrl+B"(分离)快捷键返回到默认状态(合并绘制的图形)。

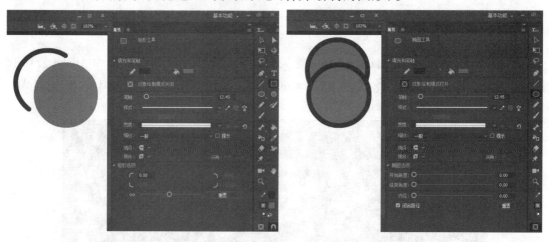

图7-27　图形绘制模式

7.6.3　动画元件

(1)Animate CC软件有三种类型的元件:影片剪辑、按钮和图形元件。元件是构成动画的基本元素,元件存在库中,并且可以重复使用。影片剪辑元件可以创建一个动画片段,图形元件是能反复使用的静止图形,按钮元件用于创建动画的交互控制按钮。

(2)创建影片剪辑元件。选择"文件"菜单中的"新建"选项新建一个场景,选择"插入"菜单中的"新建元件"选项,在对话框类型中选择"影片剪辑"选项。使用椭圆工具绘制一个球形,在"边线颜色选择"对话框中关闭边线,在"颜色填充"对话框中选择球形填充,接着在影片剪辑元件区按住Shift键画一个正圆。影片剪辑元件可以创建一个独立的动画元件,在主场景时间轴中只占有一帧的位置,影片剪辑元件时间轴与主场景时间轴相对独立。如图7-28所示。

图 7-28 创建影片剪辑元件

7.6.4 传统补间动画

（1）Animate CC 可以创建两种类型的补间动画：传统补间和补间动画。传统补间是指在 Flash CS3 或更早版本中使用的补间，在 Animate 软件中予以保留，主要是用于过渡目的。传统补间动画的两个关键帧之间的插补帧是由计算机自动计算而得到的。补间动画是一种使用元件的动画。

（2）使用上面创建的圆球影片剪辑元件，从"视图"菜单中打开"标尺"，从标尺中拉出辅助线，确定圆球的圆心坐标位置。在时间轴的大概 20 帧处右击，然后选择"插入关键帧"选项，在关键帧处将圆球移到下面。在第一帧或中间帧处右击，然后选择"创建传统补间"选项，向后在大概 40 帧处再插入关键帧，在关键帧处将圆球移到初始位置，再右击，然后选择"创建传统补间"选项。在工作区左上角单击场景回到场景区，在右侧从"库"面板中将刚创建的动画元件拖到场景区，即可完成一个上下运动的球动画，按"Ctrl+Enter"快捷键可以测试动画。将文件另存为 fla 格式文件（Flash 源文件），选择"文件"菜单中的"发布"选项，即可将源文件输出为同名网页文件和 swf 文件（发布后的 Flash 专用格式文件），在已安装 flash player 插件的情况下，通过网页文件就可以浏览此 Flash 动画文件。如图 7-29 所示。

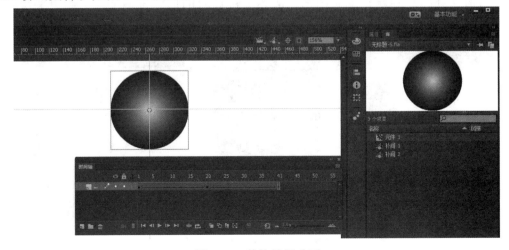

图 7-29 传统补间动画

7.6.5 运动补间动画

（1）创建 bird 图形元件。新建一个动画场景，执行"文件"→"导入"→"导入到舞台"命令，将准备好的鸟图像导入场景，再执行"修改"→"变形"→"任意变形"命令，按住Shift 键对鸟图像进行按比例缩小。选择鸟图像，通过右键菜单将其转换为图形元件，命名为 bird。

（2）创建运动补间动画。选择图像或者点选时间轴第一帧，从右键菜单中选择"创建补间动画"选项，然后将鼠标指针放在时间轴上的结束帧处，当鼠标指针变为双向箭头时可以通过拖动鼠标改变动画补间范围。这时鼠标指针仍停留在结束帧处，移动飞鸟图像到目标位置即可生成补间动画的运动轨迹，默认为直线，如图 7-30 所示。

（3）调整路径。使用"选择工具"和"部分选取工具"以及"锚点工具"可以对飞行路径进行任意修改。

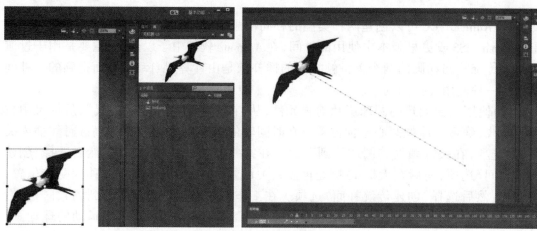

图 7-30 运动补间动画

7.6.6 形状补间动画

（1）形状补间动画就是动画图形从起始关键帧时的形状逐渐变化为结束关键帧时的另一种形状，Animate CC 自动计算补充中间的过渡帧，如图 7-31 所示。

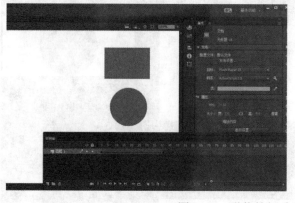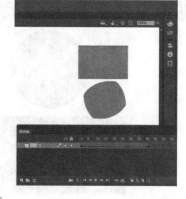

图 7-31 形状补间动画

（2）新建一个场景，在场景中绘制一个矩形并填充颜色。在时间轴上大概40帧处通过右键菜单插入关键帧，选择该关键帧，在场景中绘制一圆形并填充颜色。点选第一帧或中间某帧，通过右键菜单选择"创建补间形状"选项，即可完成一个从矩形到圆形转换的动画。

7.6.7　逐帧动画

（1）逐帧动画就是组织好每帧的画面，然后逐帧播放产生动画。制作逐帧动画需要将每个帧都定义为关键帧，每个关键帧存放不同的内容，通过连续播放而形成动画。

（2）新建一个场景，将准备好的鱼动画素材通过执行"文件"→"导入"→"导入到库"命令导入元素库。将第一张鱼图f1.png从库中拖到场景中，这时候时间轴的第一帧自动转为关键帧，选择图片并在图片的属性面板中记下当前图片的位置和大小属性值。

（3）在时间轴的第二帧处插入关键帧（可以通过右键菜单或按F6键插入关键帧），删除第二帧处的第一张鱼图，然后再从库中拖出第二张鱼图到场景中。依此类推，将12张不同状态的鱼图放到对应的关键帧上，注意每张鱼图的大小和所在的位置相同。

（4）在时间轴的下方单击"播放"按钮即可预览效果，也可按"Ctrl+Enter"快捷键查看动画输出效果。如果希望更改播放的速度，可以按"Ctrl+J"快捷键打开"文档设置"对话框，在"文档设置"对话框中可以修改帧频。如图7-32所示。

图7-32　逐帧动画

● 课 后 练 习 ●

(1)简述多媒体技术的基本特点和关键技术。

(2)什么是数字媒体和融媒体？

(3)结合实际情况说明多媒体技术的主要发展方向及应用。

(4)简述位图和矢量图的区别和优缺点。

(5)简述常见音频和视频的文件格式及其应用。

(6)如何使用 GoldWave 对音频进行剪辑？

(7)如何使用爱剪辑创建卡拉 OK 视频效果？

(8)如何在 PhotoShop 中调整图像的大小和分辨率？

(9)如何制作 Flash 运动补间动画、传统补间动画和形状补间动画？

第 8 章

算机网络基础

通过本章的学习,应掌握以下内容:
- 计算机网络的基本概念
- 计算机网络的硬件组件
- 计算机网络协议
- 无线网络的基本概念
- 移动通信及移动互联网

通信技术和计算机技术的结合促进了计算机通信与计算机网络的发展,计算机通信与计算机网络既有密切的联系,又有各自的侧重点。与计算机系统类似,计算机网络也由硬件(网络设备)和软件(网络协议)两部分组成。计算机网络的发展日新月异,从有线网络到无线网络,从2G到5G,期间也伴随着移动互联网、物联网的蓬勃发展。

8.1　计算机网络概述

8.1.1　计算机网络的基本概念

要理解计算机网络,就先要知道什么是网络,一般把若干"元件"通过某种手段连接在一起就称为网络。被连接的"元件"不同,所构成的网络也不同。例如,连接电话交换机就构成电话交换网络,连接发电系统就构成输电、配电网络,连接计算机就构成计算机网络。

计算机网络是指将地理位置不同的具有独立功能的多台计算机及其外部设备,通过通信线路连接起来,在网络操作系统、网络管理软件及网络通信协议的管理和协调下,实现资源共享和信息传递的计算机系统。

网络的规模可大可小,最小的计算机网络就是用双绞线(交叉线)将两台计算机通过网卡进行连接,如图8-1所示。双绞线的长度一般限制在100米之内,这种方式一般用于两台本地计算机之间交换数据。最大的网络就是当前我们使用的Internet,它由成千上万台电脑组成,遍布全世界。

图 8-1　线缆直接连接计算机

8.1.2　计算机网络的分类

计算机网络根据不同的属性有不同的分类方法,最常见的是按照网络覆盖的地理范围进行分类。

计算机网络按照其覆盖的地理范围进行分类,可以很好地反映不同类型网络的技术特征。由于网络覆盖的地理范围不同,它们所采用的传输技术也不同,因而形成了不同的网络技术特点与网络服务功能。

按照网络覆盖的地理范围进行分类,计算机网络可以分为局域网(LAN)、城域网(MAN)、广域网(WAN)和互联网(Internet)四种类型。

(1)局域网。局域网(Local Area Network,LAN)用于将有限范围内(如一个实验室、一幢大楼、一个校园)的各种计算机、终端与外部设备互联成网。局域网按照采用的技术、应用范围和协议标准的不同又可以分为共享局域网和交换局域网。局域网技术发展非常迅速,应用也日益广泛,它是计算机网络中最活跃的领域之一。

局域网的主要特点如下:

①网络覆盖的地理范围较小,一般从几十米到几十千米。

②传输速率高,目前已达到10Gbps。

③误码率低。

④拓扑结构简单,常用的拓扑结构有总线型、星型和环型等。

⑤局域网通常归属于一个单一的组织管理。

(2)广域网。广域网(Wide Area Network,WAN)是在一个广阔的地理区域内进行数据、语音、图像信息传送的通信网。广域网通常能覆盖一个城市、一个地区、一个国家、一个洲,甚至全球。广域网一般由中间设备(路由器)和通信线路组成,其通信线路大多借助于一些公用通信网,如PSTN、DDN、ISDN等。广域网的作用是实现远距离计算机之间的数据传输和资源共享。

广域网的主要特点如下:

①覆盖的地理区域大,通常从几千米到几万千米,网络可跨越市、地区、省、国家、州,甚至覆盖全球。

②广域网连接常借用公用通信网。

③传输速率一般在64Kbps~2Mbps之间。随着广域网技术的发展,传输速率也在不断提高,目前通过使用光纤介质以及采用POS、DWDM、万兆以太网等技术,广域网的传输速率最高可达几十Gbps。

④网络拓扑结构比较复杂。

(3)城域网。城域网(Metropolitan Area Network,MAN)是一种大型的LAN。它的覆盖范围介于局域网和广域网之间,一般是一个城市。城域网的设计目标是满足几十千米范围内大量企业、机关、公司等多个局域网互联的需求,以实现大量用户之间数据、语音、图形与视频等多种信息传输的功能。目前城域网的发展越来越接近局域网,通常采用局域网和广域网技术构成宽带城域网。

LAN 与 WAN 的比较如表 8-1 所示。

表 8-1　LAN 与 WAN 的比较

内　　容	LAN	WAN
范围概述	较小范围计算机通信网	远程网或公用通信网
网络覆盖的范围	20 千米以内	几千米到几万千米,可跨越国界和洲界
数据传输速率	1Mbps～16Mbps～10Gbps	9.6Kbps～2Mbps～45Mbps,10Gbps
传输介质	有线介质:同轴电缆、双绞线、光缆 无线介质:微波、卫星	有线或无线传输介质和公用数据网: PSTN、DDN、ISDN、光缆、卫星、微波
信息误码率	低	高
拓扑结构	简单、总线型、星型、环型、网状	复杂、网状
用户安全	各单位专用	无政府状态

(4)互联网。互联网又称为 Internet,是全球计算机网络的集合,这些网络共同协作,使用通用标准来交换信息。Internet 用户可以通过电话线、光缆、无线传输和卫星链路等,以各种形式交换信息。Internet 是由无数个网络构成的网络,它将世界各地的用户连接在一起。2018 年,互联网用户数突破 40 亿大关。

8.1.3　计算机网络的拓扑结构

在仅由几台计算机组成的简单网络中,所有组件的连接方式都一目了然。但随着网络的扩大,跟踪各组件的位置及其与网络的连接方式的难度也随之增大,这时候就需要创建物理拓扑图来记录各台主机的位置及其与网络的连接方式。

网络的物理拓扑定义了网络的结构,即用传输媒体连接各种设备的物理布局。常用的网络拓扑结构如下:

(1)总线型。总线型拓扑结构采用一条单根的通信线路(总线)作为公共的传输通道,所有的节点都通过相应的接口直接连接到总线上,并通过总线进行数据传输,如图 8-2 所示。

(2)环型。在环型拓扑结构中,各个网络节点通过环节点连接在一条首尾相接的闭合环状通信线路中。环节点通过点到点链路连接成一个封闭的环,每个环节点都有两条链路与其他环节点相连,如图 8-3 所示。

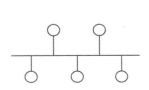

图 8-2　总线型拓扑

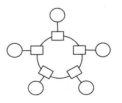

图 8-3　环型拓扑

（3）星型。在星型拓扑结构中，每个节点都由一条点到点链路与中心节点相连，任意两个节点之间的通信都必须通过中心节点，并且只能通过中心节点进行通信，如图8-4所示。

（4）树型。树型拓扑结构是从总线型和星型演变而来的。它有两种类型：一种是由总线型拓扑结构派生出来的，它由多条总线连接而成，传输媒体不构成闭合环路而是分支电缆；另一种是星型拓扑结构的扩展，各节点按照一定的层次连接起来，信息交换主要在上、下节点之间进行。在树型拓扑结构中，顶端有一个根节点，它带有分支，每个分支还可以有子分支，其几何形状像一棵倒置的树，故得名树型拓扑结构，如图8-5所示。

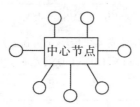

图8-4　星型拓扑

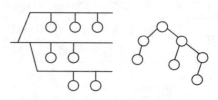

图8-5　树型拓扑

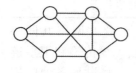

图8-6　网状拓扑

（5）网状。网状拓扑结构又称完整结构。在网状拓扑结构中，网络节点与通信线路互相连接成不规则的形状，节点之间没有固定的连接形式。一般每个节点至少与其他两个节点相连，也就是说每个节点至少有两条链路连到其他节点，如图8-6所示。

8.2　计算机网络的组件

组建一个网络所需要的硬件叫作网络的组件。通常一个网络的基本组件包括传输介质、网卡、交换机和路由器。

8.2.1　传输介质

（1）双绞线。双绞线是网络中最常用的电缆类型之一。如图8-7所示，电线以两根为一组绞合在一起以减少干扰，"双绞线"由此得名。双绞线一般由两根22～26号绝缘铜导线相互缠绕而成，线对中两根线有不同的颜色，以便识别它们，通常在线对中，一根电线是纯色，另外一根为白底的同色条纹。实际使用时，双绞线电缆是将多对双绞线一起包在一个绝缘电缆套管里。现代以太网技术通常使用双绞线（更准确地说是非屏蔽双绞线）来连接设备。

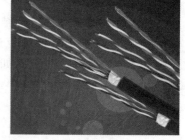

图8-7　双绞线

（2）同轴电缆。同轴电缆通常由铜或铝制成，电缆中有两个同心导体，而导体和屏蔽层又共用同一轴心。如图8-8所示，在里层绝缘材料的

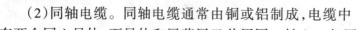

外部是另一层环形导体及其绝缘体,然后整个电缆由聚氯乙烯或特氟纶材料的护套包住。常用的同轴电缆主要有两类,即50Ω基带电缆和75Ω宽带电缆。75Ω同轴电缆常用于有线电视安装,50Ω同轴电缆主要用于数字信号传输。

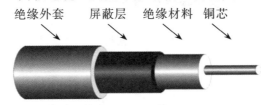

绝缘外套　屏蔽层　绝缘材料　铜芯

图8-8　同轴电缆

(3)光纤。光纤的材质可以是玻璃或塑料。如图8-9所示,光纤由3个同心圆分别组成纤芯、包层和护套。每一路光纤包括两根,一根用于接收,一根用于发送。虽然光纤直径仅有人类的头发丝粗细,但带宽非常高,可以允许用户传输大量的数据。光纤主要用于主干网络、大型企业以及大型数据中心。

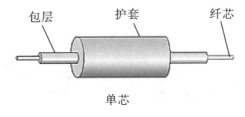

包层　　　　护套　　　　纤芯

单芯

图8-9　光纤

8.2.2　网卡

网卡(图8-10)能让计算机与本地网络中的其他系统交换信息。根据网络速度和所采用的联网技术可确定需要的网卡类型。目前最常用的联网技术就是以太网,以太网网卡通常带RJ-45接头,可通过它连接到本地网络,它的主要技术参数是带宽速度,有100Mbps、1000Mbps等类型。

图8-10　网卡

8.2.3　交换机

交换机是一种基于MAC地址识别,能完成封装转发数据包功能的网络设备,如图8-11所示。交换机对于第一次发送到目的地址不成功的数据包会再次对所有节点同时发送,企图找到这个目的MAC地址,找到后就会把这个地址重新添加到自己的MAC地址列表中,这样下次再发送到这个节点时就不会发错。

图 8-11　交换机

8.2.4　路由器

路由器是一种连接多个网络或网段的网络设备,它能将不同网络或网段之间的数据信息进行"翻译",以使它们能够相互"读懂"对方的数据,从而构成一个更大的网络。它与前面所介绍的交换机不同,它不是应用于同一网段的设备,而是应用于不同网段或不同网络之间的设备,属于网际设备,如图 8-12 所示。路由器之所以能在不同网络之间起到"翻译"的作用,是因为它不再是一个纯硬件设备,而是具有相当丰富路由协议的软、硬结构设备。

图 8-12　路由器

8.3　TCP/IP 协议

简单来说,协议就是计算机之间通过网络实现通信时事先达成的一种"约定";这种"约定"使那些由不同厂商的设备、不同的 CPU 及不同的操作系统组成的计算机之间,只要遵循相同的协议就可以实现通信。协议有很多种,每一种协议都明确界定了它的行为规范:两台计算机之间只有支持相同的协议,并且遵循相同的协议进行处理,才能实现相互通信。

8.3.1　OSI 模型

计算机通信诞生之初,系统化与标准化未受到重视,不同厂商都组建自己的网络来实现通信,这对用户使用计算机网络造成了很大障碍,缺乏灵活性和可扩展性。为解决该问题,ISO(国际标准化组织)制定了一个国际标准 OSI 模型(开放式通信系统互联参考模型)。

OSI 模型共有 7 层,各层的功能如表 8-2 所示。

表 8-2　OSI 模型中各层的功能

分层	分层名称	功　能	功能概览
7	应用层	针对特定应用的协议	针对每个应用的协议 电子邮件 ←→ 电子邮件协议 远程登录 ←→ 远程登录协议 文件传输 ←→ 文库传输协议
6	表示层	设备固有数据格式和网络标准数据格式的转换	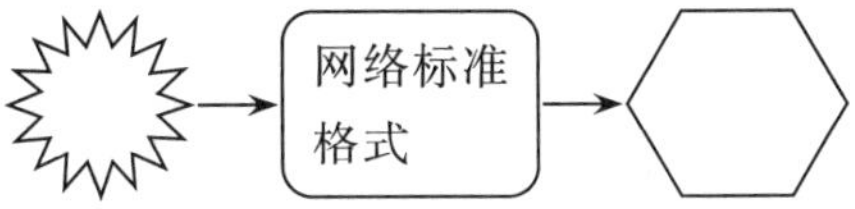 网络标准格式 接收不同表现形式的信息,如文字流、图像、声音等
5	会话层	通信管理,负责建立和断开通信连接(数据流动的逻辑通路)	何时建立连接、何时断开连接以及保持多久的连接? 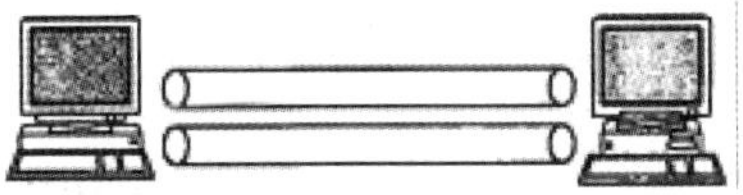
4	传输层	管理两个节点之间的数据传输,负责可靠地传输(确保数据被可靠地传送到目标地址)	是否有数据丢失? 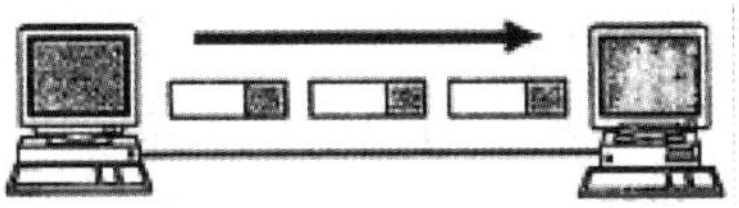
3	网络层	地址管理与路由选择	经过哪个路由传递到目标地址? 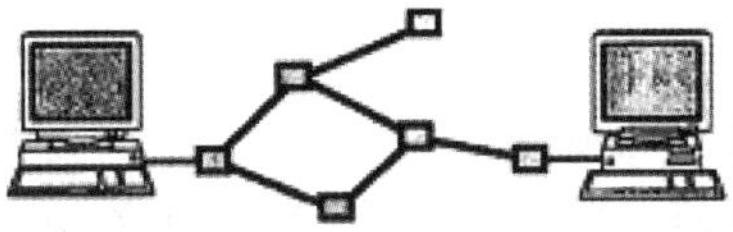
2	数据链路层	互联设备之间传送和识别数据帧	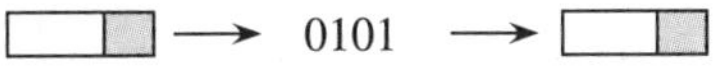 0101 数据帧与比特流之间的转换 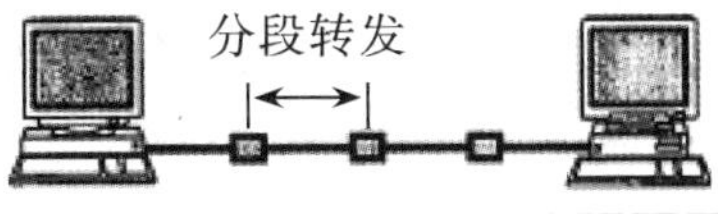 分段转发
1	物理层	以"0""1"代表电压的高低、灯光的闪灭,界定连接器和网线的规格	 0101 → 0101 比特流与电子信号之间的切换 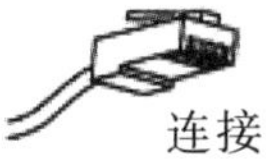 连接器与网线的规格

8.3.2　TCP/IP 协议

TCP/IP 协议可以看作简化的 7 层 OSI 模型,它起源于美国国防部的 ARPANET 项目。TCP/IP 协议与 7 层 OSI 模型的对应关系如图 8-13 所示。

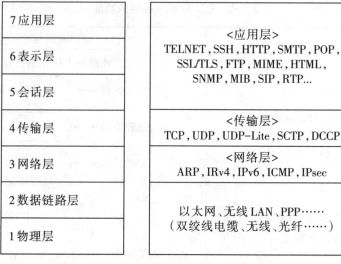

图8-13　TCP/IP协议与7层OSI模型的对应关系

8.3.3　IP地址和子网掩码

IP地址就是为每个连接到Internet上的主机分配的一个32位二进制地址。每个IP地址长32比特，8比特换算成1个字节，IP地址就是4个字节。而采用二进制形式的IP地址既不便于书写也不便于记忆，因此IP地址常被人们编写成熟悉的十进制形式，中间用符号"."分开不同的字节。所以我们经常看到的IP地址表示就是"191.168.1.1"这种类型，这种表示法叫作"点分十进制表示法"。

例如，"00000101　00011000　11000000　00000011"使用点分十进制法可表示为"5.24.192.3"。

IP地址一般分为两部分，分别是网络地址和主机地址。网络地址代表该IP地址在哪个网络，主机地址是该主机在本网段的编号。子网掩码（subnet mask）用来指明一个IP地址的哪些位标识的是主机所在的子网，以及哪些位标识的是主机的位掩码，和IP地址一样也是32位。子网掩码不能单独使用，它都和IP地址一起出现。子网掩码1的位数代表对应的IP地址的网络地址，0的位数代表对应的IP地址的主机地址。例如，IP地址"192.168.0.1"，子网掩码"255.255.255.0"转换成二进制为"11111111.11111111.11111111.00000000"，代表对应的IP地址的前24位为网络地址，后面8位为主机地址，也可以写成"192.168.0.1/24"。

8.3.4　常用应用层协议

应用层协议（application layer protocol）定义了运行在不同端系统上的应用程序进程如何相互传递报文。

（1）HTTP。超文本传输协议（Hypertext Transfer Protocol，HTTP）是互联网上应用最广泛的一种网络协议。1960年美国人Ted Nelson构思了一种通过计算机处理文本信息的方法——超文本（hypertext），这就是HTTP超文本传输协议架构发展的根基。该协议是基于C/S(服务器和客户端)请求和应答模式的应用层协议。客户端是终端用户,一般是操作系统里面的各种浏览器,服务器端是网站。HTTP是一个基于TCP/IP通信协议从万维网(WWW:World Wide Web)服务器传输超文本(HTML文件、图片、查询结果等)到本地浏览器的传送协议。

浏览器的地址栏里输入的网站地址称为统一资源定位符URL(Uniform Resource Locator)。URL用来定位互联网上资源的位置和访问方法,是互联网上每个资源的标准地址。例如,成都东软学院官方网站上计算机科学与工程系页面的URL为http://web.nsu.edu.cn/webpage/164f435a-6bc6-4aa5-a6be-cb44f2cdd119.asp,代表该网页资源保存在web.nsu.edu.cn(域名)对应的IP地址的电脑的webpage文件夹里面,页面文件为164f435a-6bc6-4aa5-a6be-cb44f2cdd119.asp,访问方式为HTTP。

(2)FTP。文件传输协议(File Transfer Protocol,FTP)是互联网上进行文件传输的一种网络协议。该协议也是基于C/S(服务器和客户端)请求和应答模式的应用层协议。

用户通过一个支持FTP协议的客户端(常见浏览器和资源管理器都可以),连接到远程主机上的FTP服务器。FTP主要将文件从一台计算机传送到另一台计算机,不受两台计算机操作系统的限制,文件可以以ASCII、二进制两种方式保存。

在Windows操作系统中,通常都安装了TCP/IP协议软件,其中就包含了FTP客户程序。但是该程序是命令行界面的,而非图形化界面,对于普通用户来说操作很不方便。常见浏览器和资源管理器也可以充当FTP协议的客户端,用户只需在地址栏中输入"ftp://[用户名:口令@]ftp服务器域名"格式的URL地址,就可以访问FTP服务器了。

(3)DNS。尽管通过IP地址可以唯一确定网络中的某一主机,进行资源访问,但是IP地址不太方便记忆,因此又给主机起了一个名字,这就是域名系统(Domain Name System,DNS),由它来提供IP地址和主机名之间的映射信息。域名由若干个英文字母和数字组成,由"."分割成几部分,具有一定的层次关系。

例如,www.nsu.edu.cn就是成都东软学院的域名。CN为一级域名,代表国家(这里代表中国);EDU是两级域名,代表域名性质(这里代表教育和科研机构);NSU是三级域名,是成都东软学院向相关机构申请的域名。

8.4 无线网络

8.4.1 无线网络概述

除大多数常用的有线网络外,还有各种不需要有线电缆就可以进行信息传输的网络,即无线网络。

无线网络的范围比较广,既包括允许用户建立远距离无线连接的全球语音和数据网络及卫星网络,也包括为近距离无线连接进行优化的红外线技术、射频技术及无线局域网技术。无线技术使用电磁波在设备之间传输信息。具有不同的波长和频率的电磁频谱有不同的能量范围,如表8-3所示。

表8-3　电磁频谱

波长/米	伽马射线	X射线	紫外线	可见光	红外线	雷达	电视和FM广播	短波	Am广播
能量范围	$10^{-14}\sim10^{-12}$	$10^{-12}\sim10^{-10}$	$10^{-10}\sim10^{-8}$	$10^{-8}\sim10^{-6}$	$10^{-6}\sim10^{-4}$	$10^{-4}\sim10^{-2}$	$10^{-2}\sim1$	$1\sim10^2$	$10^2\sim10^4$

光谱中波长在0.76～400微米之间的一段称为红外线（IR），红外线是不可见光线。在现代电子工程应用中，红外线常常被用作近距离视线范围内的通讯载波，最典型的应用就是电视机的遥控器。无线通信大部分使用的频段在红外线以外，波长比红外线长。这些频段的波可以穿透墙壁和建筑物，传输距离更远。射频（RF）是Radio Frequency的缩写，表示可以辐射到空间的电磁频率，频率范围在300kHz～30GHz之间。

不同频段的波用途也不一样，如表8-4所示。其中，音频使用300～3400Hz频段；我国公共调频广播使用87～108MHz频段；无线电话一般使用902～928MHz频段；GPS一般使用1.575/1.227GHz频段；IEEE 802.11B/G/N以及蓝牙和无绳电话使用2.400～2.4835GHz频段；IEEE 802.11A使用5.725～5.850GHz频段。

表8-4　用于通信的无线频段

波名称	符　号	频　率	波　段	主要用途
特低频	ULF	300～3000Hz	特长波	音频300～3400Hz
甚低频	VLF	3～30KHz	超长波	海岸潜艇通信；远距离通信；超远距离导航
低频	LF	30～300KHz	长波	越洋通信；中距离通信；地下岩层通信；远距离导航
中频	MF	0.3～3MHz	中波	船用通信；业余无线电通信；短波通信；中距离导航
高频	HF	3～30MHz	短波	远距离短波通信；国际定点通信
甚高频	VHF	30～300MHz	米波	人造电离层通信（30～144MHz）；对空间飞行体通信
超高频	UHF	0.3～3GHz	分米波	手机（900MHz），GPS（1.575/1.227GHz），无线局域网（2.4GHz）
特高频	SHF	3～30GHz	厘米波	数字通信；卫星通信；国际海事卫星通信（1500～1600MHz）
极高频	EHF	30～300GHz	毫米波	波导通信

8.4.2　Wi-Fi

所谓Wi-Fi，其实就是IEEE 802.11的别称。它是一种短程无线传输技术，能够在数百英尺范围内支持互联网接入的无线电信号。随着技术的发展，以及IEEE 802.11a及IEEE 802.11g等标准的出现，现在IEEE 802.11已被统称作Wi-Fi。实际上Wi-Fi是无线局域网联盟（WLANA）的一个商标（图8-14），该商标仅保障使用该商标的商品相互之间可以合作，与标准本身实际上没有关系。该商标由Wi-Fi联盟（Wi-Fi Alliance）所持有，目的是改善基于IEEE 802.11标准的无线网络产品之间的互通性。

图8-14　Wi-Fi商标图标

802.11 为 IEEE 于 1997 年公告的无线区域网络标准,适用于有线站台与无线用户或无线用户之间的沟通联结。

随着无线网络的应用,802.11 家族不断壮大,出现了更多的标准,从 1997 年至今已经走到了第六代。从 802.11 开始,后面通过加字母的方式,扩展了多个标准,包含从 a 至 z 的大部分字母。现在常见的是 802.11ac,简称为 Wi-Fi 5。2018 年确定 Wi-Fi 6 的标准为 802.11ax。

802.11 体系结构的组成包括无线站点 STA(station)、无线接入点 AP(access point)、独立基本服务组 IBSS(independent basic service set)、基本服务组 BSS(basic service set)、分布式系统 DS(distribution system)和扩展服务组 ESS(extended service set)。

一个无线站点 STA 可以是包含无线网卡和无线客户端软件的任何设备,如 PDA、笔记本电脑、台式 PC、打印机、投影仪和 Wi-Fi 电话等,但通常由一台 PC 机或笔记本电脑和一块无线网卡构成。大多数能够连接到有线网络的设备,在配置适当的无线网卡和软件后都能充当 STA。AP 是(Wireless)Access Point 的缩写,即(无线)访问接入点。

8.4.3　蓝牙

蓝牙是一种支持设备短距离通信的无线电技术,能在包括移动电话、PDA、无线耳机、笔记本电脑、相关外设等众多设备之间进行无线信息交换。蓝牙标志如图 8-15 所示。蓝牙技术能够有效地简化移动通信终端设备之间的通信,也能够成功地简化设备与因特网之间的通信,从而数据传输变得更加迅速高效,为无线通信拓宽道路。

图 8-15　蓝牙标志

蓝牙这个名称来自 10 世纪丹麦的一位国王。这位国王原名为哈罗德(Harald Blatland),因为喜欢吃蓝梅,牙龈每天都是蓝色的,所以后来被人们称为蓝牙(Bluetooth)。蓝牙国王将现在的挪威、瑞典和丹麦统一起来,奠定了未来丹麦、挪威两国近千年联合的基础。开创蓝牙技术研究先河的是北欧的两家著名公司——爱立信和诺基亚,为了突出他们是北欧公司,他们将这项技术起了蓝牙这个名字,并且暗含了该国王的口齿伶俐、善于交际就如同这项即将面世的技术,技术被定义为允许不同工业领域之间协调工作,保持各系统领域之间良好交流。

蓝牙无线技术是一种短距离通信系统,主要特点在于功能强大、耗电量低以及成本低廉。蓝牙工作在全球通用的 2.4GHz 的 ISM(即工业、科学、医学)频段,使用 IEEE 802.15 协议。

蓝牙技术采用跳频扩展技术(FHSS),跳频速率为每秒 1600 次。由于在蓝牙的工作频段上还有一些其他的无线设备(802.11b/g、微波炉、无绳电话等),为了避免干扰蓝牙采用了 AFH(Adaptive Frequency Hopping)自适应调频技术。AHF 技术通过检测在 2.4GHz 频段的其他设备来避免使用相同的频段。在 2.4GHz 的 ISM 频带上设立 79 个带宽为 1MHz 的信道,用每秒钟切换 1600 次的频率的跳频(Hobbing)扩展技术来实现信息的收发。

红外线通信只能支持点到点的通信,蓝牙技术可以支持点到点和点到多点的通信。多个蓝牙设备可以组成一个短距离的 AD-HOC 网络,即微微网(piconet)。微微网的建立是由两台设备(如便携式电脑和蜂窝电话)的连接开始,最多由8台设备构成(实际互联的设备是没有限制的,只是只能激活8台)。多个微微网可以同时存在于一个区域,每个网络使用不同的物理频段。在TDMA的基础上,每个设备可以同一个时间属于不同的微微网。

蓝牙技术联盟于2010年6月30日正式推出蓝牙核心规格4.0版本(称为Bluetooth Smart),它包括经典蓝牙、高速蓝牙和低功耗蓝牙。其中,低功耗蓝牙能在移动设备上以低耗电方式待机,从而能长时间处于可连接状态。

蓝牙技术联盟于2016年6月16日发布新一代蓝牙技术标准,即蓝牙5.0版本。蓝牙5.0版本比以前的版本拥有更快的传输速度(新版本的蓝牙传输速度上限为24Mbps)和更远的传输距离(有效距离可达300米),并且有导航和一些物联网功能。蓝牙5.0版本的功耗大大降低,并有了更好的传输功能。2019年1月29日,蓝牙技术联盟正式公布了蓝牙5.1版本。

8.5　移动通信网络

8.5.1　蜂窝网络体系结构

蜂窝组网是指移动网的组网形状像蜂窝一样。蜂窝技术把一个地理区域分成若干个小区,称作"蜂窝"(即Cell),蜂窝技术因此而得名。手机(或移动电话)均采用这项技术,因此常常被称作蜂窝电话(Cellular Phone)。将一个大的地理区域分割成多个"蜂窝"的目的,是充分利用有限的无线传输频率。为了使更多的会话能同时进行,蜂窝系统给每一个"蜂窝"(即每一个小的区域)分配了一定数额的频率。不同的蜂窝可以使用相同的频率,这样有限的无线资源就可以充分利用了。

如图8-16所示,六边形在三种几何形状当中具有最大的中心间隔和覆盖面积,而重叠区域的宽度和重叠区域的面积又最小,所以小区都采用正六边形结构,形成蜂窝状分布。这意味着对于同样大小的服务区域,采用正六边形构建小区所需的小区数最少,因此所需的频率组数最少,各基站间的同频干扰也最小。

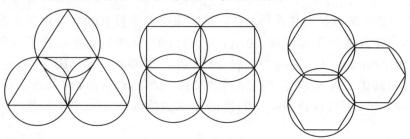

图8-16　不同形状覆盖比较

8.5.2 第一代和第二代移动通信技术

第一代移动通信技术（1G）是指最初的模拟、仅限语音的蜂窝电话标准，制定于20世纪80年代。Nordic移动电话（NMT）就是这样的一种标准。第一代移动通信主要采用的是模拟技术和频分多址（FDMA）技术。由于受到传输带宽的限制，不能进行移动通信的长途漫游，只能是一种区域性的移动通信系统。第一代移动通信有多种制式，我国主要采用的是TACS。第一代移动通信有很多不足之处，如容量有限、制式太多、互不兼容、保密性差、通话质量不高、不能提供数据业务和不能提供自动漫游等。

与第一代模拟蜂窝移动通信相比，第二代移动通信系统采用了数字化，具有保密性强、频谱利用率高、能提供丰富的业务、标准化程度高等特点，使得移动通信得到了空前的发展，从过去的补充地位跃居通信的主导地位。我国以前应用的第二代蜂窝系统为欧洲的GSM系统以及北美的窄带CDMA系统。

8.5.3 第三代移动通信

CDMA（Code Division Multiple Access）又称码分多址，是第三代移动通信网络的主要技术。相对于GSM网络，CDMA网络有准确的时钟、通信抗干扰、信息传输迅速、覆盖率高、连通率高、辐射小、覆盖面积大等优势，这些都是GSM网络所不具备的。它能够处理图像、音乐、视频流等多种媒体形式，提供包括网页浏览、电话会议、电子商务等多种信息服务。为了提供这种服务，无线网络必须能够支持不同的数据传输速度，也就是说在室内、室外和行车的环境中能够分别支持至少2Mbps（兆字节/每秒）、384kbps（千字节/每秒）以及144kbps的传输速度。国际电信联盟（ITU）在2000年5月确定W-CDMA（欧洲主导）、CDMA2000（美国主导）和TD-SCDMA（中国主导）三大3G标准，并写入3G技术指导性文件《2000年国际移动电信计划》（简称IMT-2000）。目前中国使用的标准为：移动为TD-SCDMA，联通为W-CDMA，电信为CDMA2000。

8.5.4 第四代移动通信技术

4G是第四代移动通信及其技术的简称，是集3G与WLAN于一体并能够传输高质量视频图像且图像传输质量与高清晰度电视不相上下的技术产品。4G系统能够以100Mbps的速度下载，上传的速度也能达到20Mbps，并能够满足几乎所有用户对于无线服务的要求。2012年1月，国际电信联盟正式审议通过中国主导制定的TD-LTE和FDD-LTE同时并列成为4G国际标准。

2018年7月，工信部公布的《2018年上半年通信业经济运行情况》报告显示，4G用户总数达到11.1亿，占移动电话用户总数的73.5%。

8.5.5 第五代移动通信技术

5G是第五代移动通信及其技术的简称，5G网络是第五代移动通信网络，其峰值理论传输速度可达每秒数十吉字节，比4G网络的传输速度快数百倍。举例来说，一部1G超高画质电影可在3秒之内下载完成。

　　华为公司在2016年的5G短码讨论方案中,以极化码(Polar Code)拿下5G时代的话语权。2018年6月,3GPP全会(TSG#80)批准了第五代移动通信技术标准(5G NR)独立组网功能冻结。加之2017年12月完成的非独立组网NR标准,5G已经完成第一阶段全功能标准化工作,进入了产业全面冲刺新阶段。2018年12月7日,工业和信息化部许可中国电信、中国移动、中国联通自通知日至2020年6月30日在全国开展第五代移动通信系统试验。

　　随着5G技术的诞生,用智能终端分享3D电影、游戏以及超高画质(UHD)节目的时代正向我们走来。

8.6　移动互联网

8.6.1　移动互联网概述

　　将移动通信和互联网结合起来,就是移动互联网。与传统的移动通信业务和物联网业务相比较,移动互联网业务可以"随时、随地、随心"地享受互联网业务带来的便捷,还表现在更丰富的业务种类、个性化的服务和更高服务质量的保证等方面。

　　2007年,Apple公司推出以因特网为基础的智能手机iPhone,促进人类进入移动互联网时代。2010年4月,Apple公司又推出了新一代平板电脑iPad,成为移动互联网业务的一个革命者。

　　2007年,Android操作系统以开源项目形式正式发布。2010年年末,Android成为全球最受欢迎的智能手机平台。

　　智能手机结合操作系统和良好的用户体验、内容生态,超越了传统的手机系统,实现了时代的标志性变迁。现在可以使用手机来进行交流、WEB浏览,微信和微博的全民化更是移动互联网时代的重要标志。4G和5G时代的开启以及物联网移动终端设备的凸现为移动互联网的发展注入了巨大的能量。

8.6.2　移动互联网发展现状

　　2011年中国移动互联网用户规模达到4.3亿人,未来移动互联网用户可能会超过PC用户。2011年也是中国移动互联网蓬勃发展的一年,越来越多的企业和商家加入移动互联网领域。

　　在手机领域,移动、联通和电信三大运营商积极布局智能终端操作系统生态。

　　Google收购摩托罗拉移动公司,成为系统、应用和硬件设备整合提供的综合服务商。而诺基亚与微软则合作推出Windows Phone。

　　在互联网领域,2011年新浪、阿里巴巴、百度、腾讯等网络巨头均推出了深度定制自身业务的手机终端,如阿里巴巴与天宇朗通联合推出了阿里云手机,盛大创新院推出了基于Android系统的盛大手机,新浪推出了一款与新浪微博紧密结合的智能手机。

电子商务方面,2011年淘宝宣布推出无线淘宝开放平台。随着手机支付瓶颈的不断突破,移动电子商务的发展前景也越来越广阔。

华为、中兴、联想等厂商也在移动互联网时代改变自己传统的电信硬件思维,与各大运营商合作,推出了千元智能手机。以小米科技公司为代表的国产手机厂商则以互联网思维打造自有品牌手机,推出手机硬件、系统和应用的产品组合,向苹果模式看齐。

截至2014年4月,我国移动互联网用户总数达8.48亿,在移动电话用户中的渗透率达67.8%;手机网民规模达5亿人,占网民总数的八成多,手机保持第一大上网终端地位。我国移动互联网发展进入全民时代。

8.6.3 移动互联网应用技术

智能手机(Smartphone)是指"像个人电脑一样,具有独立的操作系统,可以由用户自行安装软件、游戏等第三方服务商提供的程序,通过此类程序不断对手机的功能进行扩充,并可以通过移动通信网络来实现无线网络接入的这样一类手机"的总称。世界上公认的第一部智能手机IBM Simon(西蒙)诞生于1993年,它由IBM与BellSouth合作制造。

在智能手机上目前有三个主流的操作系统,分别是iOS、Android和Windows Phone。iOS是由苹果公司开发的手持设备操作系统。苹果公司最早于2007年1月9日在Macworld大会上公布这个系统,应用在iPhone、iPod touch、iPad以及Apple TV等苹果产品上。Android操作系统最初由Andy Rubin开发,2005年由Google收购注资,2007年正式发布,2011年第一季度Android在全球的市场份额跃居全球第一位。中国的大部分智能手机厂商使用的都是开放式的Android操作系统。

APP是应用程序Application Program的简称,由于智能手机的流行,现在的APP多指第三方智能手机的应用程序。各种丰富多彩的APP使移动互联网应用的领域越来越广泛。

智能可穿戴设备是指可以直接穿在用户身上或是整合到用户的衣服或配件上的一种便携式智能设备。它不仅仅是一种硬件功能设备,更可以通过软件支持以及数据交互、云端交互来实现强大的功能。2012年因谷歌眼镜的亮相,被称作"智能可穿戴设备元年"。目前常见的智能产品有手表、鞋类、眼镜、头盔、服装、书包、拐杖、配饰等。

8.6.4 移动互联网发展趋势

中国作为拥有最多互联网用户和智能手机用户的国家,已经成为最大的移动互联网市场。4G网络、5G网络和各种智能终端的共同发展,使得移动通信能与互联网优势融合,催生移动互联网。

未来智能手持终端的用户比例将不断增高,相信不久就会超越PC终端用户数量。同时,智能终端的普及使得台式机、笔记本电脑与移动终端的界限越来越模糊,许多以前只能在台式机或笔记本中实现的功能已经越来越多地可以在智能移动终端上实现了。

手机视频创新了多媒体业务,未来也将得到更大的应用。广电媒体的加入也会更好地促进多媒体业务的发展。与传统互联网模式相比,移动互联网同样对搜索的需求量非常大,移动搜索和移动信息的收集仍然将是移动互联网的主要应用。随着电子书和众多网络写手的出现,手机阅读业务也会拥有良好的用户基础。和 PC 游戏一样,随着越来越多游戏厂商的加入,移动游戏市场发展空间巨大。

正如英特尔在 IDF 提倡的:"人之云和物之云,万众接云到万物接云",就是把互联网当成物联网的中心,手机与任何电脑设备一样,仅是一个客户端的角色,未来所有的东西,如手机、电脑、相机、手表、汽车、家居、医疗等,都能变成互联设备,加入移动互联网。

● 课 后 练 习 ●

(1)什么是 Internet?它提供了哪些服务?哪些服务是我们经常使用的?

(2)Internet 的连接方式有哪几种?

(3)域名解析服务的功用是什么?

(4)你平时使用最多的搜索引擎是哪个?说说你喜欢的理由。

第9章 商务智能与大数据

学·习·导·读

通过本章的学习,应掌握以下内容:

- 了解商务智能技术
- 了解商务智能应用
- 了解商务智能在零售行业中的新发展
- 了解大数据技术
- 了解商务变革中的大数据
- 了解大数据安全

商务智能是深化组织信息化的重要工具,它的出现为企业决策层提供了决策分析与风险规避的工具,为组织提供了资源优化与价值评价的平台,为组织信息化提供了从运营层向决策层发展的支撑,而大数据作为传统数据库、数据仓库以及商务智能概念外延的扩展、手段的扩充,获得了各界更多的关注,产生了更多的视角,解决了更多的问题,也进一步推动了商务智能的发展,两者相互促进,共同在海量的庞大而繁杂的数据中挖掘出对用户有用的信息,揭示潜藏在数据背后的商机,从而为用户更快更好地做出决策提供帮助。

9.1 商务智能

随着信息技术的迅猛发展,信息数据存储成本不断下降,各行各业的数据正呈现出爆炸式增长,信息化时代已经来临。然而如何充分有效地利用这些数据资产,提炼出有价值的信息、知识,从而挖掘出隐藏于其中的巨大商机,对保证企业在竞争中获胜尤为关键。仅仅依靠传统理念进行业务运营与商务决策将使组织的管理水平远远落后于投资商务智能的组织,商务智能已经成为领先组织与传统组织最突出的差异点。

9.1.1 商务智能概述

追本溯源,目前已公认赫伯特·西蒙对决策支持系统的研究,是现代商务智能最早的源头和起点。此后,1970年,IBM公司的研究员埃德加·科德(Edgar Codd)发明了关系型数据库;1979年,一家以建立决策支持系统为己任,致力于构建单独的数据存储结构的公司Teradata诞生,1983年,该公司利用并行处理技术为美国富国银行建立了第一个决策支持系统;1988年,为解决企业集成问题,IBM公司的研究员Barry Devlin和Paul Murphy创造性地提出了一个新的术语:数据仓库(Data Warehouse);1991年,比尔·恩门(Bill Inmon)出版了《建立数据仓库》一书,他主张由顶至底的构建方法,强调数据的一致性,拉开了数据仓库真正得以大规模应用的序幕;1993年,拉尔夫·金博尔出版了《数据仓库的工具》一书,他主张务实的数据仓库应该由下往上、从部门到企业进行构建,并把部门的数据仓库叫作"数据集市"。因此,很多人把信息系统、管理信息系统(MIS)、决策支持系统(DSS)、数据库技术、数据仓库、数据集市以及数据挖掘等很多概念与商务智能混为一谈。

事实上,商务智能,也称商业智能(Business Intelligence,BI),最早于1996年由美国加特纳集团(Gartner Group)提出,他们认为:商务智能描述了一系列的概念和方法,通过应用基于事实的支持系统来辅助商业决策的制定。商务智能技术提供使企业迅速分析数据的技术和方法,包括收集、管理和分析数据,以及将这些数据转化为有用的信息,然后分发到企业各处。

自加特纳集团提出商务智能这个名词以来,企业界和学术界分别对商务智能的概念提出了不同的说法,迄今为止对商务智能的定义还没有达成共识,这里从企业界和学术界的说法中列举几个比较全面的定义。

IBM的定义(企业界):商务智能是一系列在技术支持下简化信息收集、分析的策略集合。通过使用企业的数据资产来制定更好的商务决策。企业的决策人员以数据仓库为基础,经过各种查询分析工具、联机分析处理或者数据挖掘加上决策人员的行业知识,从数据仓库中获得有利的信息,进而帮助企业提高利润,增加生产力和竞争力。

Business Objects(SAP)的定义(企业界):商务智能是一个介于大量信息基础上的提炼和重新整合的过程,这个过程与知识共享和知识创造密切结合,完成了从信息到知识的转变,最终为商家提供了网络时代的竞争优势和实实在在的利润。

商务智能专家利奥托德(学术界)认为商务智能是指将存储于各种商业信息系统中的数据转换成有用信息的技术。它允许用户查询和分析数据库,可以得出影响商业活动的关键因素,最终帮助用户做出更好、更合理的决策。

国内商务智能专家王茁(学术界)认为商务智能是企业利用现代信息技术收集、管理和分析结构化和非结构化的商务数据和信息,创造和累计商务知识和见解,改善商务决策水平,采取有效的商务行动,完善各种商务流程,提升各方面商务绩效,增强综合竞争力的智慧和能力。

虽然企业界和学术界对商务智能的定义众说纷纭,但是其核心都包含了商务智能是将企业中现有数据转化为知识,帮助企业做出明智的业务经营决策的工具这层意思,而商务智能的实现必然涉及软件、硬件、咨询服务及应用等多个方面,并且除了企业以外,非营利组织(如政府机构等)也需要处理庞大繁杂的数据来满足其受众,因此,把商务智能看作一种解决方案更为恰当。因此,本书将商务智能定义为:从许多来自不同组织运作系统的数据中提取出有用的数据,并进行清理,以保证数据的正确性,然后经过抽取、转换和加载合并到一个组织级的数据仓库,从而得到该组织数据的一个全局视图,在此基础上利用合适的查询和分析工具、联机分析处理工具等对其进行分析和处理,最后将知识呈现给用户,为其决策过程提供支持。

　　商务智能作为一种辅助决策的工具,为决策者提供信息、知识支持,辅助决策者改善决策水平,其主要功能体现如下:

　　(1)数据集成。数据是决策分析的基础。事实上,在多数情况下,决策需要的数据是分散在几个不同的业务系统中的,但为了做出正确的决策,我们需要把零散的数据集成为一个整体。我们需要从组织内部的业务系统和外部的数据源中提取源数据,再经过一定的变换后装载到数据仓库中,从而实现数据的集成。

　　(2)信息展示。信息展示是把收集的数据以报表等形式展现出来,让用户充分了解组织现状、市场情况等,这是商务智能的初步功能。

　　(3)运营分析。运营分析包括运营指标分析、运营业绩分析和财务分析等。运营指标分析是指对组织的不同业务流程和业务环节的指标进行分析;运营业绩分析是指对各部门的营业额、销售量等进行统计,在此基础上进行同期比较分析、应收分析、盈亏分析和各种商品的风险分析等;财务分析是指对利润、费用支出、资金占用以及其他经济指标进行分析,及时掌握企业在资金使用方面的实际情况,调整和降低运营成本。

　　(4)战略决策支持。战略决策支持是指根据组织各战略业务单元的经营业绩和定位,选择一种合理的投资组合战略。由于商务智能系统集成了外部数据,如外部环境和行业信息,各战略业务单元可据此制定自身的竞争战略。此外,组织还可以利用业务运营数据,为营销、生产、财务和人力资源等提供决策支持。

　　可见,商务智能的结构主要由数据仓库环境和分析环境这两部分组成,这就需要商务智能相关技术的支持。

9.1.2　商务智能技术及其应用

　　商务智能作为一套完整的解决方案,它是将数据仓库、联机分析处理和数据挖掘等结合起来应用到商业活动中,从不同的数据源收集数据,经过抽取、转换和加载的过程,送到数据仓库或数据集市,然后使用合适的查询与分析工具、联机分析处理工具和数据挖掘工具等对信息进行再处理,将信息转变为辅助决策的知识,最后将知识呈现于用户面前,以实现技术服务于决策的目的。商务智能主要由数据仓库、联机分析处理和数据挖掘这三种技术构成。

　　(1)数据仓库。数据仓库(Data Warehouse)的概念始于20世纪80年代中期,目前在业内被广泛接受的定义是由号称"数据仓库之父"的比尔·恩门(Bill Inmon)在《建立数据仓库》一书中提出来的,即"数据仓库是在企业管理和决策中面向主题的、集成的、与时间相关的、不可修改的数据集合"。数据仓库用以支持经营管理中的决策制定过程,与传统数据库的面向应用相对应。

　　可以从两个层次来理解数据仓库的概念:首先,数据仓库用以支持决策,面向分析型数据处理,它不同于组织现有的操作型数据库;其次,数据仓库是对多个异构的数据源的有效集成,集成后按照主题进行了重组,并包含历史数据,而且存放在数据仓库中的数据一般不再修改。

　　(2)联机分析处理。联机分析处理(On-line Analysis,OLAP)是与数据仓库技术相伴而发展起来的,作为分析处理数据仓库中海量数据的有效手段,它弥补了数据仓库在直接支持多维数据视图方面的不足。目前关于联机分析处理的概念还没有达成共识，OLAP委员会给出了较为正式和严格的定义：OLAP是一类软件技术，它使分析人员、管理人员或执行人员能够从多种角度对从原始数据中转化出来的、能够真正为用户所理解的并真实反映企业维持性的信息进行快速、一致、交互的存取，以便管理决策人员对数据进行深入观察。

从上述定义可以看出，联机分析处理是根据用户选择的分析角度，快速地从一个维转到另一个维，或者在维成员之间比较，使用户可以在短时间内从不同角度审视业务的状况，以直观的方式为管理人员提供决策支持。

（3）数据挖掘。数据挖掘（Data Mining）一词是在1989年8月于美国底特律市召开的第11届国际联合人工智能学术会议上正式提出的，与知识发现（Knowledge Discovery in Database，KDD）混用。从1995年开始，每年一次的KDD国际学术会议将KDD和数据挖掘方面的研究推向了高潮。从此，数据挖掘一词开始流行。

数据挖掘是指从数据集合中自动抽取隐藏在数据中的那些有用信息的非平凡过程，这些信息的表现形式为：规则、概念、规律及模式等，它可帮助决策者分析历史数据及当前数据，并从中发现隐藏的关系和模式，进而预测未来可能发生的行为。

数据挖掘技术融合了多个不同学科的技术与成果，一开始就是面向应用的，不再是面向特定的数据库进行简单的检索、查询调用，而是对数据进行统计、分析、综合和推理。数据挖掘是一门广义的交叉学科，是多种技术综合的结果，数据挖掘方法由人工智能、机器学习的方法发展而来。

作为商务智能技术的三大支柱，数据仓库、联机分析处理和数据挖掘三者之间存在着千丝万缕的联系。

首先，三者的共同点在于：都是从数据库的基础上发展起来的，都是决策支持技术。其中，数据仓库是利用综合数据得到宏观信息，利用历史数据进行预测；联机分析处理是在关系数据库的基础上发展起来的，其利用多维数据集和数据聚集技术对数据仓库中的数据进行组织和汇总，用联机分析和可视化工具对这些数据迅速进行评价，将复杂的分析查询结果快速地返回给用户，以支持决策；数据挖掘是从数据库中挖掘知识，也用于决策分析。

其次，三者之间也有区别。数据仓库是商务智能的基础，主要用于存储相关数据，属于商务智能数据仓库环境部分，而联机分析处理与数据挖掘都是数据仓库的分析工具，属于商务智能数据分析环境部分。进一步来看，联机分析处理与数据挖掘的区别在于：联机分析处理建立在多维视图的基础上，强调执行效率和对用户命令的及时响应，而且其直接数据源一般是数据仓库；而数据挖掘则建立在各种数据源的基础上，重在发现隐藏于数据深层次的对人们有用的模式并做出有效的预测性分析，一般并不过多考虑执行效率和响应速度。可见，从对数据分析的深度来看，联机分析处理位于较浅的层次，而数据挖掘所处的位置则更深，数据挖掘可以发现联机分析处理不能发现的更复杂而细致的信息。尽管数据挖掘与联机分析处理存在以上差异，但是同作为数据仓库系统的工具层的组成部分，两者是相辅相成的。

由此可见,数据仓库拥有丰富的数据,但只有通过联机分析处理和数据挖掘才能使数据变成有价值的信息。如图9-1所示,企业高管可以通过终端的数据呈现做出及时准确的商业决策,这才能体现出数据仓库辅助决策的功能,否则永远都是数据丰富但信息匮乏。反之,尽管联机分析处理和数据挖掘并不一定要建立在数据仓库的基础上,但数据仓库却能提高两者的工作效率,使之有更大的发展空间。

图9-1 终端的数据驾驶舱示意

从商务智能的技术支持可以看出,商务智能的技术基础是数据仓库、联机分析处理以及数据挖掘,其中数据仓库用来存储和管理数据,其数据从运营层而来;联机分析处理用于把这些数据变成信息,支持各级决策人员进行复杂查询和联机分析处理,并以直观易懂的图表把结果展现出来;而数据挖掘可以从海量数据中提取出隐藏于其中的有用知识,以便做出更有效的决策,提高组织智能。因此,商务智能在组织决策中的运用模型如图9-2所示。

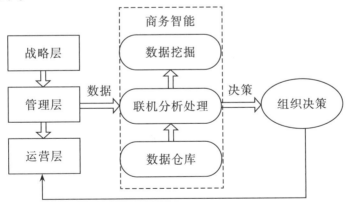

图9-2 商务智能在组织决策中的运用模型

进入21世纪,随着信息化时代的到来,社会组织的内部数据呈现爆炸式的增长趋势,商务智能的应用已不仅仅局限于某一产业、地域或者业务,而是越来越广泛。从图9-2中可以看出,商务智能(BI)能从庞大而又繁杂的业务数据中提炼出有规律的信息、知识,便于决策者针对这些信息和相关情报做出准确的判断,制定合理的战略或策略。因此,BI最适合在具有以下特征的行业中应用:

（1）企业规模大。如电信、银行、证券、保险、航空、石化等，这些行业中的企业往往是航母型的，企业运营资本高、员工多，有很多分公司或子公司分布在不同国家和地区，每天产生的业务数据、往来数据量大、多、杂，绩效管理非常重要。

（2）客户规模大。如电信、银行、保险、航空、零售等，这些行业中的企业的客户基数大，每天新增客户与流失客户也多。稳定客户与流动客户的判定对于企业经营非常重要。

（3）产品线规模大。如制造、零售、物流等，这些行业所涉及的上下游产业链长，并且每天急剧变动的业务数据、财务数据、客户数据等对于产业链的影响大。

（4）市场规模大。如电信、银行、保险、零售、物流、航空等，这些行业的销售额高，用户群大，用户争夺激烈，现金流量的波动对企业的发展非常重要。

（5）信息规模大。如电信、银行、证券、零售、物流、航空、咨询、C2C 或 B2C 企业、网游等，这些行业产生的信息量大、增长快，信息更新换代频繁、时效性强，信息对企业运营的影响力大，有时候甚至会威胁到企业的生存。某些政府部门，如军工、公安、工商、财税、统计、社保、计委、经贸委等，这些部门信息量大，有些信息甚至关系到国计民生，信息的保密性要求高。

有关商务智能的市场分析显示，目前商务智能在全球的应用主要集中在金融、保险、电信、制造、零售等数据密集型行业，但同时也在不断地向新的行业扩展，比如政府、烟草、制药、矿产、能源、网游、生命科学和电子商务等领域。

9.1.3 商务智能在零售行业中的应用

零售行业发展至今，数据瞬息万变，特别是百货商超企业，数据分析越来越复杂。作为数据分析平台的商务智能 BI 系统可以为该行业提供个性化的商务智能解决方案，推动行业长足发展。

零售行业在竞争激烈的市场下，不仅收集的数据越来越细，而且拥有数量庞大的商品、门店、客流等信息，造成数据的清理与分析更为复杂。此外，还有数据统计口径不一致、数据响应不及时等问题。

（1）分析零售行业目前存在的数据统计问题。业务系统各自独立、互不协调，导致很多统计口径和统计指标在不同的系统对不上号。数量庞大的商品、会员、门店、客流等信息，使数据的清理和分析变得更复杂。手工报表耗时费力，无法对业务异常情况做出迅速而精准的应对。由静态数据得来的报表无法给用户带来灵活动态的任意视角的分析。

目前零售行业迫切需要解决的，且商务智能方案又可以针对性地给出方案的问题主要有日常经营分析、顾客关系管理、企业绩效管理、零售管理业务优化等四方面。日常经营分析包括与零售企业日常经营业务密切相关的销售分析、商品分析、财务分析和门店分析等。

（2）商务智能解决方案为百货商超企业带来的解决价值。零售行业变化莫测的市场环境、难以摸透的客户需求以及行业长期存在的数据缺陷等使得其成为商务智能解决方案的服务对象。近年来，商务智能解决方案在百货商超企业的数据分析工作中显现出良好的扶持作用,使得行业巨头及发展型企业也开始尝试实施商务智能项目。那么,应怎样应用商务智能对该行业进行个性化、多角度的数据分析呢? 笔者认为,可以从以下方面努力:

①认识到商务智能的重要性。随着业务的高速增长,零售企业积累了大量的业务数据,管理者必须及时有效地对这些海量的数据进行处理,甚至要从中挖掘出潜在的市场和未来的发展规律或趋势,这时商务智能解决方案就成为零售行业的迫切需求。

②加深对商务智能方案的理解与接受。紧跟商务智能理论与实践同步发展的脚步,不断加深对于商务智能的理解和认识,根据自己的业务实际提出相应的商务智能应用需求,这对于成功开展商务智能项目,提升项目的投资回报率有着重大的实践意义。

③以顾客需求为导向进行业务流程再造。为了提升企业竞争力和盈利水平,零售企业应开展以顾客需求为导向的业务流程再造,力求打造良好的客户服务质量和不易复制的核心竞争力。一方面,更好地理解客户需求、及时地应对市场变化有待商务智能应用的支持。另一方面,业务流程再造有助于零售企业更好地采集相关业务数据和统计关键绩效指标。

④应用新信息技术。信息技术的快速变革从技术层面大力推进了商务智能的实践和应用,如无线射频技术(RFID)在零售业的逐步应用有效改善了零售数据采集的时效性,同时也极大提高了数据的粒度和准确性,这对于改善商务智能应用的数据质量意义重大。

(3)百货商店商务智能的发展趋势。网络时代下的传统行业时常遭遇瞬息万变的情况。就在电商巨头马云思考新零售模式的时候,亚马逊又率先推出黑科技,即号称"无须排队,无须结账,拿了就走"的新技术。新技术具有人工智能、图像识别、深度学习三大特点,新技术的购物体验是零售行业需要更新学习的,智能化是零售行业的发展趋势。

商务智能个性化解决方案在零售行业逐步普及并得到积极响应,为了更好地为零售行业进行数据分析服务,商务智能分析平台将继续发展和完善,并将从以下三个方面将商务智能的功能与传统零售行业的商业性质更好地结合,以创造出更符合未来零售行业发展的商务智能价值。

①与企业门户(Enterprise Portal)的集成。企业门户为企业内部及外部用户提供了基于不同角色和权限的个性化信息、知识、服务与应用,将业务环境与企业资源通过统一的平台进行管理,为用户提供了安全、便捷的资源和应用访问方式。作为零售企业重要的应用之一,商务智能的价值与作用逐渐被企业用户所认同,它与企业门户的集成已成为大势所趋,因此商务智能产品与主流的企业门户技术(如 SharePoint Portal、IBM WebSphere Portal、SAP Enterprise Portal 等)的开放集成性将显得尤为重要。

②操作型商务智能(Operational BI)的应用。零售企业的管理层是商务智能应用的关键用户,为管理层提供决策支持也理应成为商务智能应用的主要目标,然而随着零售行业各层级人员的决策需求增多、业务难度增大,零售企业的各级员工都迫切需要商务智能应用的指导,因此零售企业商务智能应用在战略层面为决策层提供数据支持的同时还应从战术层面切实指导业务人员,我们将这种商务智能应用称为操作型商务智能。

这就要求零售企业在商务智能项目规划时就应从企业用户角色出发,明确包括操作层业务人员在内的各层级用户的分析需求、应用热点及展现方式。

③非结构化数据的管理。邮件、文档、多媒体文件等非结构化数据是零售企业信息资源的重要组成部分,如何加强非结构化数据的管理,提高非结构化数据的分析处理能力是商务智能解决方案提供商必须着力解决的问题,如对于 CRM 系统①产生的文本内容、电子邮件等非结构化数据,商务智能应用能够通过文本/内容分析,挖掘出客户对于零售企业产品、服务和促销活动的真实反馈。

在大数据时代,零售企业的数据分析必须跟上数据化和智能化的脚步,只有这样,才有利于零售行业在原本规模庞大的资本积累上得到更有利的数据支持,也才有利于零售企业做出更准确的决策,从而在激烈的市场竞争环境中基业长青。

9.2　大数据

随着现代社会信息技术的高速发展以及网络、云计算在人们日常生活中应用的增加,全球数据体量呈现出惊人的增长。据国际数据公司测试统计,全球数据总量在 2009 年比之前的年代足足增长了 62%,截至 2014 年,仅中国的数据总量就达到了 909EB,占全球份额的 13% 左右。据中为咨询预测,到 2020 年,全球数据量将达到 35ZB(相当于 90 亿块 4TB 的硬盘容量)。此外,数据类型中的结构化数据和非结构化数据也随着数据总量不断增长。面对如此庞大的数据,处理、存储大量资料的新技术和工具快速发展,大数据应运而生。

9.2.1　大数据概述

大数据(Big Data)作为当前最受瞩目的技术之一,受到了来自科学、技术、资本、产业等各界的追捧和青睐。2013 年 11 月,ITU 发布了题为 *Big data: Big today, normal tomorrow* 的技术观察报告,该报告分析了大数据的相关应用实例,指出了大数据的基本特征、应用领域以及面临的机遇与挑战。2014 年 12 月 2 日,全国信息技术标准化技术委员会大数据标准工作组正式成立,下设 7 个专题组,分别是:总体专题组、国际专题组、技术专题组、产品和平台专题组、安全专题组、工业大数据专题组以及电子商务大数据专题组,负责大数据领域不同方向的标准化工作。国务院在 2015 年 8 月 31 日印发了《促进大数据发展行动纲要》,该纲要明确指出了大数据的重要意义和主要任务,同时指出大数据已经成为推动经济转型发展的新动力、重塑国家竞争优势的新机遇、提升政府治理能力的新途径。同年 12 月,中国电子技术标准化研究院在工业和信息化部信息化和软件服务业司、国家标准化管理委员会工业二部共同指导下编纂发布了《大数据标准化白皮书 V2.0》,在援引了多家权威机构、知名企业的定义后,给出了国内对大数

---

①CRM 系统的全称是会员关系管理系统,实施目标是通过全面提升企业业务流程的管理来降低企业成本,通过提供更快速和周到的优质服务来吸引和保持更多的客户。

据概念的普遍理解:具有数量巨大、来源多样、生成极快、多变等特征,并且难以用传统数据体系结构有效处理的包含大量数据集的数据。

本书采用目前国内外最为广泛接受的定义:大数据是指无法在一定时间范围内用常规软件工具进行捕捉、管理和处理的数据集合,是需要新处理模式才能具有更强的决策力、洞察发现力和流程优化能力的海量、高增长率和多样化的信息资产。

那么,想要驾驭这庞大的数据,我们必须要了解大数据的特征。从上文中大数据白皮书给出的国内对大数据的理解阐述中我们已经初步窥探到了大数据的特征。事实上,对于大数据的数据特征,通常引用国际数据公司(International Data Corporation)定义的4V来描述,而随着近年来大数据的不断发展,大数据的特征也得到了拓展。IBM在2013年3月给出的《分析:大数据在现实世界中的应用》白皮书中将原有4V中的Value(价值密度)替换成了Veracity(真实性),以此来凸显应对与管理某些类型数据中固有的不确定性的重要性,得到了业界的广泛认可。阿姆斯特丹大学的Yuri Demchenko等人也在原有的4V特征的基础上进行拓展,提出大数据体系架构框架的5V特征,即增加了Veracity(真实性)。因此,本书认为大数据发展到今天特征为5V。

(1)Volume(数据体量大)。当前数据规模已从TB单位发展提升到PB单位,更大级别的为EB单位。其中,1024GB=1TB;1024TB=1PB;1024PB=1EB;1024EB=1ZB;1024ZB=1YB。从以上公式换算中我们可以感受到数据单位的体量大小。相对于传统系统而言,显然大数据系统的容量是海量的,并且在特定情况下,数据量还会出现波动和急剧增长的情况,这就要求大数据系统必须具备强大的数据存储和处理能力。

(2)Variety(数据种类多)。除了一般意义上的结构化数据以外,大数据还包括各类非结构化的数据,如文本、音频、视频等,以及半结构化数据,如电子邮件、文档等。数据结构的多样性与复杂性大大提升了数据处理的难度,对系统软硬件提出了更高的要求。如何根据数据结构的特性,选配合适的硬件设备,制定出合理的数据结构预处理方案是当前研究的重点之一。

(3)Value(价值密度低)。虽然大数据包含的数据量庞大,但是在这复杂多样的海量数据中真正有价值的数据占比却很小,即大数据的数据价值密度低。例如,视频数据的采集和挖掘比较费时,对于1个小时的视频内容,采集、监控和挖掘需要很多时间,但真正有价值需求的数据却很少。那么,如何通过特定的机器算法和软件算法找到需要的数据是相应处理系统的关键技术之一。

(4)Velocity(处理速度快)。大数据对数据的实时处理速度要求很高,因为若不具有工业级实时处理能力,在实际应用中就不具有时效性,这就对计算机软硬件都提出很高的要求。在对数据进行运算时,传统的计时单位是星期、日或小时,而在大数据时代计时单位下降到了更短的周期,可以以分或秒来计量。数据处理的速度成为体现大数据重要价值的特征之一。

(5)Veracity(真实性)。在大数据的时代背景下,各行各业的组织都在积极加入信息化管理的浪潮,各种信息都被收集并录入相应的数据仓库以供处理,在这个过程中,就会由于手误导致录入错误信息,也会因消费者不愿意录入真实的意愿导致掺杂虚假信息,那么在海量的庞大而繁杂的数据中,要对数据进行真伪识别,就对大数据的可信性提出了新的要求。

9.2.2 大数据技术

大数据技术的战略意义不在于掌握庞大的数据信息,而在于对这些含有意义的数据进行专业化处理。换而言之,如果把大数据比作一种产业,那么这种产业实现盈利的关键,就在于提高对数据的"加工能力",通过"加工"实现数据的"增值"。要从大数据中提取出用户需要的有价值的相关信息,就必然需要对数据进行相应的处理,大数据的处理步骤如下:

(1)数据采集。利用多个数据库来接收来自客户端的数据,并且用户可以通过这些数据库来进行简单的查询和处理工作。采集过程的主要特点和挑战是并发数高,因为同时可能有成千上万的用户进行访问和操作,并发访问量在峰值时可达到上百万,所以需在采集端部署大量数据库。另外,要对这些海量数据进行有效的分析,应该将这些来自前端的数据导入一个集中的大型分布式数据库,或者分布式存储集群,并且可以在导入基础上做一些简单的清理和预处理工作。

(2)数据导入与预处理。导入与预处理过程的主要特点和挑战是导入数据量大,每秒钟的导入数据量经常会达到百兆、千兆级别。

(3)统计与分析。统计与分析过程的主要特点和挑战是分析涉及的数据量大,其对系统资源特别是I/O会有极大的占用。统计与分析主要利用分布式数据库或分布式计算集群对存储于其内的海量数据进行普通的分析和分类汇总等,以满足大多数常见的分析需求,在这方面,一些实时性需求会用到 EMC 的 GreenPlum、Oracle 的 Exadata,以及基于 MySQL 的列式存储 Infobright 等,而一些批处理或者基于半结构化数据的需求可以使用 Hadoop。

(4)挖掘。与前面统计与分析过程不同的是,数据挖掘一般没有什么预先设定好的主题,主要是在现有数据上进行基于各种算法的计算,从而起到预测(Predict)的效果,从而实现一些高级别数据分析的需求。比较典型的算法有用于聚类的 Kmeans、用于统计学习的 SVM 和用于分类的 NaiveBayes,主要使用的工具有 Hadoop 的 Mahout 等。该过程的主要特点和挑战是用于挖掘的算法很复杂,并且计算涉及的数据量和计算量都很大,常用数据挖掘算法都以单线程为主。

在大数据的处理过程中对有价值的信息的提取提出了要求,这便是大数据分析的五个基本方面。

(1)可视化分析(Analytic Visualization)。大数据分析的使用者有大数据分析专家,还有普通用户,他们对于大数据分析最基本的要求就是可视化分析,因为可视化分析能够直观地呈现大数据的特点(图9-3),非常容易被读者所接受,就如同看图说话一样简单明了。

图9-3 大数据可视化平台

（2）数据挖掘算法（Data Mining Algotiyhms）。大数据分析的理论核心就是数据挖掘算法，各种数据挖掘算法基于不同的数据类型和格式才能更加科学地呈现数据本身具备的特点。正是因为有了这些被全世界统计学家所公认的统计方法（可以称之为真理），我们才能深入数据内部，挖掘出数据公认的价值；另外，也是因为有了这些数据挖掘算法，我们才能更快速地处理大数据，如果一个算法得花上好几年才能得出结论，那大数据的价值也就无从说起了。

（3）预测性分析能力（Predictive Analytic Capabilities）。大数据分析最终的应用领域之一就是预测性分析，从大数据中挖掘出数据的特点，通过建立科学的模型，并在模型中代入新的数据，可以预测未来的数据。

（4）语义引擎（Semantic Engines）。大数据分析广泛应用于网络数据挖掘，可从用户的搜索关键词、标签关键词或其他输入语义，分析、判断用户需求，从而实现更好的用户体验和广告匹配。

（5）数据质量和数据管理（Data Quality and Master Data Management）。大数据分析离不开数据质量和数据管理，高质量的数据和有效的数据管理，无论是在学术研究还是在商业应用领域，都能够保证分析结果真实和有价值。

从上文对大数据的概念与特征分析中可知，要充分发挥大数据的优势，在很大程度上依赖于信息技术的革新。从大数据处理与分析的步骤来看，目前大数据的主流技术如下：

数据采集：ETL工具负责将分布的、异构数据源中的数据，如关系数据、平面数据等抽取到临时中间层，然后进行清理、转换、集成，最后加载到数据仓库或数据集市中，成为联机分析处理、数据挖掘的基础。

数据存取：涉及关系数据库、NOSQL、SQL等。

基础架构：包括云存储、分布式文件存储等。

数据处理：自然语言处理（Natural Language Processing，NLP）。处理自然语言的关键是要让计算机"理解"自然语言，所以自然语言处理又叫作自然语言理解（Natural Language Understanding，NLU），也称为计算语言学（Computational Linguistics），是研究人与计算机交互的语言问题的一门学科。一方面，它是语言信息处理的一个分支；另一方面，它是人工智能（Artificial Intelligence，AI）的核心课题之一。数据处理包含以下方面内容：

（1）统计分析。假设检验、显著性检验、差异分析、相关分析、T检验、方差分析、卡方分析、偏相关分析、距离分析、回归分析、简单回归分析、多元回归分析、逐步回归、回归预测与残差分析、岭回归、logistic回归分析、曲线估计、因子分析、聚类分析、主成分分析、因子分析、快速聚类法与聚类法、判别分析、对应分析、多元对应分析（最优尺度分析）、bootstrap技术等。

（2）数据挖掘。分类（Classification）、估计（Estimation）、预测（Prediction）、相关性分组或关联规则（Affinity Grouping or Association Rules）、聚类（Clustering）、描述和可视化（Description and Visualization）、复杂数据类型挖掘（Text、Web、图形图像、视频、音频等）等。

（3）模型预测。预测模型、机器学习、建模仿真。

（4）结果呈现。包括云计算、标签云、关系图等。

9.2.3　商业变革中的大数据

据统计，目前全球120家运营商中约有48%的运营商正在实施大数据业务，主流业务涉及数据产生、数据采集、数据存储、数据处理、数据分析、数据展示及数据应用等多个方面，典型大数据技术及应用产品包括用于大数据组织与管理的分布式文件系统Hadoop、分布式计算系统MapReduce；用于大数据分析的数据挖掘工具SPSS；用于大数据应用服务的平台，如阿里巴巴推出的数据分享平台、Google推出的数据分析平台、腾讯推出大数据服务平台"腾讯移动分析"等。以Internet为核心的大型公司，如Amazon、Google、eBay、Twitter和Facebook等正使用海量信息的外部特性认识消费行为，预测特定需求和整体趋势。

目前，国内新建了许多大数据中心，规模不一。在中国，百度和阿里巴巴的大数据中心名气较大；此外，罗克佳华在鄂尔多斯和山西太原建设的大数据中心凭借北部省份的能源优势，建成5万平方米的全国单体面积最大的大数据中心，是目前亚洲最大的云计算中心。

可见，发展到今天，大数据的应用已经从互联网行业拓展到了各行各业，只是其他行业的大数据应用几乎都处于起步阶段。就目前全球大数据的应用情况来看，特点如下：

（1）以企业为主，大数据已经开始逐渐成为企业的主体。几个典型行业的应用情况罗列如下：

①医疗行业。借助于大数据平台可以收集病例和治疗方案，以及患者的基本情况，建立针对疾病特点的数据库。

②金融行业。大数据在金融行业的应用体现在各个方面,如利用大数据技术为客户推荐产品,可依据客户的消费习惯、地理位置、消费时间等进行推荐。

③零售行业。零售行业可以通过大数据来掌握目前消费状况及未来消费趋势,有利于热销商品的进货管理和过季商品的处理。

④电商行业。大数据对于电商行业而言,最大的特点就是精准营销,可根据客户的消费情况进行备货和推荐。

(2)大数据的另一个重要且广泛的应用是在政府,大数据可以使政府获得更加广泛且准确的信息,通常应用于以下几个方面:

①天气预报。大数据使天气预报的时效性和准确性提高,可有效地预测极端天气发生的时间和区域,帮助气象部门和政府相关机构及时做出预防措施,从而防止自然灾害带来的损失。

②交通。交通状况本是我们很难预知的,但大数据的接入使政府对交通进行了更加合理的规划,能有效地降低甚至防止交通事故与交通堵塞的发生。

③食品安全。食品安全一直以来是社会关注的重点问题之一,政府通过大数据可以分析出食品安全的信息,并对其进行有效干预,从而降低不安全食品出现的可能性,提高食品的可靠性。

④公益事业。媒体通过媒介发布救助新闻,群众看到后会提供力所能及的帮助,还会继续传播这些信息,这是大数据带给社会的正能量。

9.2.4 大数据安全

目前大数据的发展是数据量的暴增、大数据技术及应用的更新。但是,大数据涉及的相关技术还不太成熟,软件及硬件漏洞时有发生。同时,大数据外在所处的网络环境高度开放,使用人员多且杂,且针对网络安全建立的相关法律法规相对缺乏,全社会对于网络安全也缺乏足够重视。内在及外在的多重因素造成大数据时代的网络环境比以往任何时候都要复杂,大数据安全问题也应运而生,数据安全问题及隐私泄露问题体现得尤为明显。比如,许多智能手机的应用程序是免费的,如果用户想要获得免费服务,那么将不可避免地成为大数据流里的常客。大数据时代窃取及贩卖数据的黑色产业链不断加速升级。由于大量数据的汇集,数据间相互关联,给黑客更多可乘之机,一旦成功,其将获得数据量更大并且类型更加丰富的数据,从而扩大其贩卖途径,这也就带来更大范围的数据安全问题及隐私泄露问题。

针对以上大数据安全问题,可以从以下两个方面入手加以防范。

(1)提高安全意识。面对大数据安全问题,不管是组织还是个人都应该提高警惕,提高自身的安全意识,注重对自己隐私信息的保护。对个人来说,在使用自己的信息过程中,一定要加强防范,选择可信度较高的网站和手机应用,不要轻易提供自己的隐私信息,以免被不法分子非法利用。

在组织方面,IT部门的职责就是保护组织中IT信息的完整性与可用性。因此,组织的负责人应进一步明确并强调IT部门的职责,确保IT信息安全的职能集成在业务流程过程中而不是独立的任务。此外,组织的管理人员还要加强相应的管理,制定安全策略。现如今,随着交通便利性的推进,组织中的人员流动越来越频繁,这种情况也容易让数据泄露出去,因此,应加强对员工的培训,让员工知道哪些机密资料应当谨慎处理,并明白信息以及数据安全的重要性,从而提高全体员工的安全意识,做到防微杜渐。

(2)限制对大数据的访问。当前面向大数据的应用基本都是Web应用,基于Web的应用程序给大数据带来了严重的威胁。当其遭受了攻击和破坏之后,破坏者便可以无限制地访问大数据集群中存储的数据。因此,对于数据访问权限的管理是非常重要而且必要的。应当全方位、全面化地管理和保护数据的安全,从而解决整个数据安全与合规、审计问题。应当从访问安全、数据访问审计以及数据访问监控三个方面同时入手进行防范,才能实现全面地保障数据的安全的目的。

● 课 后 练 习 ●

(1)请查找和了解目前主流的数据库产品及其特色。

(2)请查找和了解关系型数据库和非关系型数据库的概念、特色和应用场景。

(3)请查找与云计算相关的内容,了解云计算的基本概念、作用,以及云计算与大数据的关系。

(4)请根据自己的专业,查找商务智能、大数据在本专业中的应用。

(5)请描述大数据技术的5V特征。

第 10 章

物　联　网

在当今世界里,我们可以追溯食品来源,可以去无人超市购物,也即将实现智能化的出行。伴随着5G技术的商用,物联网即将进入万物互联的阶段。物联网能够拉近分散的信息,整合物与物的数字信息,将现实世界数字化,应用范围十分广泛,而每一种应用都有可能带来重大的社会改变。

10.1　物联网概述

比尔·盖茨在1995年出版的《未来之路》中第一次提到物联网,但当时他未提出物联网这一名词,而是着重讨论了物物互联的问题,因为当时的无线网络、硬件以及传感设备的发展还未达到适合物联网全球化运用的程度。1998年,美国麻省理工学院(MIT)提出了当时被称作EPC系统的"物联网"的构想,并于1999年首次提出"物联网"的概念,这对于物联网的发展来说是跨世纪的突破。国际电信联盟(ITU)在2005年11月17日举行的信息社会世界峰会(WSIS)上发布了《ITU互联网报告2005:物联网》,正式提出"物联网"的概念,并强调物联网时代即将来临,以后世界上的物品都可以通过互联网主动进行信息交换。

在物联网时代,所有的物体均有址可寻,所有的物体均可通信,所有的物体均可控制。可以想象一下,当驾驶汽车时失误,汽车会自动报错;当清洗衣物时,洗衣机可自动识别衣物的颜色和质地从而选择合适的清洗方式,这些都是物联网带来的改变,毫无疑问,物联网时代将是崭新的时代。

10.1.1　物联网的定义

物联网的概念是在1999年提出的,英文名称为"The Internet of Things",简称为IoT。由该名称可见,物联网就是"物物相连的互联网"。这包含了两层意思:①物联网的核心和基础仍然是互联网,是在互联网基础上的延伸和扩展的网络;②物联网的用户端延伸和扩展到任何物品与物品之间,进行信息交换和通信。

因此,物联网的官方定义是:通过信息传感设备,按照约定的协议,把任何物品与互联网连接起来,进行信息交换和通信,以实现智能化识别、定位、跟踪、监控和管理的一种网络,它是在互联网基础上延伸和扩展的网络。

10.1.2　物联网的发展

物联网已成为当前世界新一轮经济和科技发展的战略制高点之一,发展物联网对于促进经济发展和社会进步具有重要的现实意义。2009年以来,物联网产业逐步受到各国政府的大力扶持。当前世界主要国家纷纷把发展物联网作为摆脱金融危机、实现经济复苏和占领全球国力竞争制高点的重要手段。美国提出"智慧地球计划",欧盟也将物联网上升至区域战略高度。

目前,我国物联网发展与全球同处于起步阶段,初步具备了一定的技术、产业和应用基础,呈现出良好的发展态势。

(1)产业发展初具基础。无线射频识别(RFID)产业市场规模超过100亿元,其中低频和高频RFID相对成熟。全国有1600多家企事业单位从事传感器的研制、生产和应用,年产量达24亿只,市场规模超过900亿元,其中,微机电系统(MEMS)传感器市场规模超过150亿元;通信设备制造业具有较强的国际竞争力。已建成全球最大、技术先进的公共通信网和互联网。机器到机器(M2M)终端数量接近1000万,形成全球最大的M2M市场之一。据不完全统计,我国2010年物联网市场规模已接近2000亿元。

(2)技术研发和标准研制取得突破。我国在芯片、通信协议、网络管理、协同处理、智能计算等领域开展了多年技术攻关,已取得许多成果。在传感器网络接口、标识、安全、传感器网络与通信网融合、物联网体系架构等方面相关技术标准的研究取得进展,成为国际标准化组织(ISO)传感器网络标准工作组(WG7)的主导国之一。2010年,我国主导提出的传感器网络协同信息处理国际标准获正式立项,同年,我国企业研制出全球首颗二维码解码芯片,研发了具有国际先进水平的光纤传感器,TD-LTE技术正在开展规模技术试验。

(3)应用推广初见成效。目前,我国物联网在安防、电力、交通、物流、医疗、环保等领域已经得到应用,且应用模式正日趋成熟。在安防领域,视频监控、周界防入侵等应用已取得良好效果;在电力行业,远程抄表、输变电监测等应用正在逐步拓展;在交通领域,路网监测、车辆管理和调度等应用正在发挥积极作用;在物流领域,物品仓储、运输、监测应用广泛推广;在医疗领域,个人健康监护、远程医疗等应用日趋成熟。除此之外,物联网在环境监测、市政设施监控、楼宇节能、食品药品溯源等方面也开展了广泛的应用。

尽管我国物联网在产业发展、技术研发、标准研制和应用拓展等领域已经取得了一些进展,但应清醒地认识到,我国物联网发展还存在一系列瓶颈和制约因素。主要表现在以下几个方面:核心技术和高端产品与国外差距较大,高端综合集成服务能力不强,缺乏骨干龙头企业,应用水平较低,且规模化应用少,信息安全方面存在隐患等。

10.1.3　物联网的特征

物联网应用是以电子标签技术、传感技术、中间件技术及网络和移动通信技术为支撑,通过RFID对标的物进行全面感知,对获取的各种数据和信息进行可靠传递,对已经获取的有效数据和信息进行有效识别,并运用各种智能计算技术,进行分析和处理,进而对标的物实施智能化控制及联动控制的一个完整的智能处理过程;是一个动态的、延

续的、完整的应用实现活动。因此,物联网应用具有不同于一般传感网应用的明显特征。物联网应用的主要特征如下:

(1)应用广泛性特征。由于物联网具有普适化因子,因此物联网的应用范围十分广泛,如智能家居、智能医疗、智能城市、智能交通、智能物流、智能民生、智能校园等领域都能得到广泛应用。不仅如此,许多未知的应用领域,随着物联网技术的普及,以及中间件技术的发展,也可以找到物联网技术和这些创新领域的结合点。

(2)连续性控制特征。物联网应用具有连续性工作过程和连续性控制能力。这种控制是以感知信息的获取为基础、前提、手段和目标的一种动态、连续和有效的直到设定过程完结的完整的应用控制过程。

一般传感网完成的多是单节点控制、单元控制、局部控制,而物联网应用实现的则是对感知获取的数据进行分析和处理后,能有针对性地对标的物进行连续控制、整体控制、动态控制和有效控制。它是一个完整的、流程化的全自动控制过程。正是这种物联网应用的连续性控制能力和程序化控制特征,为物联网与工业自动化的结合敞开了大门。

(3)创新性特征。物联网充分地利用了云计算、模糊识别、并行技术等各种智能计算技术和中间件技术,不仅可以对海量的数据和信息进行集成、分析和处理,而且实现了对感知的节点信息进行智能开发和管理提升。这就把简单技术变成了整合技术,把单一功能变成了多维功能,把对感知的简单反馈提升为对感知信息有针对性地进行管理和控制。

(4)增值性特征。由于物联网能使网络中或系统中的普遍资源和存量资源找到应用的切入点和能量的释放点,因此,物联网具有明显的增值性。这种增值性表现在:它不仅可以把感应和传输过来的若干节点信息进行整合汇总,连同网络或系统中的存量资源一起变成增量资源;而且可以把感应和传输接收的若干节点信息整合汇总后,运用网络化、系统化的智能管控能力,对需要进行有效管控的方位和部位进行智能化处理。正是这种经过资源集中、功能集成,智能开发深层处理的应用,物联网才能产生增值效益。

(5)生态关联特征。物联网涉及的技术门类多,延伸和扩展的范围广,产业链很长,相互之间由多种生态因子和关联因素共同组成了一个完整的、可扩展的、应用领域十分广泛的、增值效益明显的产业生态链。

从技术上看,相互之间既具有技术上的交互性和连接性,又具有技术上的衔接性、动态传输性和程序上的可控性。

从应用上看,既有节点信息的感知能力,又有集成信息的决策能力;既有微观获取信息的能力,又有入云检测的验证能力;既有近端应用的现实性,又有远程控制的可控性;既有连续应用的能力,又有延伸控制的管控能力。

其相互之间、物与物之间、人与物之间都会通过旺盛的生态因子,而互动,而活化,而出新,而运作。正是这种极强的生态关联特征推动和促进了物联网的发展,引领和促进了物联网与电子商务的融合、与ERP的融合、与商务智能的融合以及与云计算的融合。

10.2　物联网的关键技术

物联网涉及的关键技术包括射频识别（RFID）技术、传感器技术、M2M接入技术以及物联网的安全技术等。

10.2.1　技术框架

物联网的技术体系框架如图10-1所示，它包括感知层技术、网络层技术、应用层技术和公共技术。

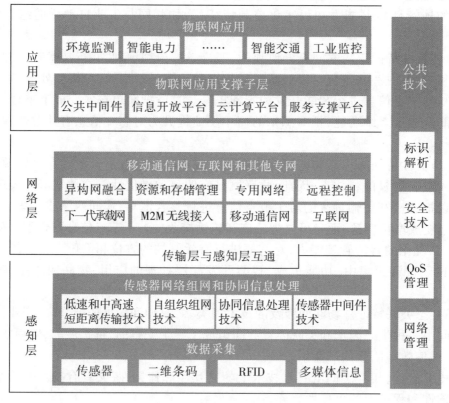

图 10-1　物联网的技术体系框架

（1）感知层。数据采集与感知技术主要用于采集物理世界中发生的物理事件和数据，包括各类物理量、标识、音频、视频等数据。物联网的数据采集涉及传感器、RFID、多媒体信息采集、二维码和实时定位等技术。

传感器网络组网和协同信息处理技术实现传感器、RFID等数据采集技术所获取数据的短距离传输、自组织组网以及多个传感器对数据的协同信息处理过程。

（2）网络层。实现更加广泛的互联功能，能够把感知到的信息无障碍、高可靠性、高安全性地进行传送,需要传感器网络与移动通信技术、互联网技术相融合。经过十余年的快速发展,移动通信、互联网等技术已比较成熟,基本能够满足物联网数据传输的需要。

（3）应用层。应用层主要包括应用支撑平台子层和应用服务子层。其中,应用支撑平台子层用于支撑跨行业、跨应用、跨系统之间的信息协同、共享、互通的功能;应用服务子层包括智能交通、智能医疗、智能家居、智能物流、智能电力等行业应用。

（4）公共技术。公共技术不属于物联网技术的某个特定层面,而是与物联网技术架构的三层都有关系,包括标识解析、安全技术、网络管理和服务质量（QoS）管理。

10.2.2　自动识别技术与RFID

自动识别技术是以计算机技术和通信技术的发展为基础的综合性科学技术,是信息数据自动识读、自动输入计算机的重要方法和手段。归根到底,自动识别技术是一种高度自动化的信息或者数据采集技术。

自动识别技术近几十年来在全球范围内得到了迅猛发展,初步形成了一个包括条码技术、磁条磁卡技术、IC卡技术、光学字符识别、射频技术（RFID）、声音识别及视觉识别等集计算机、光、磁、物理、机电、通信技术为一体的高新技术学科。

一般来说,在一个信息系统中,数据采集（识别）完成系统原始数据的采集工作,解决了人工数据输入速度慢、误码率高、劳动强度大、工作重复性高等问题,为计算机信息处理提供了快速、准确地进行数据采集和输入的有效手段,因此,自动识别技术作为一种革命性的高新技术,正迅速地被人们所接受。

RFID是射频识别技术的英文（Radio Frequency Identification）缩写。射频识别技术是20世纪90年代开始兴起的一种自动识别技术。射频识别技术是一种利用射频信号通过空间耦合（交变磁场或电磁场）实现无接触信息传递并通过所传递的信息达到识别目的的技术。

射频识别系统通常由电子标签（射频标签）和阅读器组成。电子标签内存有一定格式的电子数据,常以此作为待识别物品的标识性信息。应用中将电子标签附着在待识别物品上,作为待识别物品的电子标记。阅读器与电子标签可按约定的通信协议互传信息,通常的情况是由阅读器向电子标签发送命令,电子标签根据收到的阅读器的命令,将内存的标识性数据回传给阅读器。这种通信是在无接触方式下利用交变磁场或电磁场的空间耦合及射频信号调制与解调技术实现的。

电子标签具有各种各样的形状,但不是任意形状都能满足阅读距离及工作频率的要求,必须根据系统的工作原理,即是磁场耦合（变压器原理）还是电磁场耦合（雷达原理）,设计合适的天线外形及尺寸。电子标签通常由标签天线（或线圈）及标签芯片组成。标签芯片相当于一个具有无线收发功能再加存储功能的单片系统（SoC）。从纯技术的角度来说,射频识别技术的核心在于电子标签,阅读器是根据电子标签的设计而设计的。虽然,在射频识别系统中电子标签的价格远比阅读器低,但通常情况下,在应用中电子标签的数量是很大的,尤其是物流应用中,电子标签有可能是海量的并且是一次性使用的,而阅读器的数量则相对要少得多。

　　实际应用中,电子标签除了具有数据存储量、数据传输速率、工作频率、多标签识读特征等电学参数之外,还可根据其内部是否需要加装电池及电池供电的作用而将电子标签分为无源标签(passive)、半无源标签(semi-passive)和有源标签(active)三种类型。无源标签没有内装电池,在阅读器的阅读范围之外时标签处于无源状态,在阅读器的阅读范围之内时标签从阅读器发出的射频能量中提取其工作所需的电能。半无源标签内装有电池,但电池仅对标签内要求供电维持数据的电路或标签芯片工作所需的电压作辅助支持,标签电路本身耗电很少。标签未进入工作状态前,一直处于休眠状态,相当于无源标签。标签进入阅读器的阅读范围时,受到阅读器发出的射频能量的激励,进入工作状态,用于传输通信的射频能量与无源标签一样源自阅读器。有源标签的工作电源完全由内部电池供给,同时标签电池的能量供应也部分地转换为标签与阅读器通信所需的射频能量。

　　射频识别系统的另一个主要性能指标是阅读距离,也称为作用距离,它表示在最远为多远的距离上,阅读器能够可靠地与电子标签交换信息,即阅读器能读取标签中的数据。实际系统中,这一指标相差很大,取决于标签及阅读器系统的设计、成本的要求、应用的需求等,范围为0～100米左右。典型的情况是,在低频125kHz、13.56MHz频点上一般均采用无源标签,作用距离为10～30厘米左右,个别有到1.5米的系统。在高频UHF频段,无源标签的作用距离可达到3～10米。更高频段的系统一般均采用有源标签。采用有源标签的系统有作用距离达到100米左右的报道。

10.2.3　传感器技术

　　传感器作为现代科技的前沿技术,被认为是现代信息技术的三大支柱之一。MEMS(Micro Electro Systems)即微机电系统,是由微传感器、微执行器、信号处理和控制电路、通信接口和电源等部件组成的一体化的微型器件系统。MEMS传感器能够将信息的获取、处理和执行集成在一起,组成具有多功能的微型系统,从而大幅度地提高系统的自动化、智能化和可靠性水平。

　　人们通常将能把非电量转换为电量的器件称为传感器,传感器实质上是一种功能块,其作用是将来自外界的各种信号转换成电信号。最广义地说,传感器是一种能把物理量或化学量转变成便于利用的电信号的器件。国际电工委员会的定义为:"传感器是测量系统中的一种前置部件,它将输入变量转换成可供测量的信号。"

　　传感器技术与通信技术、计算机技术构成现代信息科学技术的三大支柱。

　　传感器根据工作原理可分为物理传感器和化学传感器两大类。物理传感器应用的是物理效应,如压电效应,磁致伸缩现象,离化、极化、热电、光电、磁电等效应,被测信号量的微小变化都将转换成电信号。化学传感器包括那些以化学吸附、电化学反应等现象为因果关系的传感器,被测信号量的微小变化也将转换成电信号。

　　随着电子、MEMS、生物、物理、化学、光学等技术的飞速发展,传感器技术已经进入由传统向新型突破的关键阶段,预计未来传感器技术的发展将呈现出微型化、数字化、多功能化、智能化和网络化等趋势。

传感器是能感受被测量并按照一定的规律转换成可用输出信号的器件和装置,通常由敏感元件和转换件组成。传感器是感知延伸层获取数据的一种设备。作为物联网采集信息的终端工具,就如同是物联网的"眼睛""鼻子"和"耳朵",是实现自动化检测和自动化控制的首要环节。

传感器的类型很多,不同的传感器有不同的应用领域。

(1)温度传感器:隧道消防、电力电缆、石油石化等。

(2)应变传感器:桥梁隧道、边坡地基、大型结构等。

(3)微震动传感器:周界安全、地震检波、地质物探等。

(4)压力、水声、空气声等传感器。

有些传感器既不能划分到物理类,也不能划分到化学类。大多数传感器是以物理原理为基础运作的。化学传感器技术问题较多,如可靠性问题、规模生产的可能性、价格问题等,解决了这类难题,化学传感器的应用将会有巨大增长。

10.2.4　M2M 接入技术

M2M(Machine-to-Machine,机器到机器)指的是各类物体通过有线和无线的方式,在没有人为干预的情况下实现数据通信。这些物体可能是工业设备、电表、医疗设备、运输车队、移动电话、汽车、家电、健身设备、楼宇、大桥、公路和铁路设施等。这些物体将配备嵌入式的通信技术产品,通过各类通信协议和其他的设备及 IT 系统进行信息交换,提供连续的、实时的和具体的信息,自动获取人类无法获得的大量信息。

M2M 表达的是多种不同类型的通信技术有机地结合在一起,让各类机器之间以及机器与操作人员之间可以互联通信。M2M 技术综合了数据采集、GPS、远程监控、电信、工业控制等技术,可以在安全监测、自动抄表、机器服务、维修业务、公共交通系统、车队管理、工业流程自动化、电动机械、城市信息化等环境中运行并提出广泛的应用和解决方案。作为物联网的关键应用之一,M2M 业务将率先应用于社会各行业的数据测量和处理。M2M 是一种以机器终端智能交互为核心的网络化的应用和服务。它一般通过在机器内部潜入无线通信模块,以无线通信等为接入手段,为客户提供综合的信息化解决方案,以满足客户对监控、指挥调度、数据采集和测量等方面的信息化需求。

10.2.5　物联网的安全技术

随着物联网建设的加快,物联网的安全问题必然成为制约物联网全面发展的重要因素。在物联网发展的高级阶段,由于物联网场景中的实体均具有一定的感知、计算和执行能力,广泛存在的这些感知设备将会对国家、社会和个人等的信息安全构成新的威胁。一方面,由于物联网具有网络技术种类上的兼容和业务范围上无限扩展的特点,因此当大到国家电网数据小到个人病例情况都接到看似无边界的物联网时,将可能导致更多的公众个人信息在任何时候、任何地方被非法获取;另一方面,随着国家重要基础行业和社会关键服务领域如电力、医疗等都开始依赖物联网和感知业务,国家基础领域的动态信息将可能被窃取。所有的这些问题使得物联网安全上升到国家层面,成为影响国家发展和社会稳定的重要因素。

　　物联网相较于传统网络，其感知节点大都部署在无人监控的环境中，具有能力脆弱、资源受限等特点，并且由于物联网在现有的网络基础上扩展了感知网络和应用平台，所以传统的网络安全措施不足以提供可靠的安全保障，从而使得物联网的安全问题具有特殊性。所以在解决物联网的安全问题时，必须根据物联网本身的特点设计相关的安全机制。

10.3　物联网的应用

10.3.1　物联网在交通中的应用

　　随着经济的发展和社会的进步，城市人口增多，汽车的数量持续增加，交通拥挤和堵塞现象日趋严重，由此引发的环境噪声、大气污染、能源消耗等已经成为现在全球各工业发达国家和发展中国家面临的严峻问题。智能交通系统（Intelligent Transportation System，IIS）作为近10年来大规模兴起的改善交通堵塞和减缓交通拥挤的有效技术措施，越来越受到国内外政府决策部门和专家学者的重视，在许多国家和地区也开始了广泛的应用。

　　相较于以前以环形线圈和视频为主要手段的车流量检测及依此进行的被动式交通控制，物联网时代的智能交通全面涵盖了信息采集、动态诱导、智能管控等环节。通过对机动车信息和路况信息的实时感知和反馈，在GPS、RFID、GIS等技术的集成应用和有机整合的平台下，实现了车辆从物理空间到信息空间的唯一性双向交互式映射，通过对信息空间的虚拟化车辆的智能管控实现对真实物理空间的车辆和路网的"可视化"管控。

　　作为物联网感知层的传感器技术的发展，实现了车辆信息和路网状态的实时采集，从而使得路网状态仿真与推断成为可能，更使得交通事件从"事后处置"转化为"事前预判"这一主动警务模式，这是智能交通领域管理体制的深刻变革。

　　针对目前交通信息采集手段单一、数据收集方式落后、缺乏全天候实时提供现场信息的能力的实际情况，以及道路拥堵疏通和车辆动态诱导手段不足、突发交通事件的实时处置能力有待提升的工作现状，基于物联网架构的智能交通体系综合采用线圈、微波、视频、地磁检测等固定式的多种交通信息采集手段，结合出租车、公交及其他勤务车辆的日常运营，采用搭载车载定位装置和无线通信系统的浮动车检测技术，实现路网断面和纵剖面的交通流量、占有率、旅行时间、平均速度等交通信息要素的全面全天候实时获取。通过路网交通信息的全面实时获取，利用无线传输、数据融合、数学建模、人工智能等技术，结合警用GIS系统，实现交通堵塞预警、公交优先、公众车辆和特殊车辆的最优路径规划、动态诱导、绿波控制和突发事件交通管制等功能。通过路网流量分析预测和交通状况研判，为路网建设和交通控制策略调整、相关交通规划提供辅助决策和反馈。

　　这种架构下的智能交通体系通过路网断面和纵剖面的交通信息的实时全天候采集和智能分析，结合车载无线定位装置和多种通信方式，实现了车辆动态诱导、路径规划、信号控制系统的智能绿波控制和区域路网交通管控,为新建路网交通信息采集功能设置和设施配置提供规范和标准,便于整个交通信息系统的集成整合,为大情报平台提供服务。

10.3.2 物联网在物流配送中的应用

物流业是最早接触物联网理念的行业,也是中国物联网在2003—2004年第一轮热潮中被寄予厚望的一个行业。根据物联网发展现状,在分析国内外物联网发展对物流业影响的基础上,中国物流技术协会认为物联网的发展必将推动中国智慧物流的变革,在物流过程的可视化智能管理网络系统方面,采用基于GPS卫星导航定位技术、RFID技术、传感技术等多种技术,对物流过程实现了实时的车辆定位、运输物品监控、在线调度与配送等可视化管理。目前,物联网在物流行业的应用,在物品可追溯领域的技术与政策等条件都已经成熟,应加快全面推进;在可视化与智能化物流管理领域,应该开展试点,力争取得重点突破,取得有示范意义的案例;在智能物流中心建设方面,需要物联网理念进一步提升,加强网络建设和物流与生产的联动;在智能配货的信息化平台建设方面,应统一规划,全力推进。

随着物联网理念的引入、技术的提升以及政策的支持,相信未来物联网将给中国物流业带来革命性的变化,中国智慧物流将迎来大发展的时代。王继祥分析认为,未来物联网在物流业的应用将出现以下四大趋势:

(1)智慧供应链与智慧生产融合。随着RFID技术与传感器网络的普及,物与物的互联互通,将给企业的物流系统、生产系统、采购系统与销售系统的智能融合打下基础,而网络的融合必将产生智慧生产与智慧供应链的融合,企业物流也将完全智慧地融入企业经营之中,打破工序、流程界限,打造智慧企业。

(2)智慧物流网络开放共享,融入社会物联网。物联网是聚合型的系统创新,必将带来跨行业的网络建设与应用。例如,一些社会化产品的可追溯智能网络能够融入社会物联网,开放追溯信息,人们可以方便地借助互联网或物联网手机终端,实时便捷地查询、追溯产品信息。这样,产品的可追溯系统就不仅仅是一个物流智能系统了,它将与质量智能跟踪、产品智能检测等紧密联系在一起,从而融入人们的生活。

(3)多种物联网技术集成应用于智慧物流。目前在物流业应用较多的感知手段主要是RFID和GPS技术,今后随着物联网技术的发展,传感技术、蓝牙技术、视频识别技术、M2M技术等多种技术也将逐步集成应用于现代物流领域,用于现代物流作业中的各种感知与操作。例如,温度的感知用于冷链物流,侵入系统的感知用于物流安全防盗,视频的感知用于各种控制环节与物流作业引导等。

(4)物流领域物联网创新应用模式不断涌现。物联网带来的智慧物流革命远不止我们能够想到的以上几种模式。实践出真知,随着物联网的发展,更多的创新模式会不断涌现,这才是未来智慧物流大发展的基础。

目前,很多公司已经开始积极探索物联网在物流领域应用的新模式。例如,有公司在探索给邮筒安上感知标签,组建网络,实现智慧管理,并把邮筒智慧网络用于快递领域。当当网在无锡新建的物流中心正在探索物流中心与电子商务网络融合,开发智慧物流与电子商务相结合的模式。无锡新建的粮食物流中心也在探索将各种感知技术与粮食仓储配送相结合,实时了解粮食的温度、湿度、库存、配送等信息,打造粮食配送与质量检测管理的智慧物流体系等。

10.3.3　物联网在农业上的应用

近年来,随着智能农业、精准农业的发展,智能感知芯片、移动嵌入式系统等物联网技术在现代农业中的应用逐步拓宽。农业物联网技术的应用可以更好地控制农作物的生长环境,使之更好地适应作物的生长,从而提高农作物的产量和品质,实现农作物的高产稳产,提高土地的产出率,提高农业抗御自然灾害的能力。农业物联网技术的推广应用,也是农业现代化的一个重要标志。农业物联网的快速发展,将会为中国农业发展与世界同步提供一个国际领先的全新的平台,也必将会对传统产业的改造升级起到巨大的推动作用。

(1)物联网在农业信息化领域的初期应用。物联网在农业和农村信息化领域得到广泛应用,如精准农业、智能化专家管理系统、远程监测和遥感系统、生物信息和诊断系统、食品安全追溯系统等。在精准农业方面,中国已取得较高水平的成果,并进入实践阶段。

(2)中国的精准农业。目前,数字农业重大专项已在中国新疆、黑龙江、吉林、北京、上海、河北、江苏等地建立起26个设施农业数字化技术、大田作物数字化技术和数字农业继承技术综合应用示范基地。中国研制的具有自主知识产权的谷物联合收割机智能测产系统在2000年11月画出了中国第1张"精准农业"产量图。2005年引进美国CASE公司精准农业机械设备,建立了黑龙江八五二农场和宝泉岭农场精准农业试验示范基地。截至2006年年底,黑龙江垦区已装备成大约160个现代农机装备区,使精准农业技术在垦区有了新的发展和推广应用。在国家精准农业研究示范基地也进行了一系列农业定量遥感试验。示范区内大田作物产量提高15%~20%,经济效益提高10%;设施农业成本降低10%,生产率提高20%;养殖业经济效益提高18%。同等产量下,采用先进的农业技术进行生产,总成本降低了15%~20%,化肥、农药和灌溉用水量减少了20%~30%。

(3)全国首批"电子猪"上市。2009年9月30日金卡猪的上市,使成都市民有幸成为全国第1批吃到通过RFID电子标签对猪的养殖、宰杀全过程实施溯源的"电子猪肉"的市民。RFID技术应用于畜牧业食品生产的全过程,包括饲养、防疫灭菌、产品加工、食品流通等各个环节,全面引入标准化的技术规程和质量监管措施,建立"从农场到餐桌"的食品供应链跟踪与可追溯体系,从而达到科学的全程化饲养监控、安全化生产监控、市场化可追溯的高质量、高水平、高效益目标。

(4)食品安全溯源系统建设。国家农业信息化工程技术研究中心在北京市小汤山的试点应用食品安全溯源系统的项目。条码的生成与打印以国际通用的EAN/UCC系统为编码基础,用户只需填入相关产品、地块等信息,即可自动生成条码并按标准化条码格式打印出来,系统支持不同打印机和不同的码制。例如,2006年中国水产业推出了鱼类产品智能防伪卡——千岛湖"淳牌"有机鱼身份证,实现了从水体到餐桌的全程质量跟踪管理;2009年10月,江苏大闸蟹成功利用RFID二维码溯源系统追踪其品质。

（5）农业物联网发展展望。物联网技术在我国掀起了研究的热潮，2020年之前我国已经规划了3.86万亿元的资金用于物联网研发。物联网研究和开发既是机遇，更是挑战。如果能够面对挑战，从深层次解决物联网中的关键理论问题和技术难点，并且能够将物联网研究和开发的成果应用于实际，就可以在物联网研究和开发中获得发展的机遇。目前，关于农业物联网应用的发展项目有很多：土壤养分和墒情监测，为作物选择和耕种方式提供指导；粮情信息监测，为监管部门科学决策保护粮食安全提供有效数据；农业大棚温室监控和田间自动化管理，通过连续监测土壤湿度数据，实现多点同时滴灌补水；农民可以通过3G手机接入信息数据库，根据专家们开好的科学种田"处方"，使用计算机对灌溉、施肥、温度和湿度等进行控制和管理；如果某些人群对作物品质有特殊要求，可以通过控制作物施肥达到这种要求。

10.3.4　物联网在环境检测中的应用

物联网可以广泛地应用于生态环境监测、生物种群研究、气象和地理研究、洪水和火灾监测、水质监测、排污水监控、降水监测、大气监测、电磁辐射监测、噪声监测、森林植被防护、土壤监测、生物种群监测、地质灾害监测等。

（1）大气监测。对大气的监测一般可采用固定在线监测、流动采样监测等方式。可在污染源处安装固定在线监测仪表，在监控范围内按网格形式布置有毒、有害气体传感器；在人群密集或敏感地区布置相应的传感器。这样，一旦某地区大气发生异常变化，传感器就会通过传感节点将数据上报至传感网，直至应用层的"云计算"，然后根据事先制订的应急方案进行处理；对于污染单位的排放超标，物联网可实现同步通知环保执法单位和污染单位，同时将证据同步保存到物联网中，从而避免先污染后处理的情况。

（2）水质监测。水质监测包含饮用水源监测和水质污染监测。饮用水源监测是在水源地布置各种传感器、视频监视等传感设备，将水源地的基本情况、水质的pH值等指标实时传至环保物联网，实现实时监测和预警；而水质污染监测是在各单位的污染排放口处安装水质自动分析仪表和视频监控等传感设备，对排污单位排放的污水中的BOD5、CODer、氨氮、流量等进行实时监控，并同步到排污单位、中央控制中心、环保执法单位的终端上，从而有效防止过度排放或重大污染事故的发生。

（3）污水处理监测。目前对于污水的进水监测和出水监测大多还是依靠工作人员在进、出水口处定时采样进行化验，不但费时、费力，而且对于进、出水质的监测不是持续在线监测，使处理厂的水处理设备不能达到最经济的运行状态。在污水处理厂的进、出水口处设置多种传感设备，可实现对进、出水的水质、流速、流量等进行持续的监测。

从技术发展方向来看，还可同时在污水处理的各个环节增加视频监控和各种传感设备以及污水处理设备的自控设备。构建多个传感网节点，控制各污水处理流程中的水质，若水质不在预设的控制范围内，传感网节点便发送控制信号给污水处理设备的自控设备，以调整各污水处理设备的运行状态，使污水处理设备始终处于最经济的运行状态。

构建环境保护物联网的各种应用领域，最主要的是选择适合的传感器，依托最优的无线传输技术形成传感网，根据对数据安全性的要求通过预定的网关接入网络层，并将数据传输到应用层的"云储存"。

10.3.5　物联网在家居中的应用

随着社会经济结构、家庭人口结构以及信息技术的发展变化以及人们对家居环境的安全性、舒适性、效率性要求的提高，人们对家居智能化的需求大大增加，同时越来越多的人认为不仅智能家居产品应满足一些基本的需求，而且智能家居系统在功能扩展、外延甚至服务方面应做到简单、方便、安全。

（1）常用智能家居技术。虽然智能家居的概念很早就出现了，市场需求也一直存在，但长期以来智能家居的发展由于受制于相关技术的突破，一直没有得到大规模的应用和普及。目前市场上存在的智能家居技术主要有：

①有线方式。这种方式下，所有的控制信号必须通过有线方式连接，控制器端的信号线更是多得惊人，一旦遇到问题排查也相当困难。有线方式的缺点非常突出，如布线繁杂、工作量大、成本高、维护困难、不易组网等。这些缺点最终导致有线方式的智能家居只停留在概念和试点阶段，无法大规模推广。

②无线方式。用于智能家居的无线系统需要满足几个特性：低功耗、稳定、易于扩展并网；至于传输速度显然不是此类应用关注的重点。目前几种可用于智能家居的无线方式如下：

蓝牙：是一种支持设备短距离通信（一般10米内）的无线电技术。它能在包括移动电话、PDA、无线耳机、笔记本电脑、相关外设等众多设备之间进行无线信息交换。但这种技术通信距离太短，同时属于点对点通信方式，对于智能家居的要求来说根本不适用。

WIFI：其实就是IEEE 802.11b的别称，是由一个名为"无线以太网相容联盟"（Wireless Ethernet Compatibility Alliance，WECA）的组织所发布的业界术语，中文译为"无线相容认证"。它是一种短程无线传输技术，能够在数百米范围内支持互联网接入的无线电信号。它的最大特点就是方便人们随时随地接入互联网。但对于智能家居应用来说缺点却很明显，如功耗高、组网专业性强等。高功耗对于随时随地部署低功耗传感器是非常致命的缺陷，所以WIFI虽然非常普及，但在智能家居的应用中只能起到辅助和补充的作用。

315M/433M/868M/915M：这些无线射频技术广泛运用于车辆监控、遥控、遥测、小型无线网络、工业数据采集系统、无线标签、身份识别、非接触RF等场所，也有厂商将其引入智能家居系统，但由于其存在抗干扰能力弱、组网不便、可靠性一般等缺点，所以在智能家居中的应用效果也差强人意，最终被主流厂商抛弃。

Zigbee：Zigbee的基础是IEEE 802.15。但IEEE仅处理低级MAC层和物理层协议，因此Zigbee联盟扩展了IEEE，对其网络层协议和API进行了标准化。Zigbee是一种新兴的无线网络技术，主要用于近距离无线连接；具有低复杂度、低功耗、低速率、低成本、自组网、高可靠、超视距等特点；主要适用于自动控制和远程控制等领域，可以嵌入各种设备。简而言之，ZigBee就是一种低成本、低功耗、自组网的近程无线通信技术。

（2）物联网背景下的智能家居。ZigBee最初预计的应用领域主要包括消费电子、能源管理、卫生保健、家庭自动化、建筑自动化和工业自动化等。随着物联网的兴起，

ZigBee又获得了新的应用机会。物联网的边缘应用最多的就是传感器或控制单元,这些是构成物联网的最基础、最核心、最广泛的单元细胞,而ZigBee能够在数千个微小的传感传动单元之间相互协调实现通信,并且这些单元只需要很少的能量,以接力的方式通过无线电波将数据从一个网络节点传到另一个节点,所以它的通信效率非常高。这种技术所具有的低功耗、抗干扰、高可靠、易组网、易扩容、易使用、易维护、便于快速大规模部署等特点顺应了物联网发展的要求和趋势。目前来看,物联网和ZigBee技术在智能家居、工业监测和健康保健等方面的应用有很大的融合性。

值得注意的是,物联网的兴起给ZigBee带来了广阔的市场空间。因为物联网的目的是将各种信息的传感传动单元与互联网结合起来从而形成一个巨大的网络,在这个巨大的网络中,传感传动单元与通信网络之间需要传输数据,而相对于其他无线技术而言,ZigBee以其在投资、建设、维护等方面的优势,必将在物联网智能家居领域获得更广泛的应用。

作为一个标准的智能家居,需要覆盖多方面的应用,但前提条件一定是任何一个普通消费者都能够非常简单快捷地自行安装部署甚至扩展应用,而不需要专业的安装人员上门安装。一个典型的智能家居系统通常应具备:无线网关、无线智能调光开关、无线温湿度传感器、无线智能插座、无线红外转发器、无线红外防闯入探测器、无线空气质量传感器、无线门铃、无线门磁和窗磁、太阳能无线智能阀门、无线床头睡眠按钮以及无线燃气泄漏传感器等。

①无线网关。无线网关是所有无线传感器和无线联动设备的信息收集控制终端。所有传感、探测器将收集到的信息通过无线网关传到授权手机、平板电脑、电脑等管理设备,而控制命令则由管理设备通过无线网关发送给联动设备。比如家中无人时门被打开,门磁侦测到有人闯入,则将闯入报警通过无线网关发送给你的手机,手机收到信息后会发出震动铃声提示,你确认并发出控制指令后,电磁门锁会自动落锁并可触发无线声光报警器发出报警。

②无线智能调光开关。该开光可直接取代家中的墙壁开光面板,通过它不仅可以像正常开光一样使用,更重要的是它已经和家中的所有物联网设备自动组成了一个无线传感控制网络,可以通过无线网关向其发出开关、调光等指令。其意义在于你离家后无须担心家中所有的电灯是否忘了关掉,只要你离家,所有忘关的电灯会自动关闭。或者在你睡觉时无须逐个房间去检查灯是否开着,只需按下装在床头的睡眠按钮,所有灯会自动关闭,夜间起床时,灯光会自动调节至柔和,从而保证睡眠的质量。

③无线温湿度传感器。该传感器主要用于探测室内、室外温湿度。虽然绝大多数空调都有温度探测功能,但由于空调的体积限制,它只能探测到空调出风口附近的温度,这也正是很多消费者觉得其温度不准的重要原因。有了无线温湿度探测器,就可以确切地知道室内准确的温湿度。其现实意义在于当室内温度过高或过低时能够提前启动空调调节温度。比如,当你还在回家的路上时,家中的无线温湿度传感器探测出房间温度过高则启动空调自动降温,等你到家时,家中已经是适宜的温度了。另外,无线温湿度传感器对于你早晨出门也有着特别意义,当你待在空调房间时,你对户外的温度是没有感觉的,这时候装在墙壁外的温湿度传感器就可以发挥作用了,它可以告诉你现在

户外的实时温度，根据这个准确温度你就可以决定自己的穿着了，而不会出现出门后才觉得穿多或者穿少的尴尬了。

④无线智能插座。该插座主要用于控制家电的开关。比如，通过它可以自动启动排气扇排气，这在炎热的夏天对于密闭的车库是一个有趣的应用；当然，通过它还可以控制任何你想控制的家电，只要将家电的插头插上无线智能插座即可，如饮水机、电热水器等。

⑤无线红外转发器。这个产品主要用于家中可以被红外遥控器控制的设备，如空调、电动窗帘、电视等。通过无线红外转发器，你可以远程无线遥控空调，你也可以不用起床就关闭窗帘等。这是个很有意义的产品，它可以将传统的家电立即转换成智能家电。

⑥无线红外防闯入探测器。这个产品主要用于防非法入侵。比如，当你按下床头的无线睡眠按钮后，关闭的不仅是灯光，同时它也会启动无线红外防闯入探测器自动设防，此时一旦有人入侵就会发出报警信号并可按设定自动开启入侵区域的灯光吓退入侵者。另外，当你离家后它也会自动设防，一旦有人闯入，它会通过无线网关自动提醒你的手机并接受你的手机发出的警情处理指令。

⑦无线空气质量传感器。该传感器主要用于探测卧室内的空气质量是否混浊，这对于要回家休息的你很有意义，特别是对于有婴幼儿的家庭来说非常有用。它通过探测空气质量告诉你目前室内空气是否影响健康，并可通过无线网关启动相关设备优化调节空气质量。

⑧无线门铃。这种门铃对于大户型或别墅很有价值。出于安全考虑，大多数人睡觉时会关闭房门，此时若有人来访按下门铃，在房间内很难听到铃声。这种无线门铃能够将按铃信号传递给床头开关提示你有人造访。另外，在家中无人时，按门铃的动作会通过网关传递给你的手机，而这对你了解家庭的安全现状和来访信息非常重要。

⑨无线门、窗磁。该产品主要用于防入侵。当你在家时，门、窗磁会自动处于撤防状态，不会触发报警，当你离家后，门、窗磁会自动进入布防状态，一旦有人开门或开窗就会通知你的手机并发出报警信息。与传统的门、窗磁相比，无线门、窗磁无须布线，装上电池即可工作，安装非常方便，安装过程一般不超过2分钟。另外，对于有保险柜的家庭来说，这种传感器还能够侦测并记录保险柜每次被打开或者关闭的时间并及时通知授权手机。

⑩太阳能无线智能阀门。这是通过太阳能供电的无线浇灌系统。一般工作流程是土壤湿度传感器将土壤含水情况发送给无线网关，一旦土壤缺水，无线网关就会发出控制指令给无线智能阀门通知供水，同时将供水时间和供水量传递给网关，并通过网关保存在手机或其他设备上。

⑪无线床头睡眠按钮。这是个可以固定或粘贴在床头位置的电池供电装置，它的作用主要是帮助你在睡觉时关闭所有该关闭的电器同时启动安全系统进入布防状态，如启动无线红外防闯入探测器、窗磁、门磁等进入预警布防状态。另外，它也能帮助你启动夜间的照明模式，如当你夜间起床时，打开的灯光就会很柔和，而不会像进餐时那么明亮，即使这是同一盏灯。

⑫无线燃气泄漏传感器。该传感器主要用于探测家中的燃气泄漏情况,它无须布线,一旦有燃气泄漏会通过网关发出报警并通知授权手机。

⑬无线辐射传感器和无线空气污染传感器。对于一些对太阳辐射或空气污染敏感的人来说,这两种传感器具有特别的意义,通过它们,你可以准确知道出门前是否需要采取防太阳辐射或者防空气污染措施,而你唯一要做的就是看一下手机屏幕,因为户外的辐射、污染等情况已经通过无线网关传到了你手机上。

10.4　云计算概述

云计算(cloud computing)是基于互联网的相关服务的增加、使用和交付模式,通常涉及通过互联网来提供动态易扩展且经常是虚拟化的资源。通俗的理解是,云计算的"云"就是存在于互联网上的服务器集群中的资源,包括硬件资源(如服务器、存储器、CPU 等)和软件资源(如应用软件、集成开发环境等),本地计算机只需要通过互联网发送一个需求信息,远端就会有成千上万的计算机提供需要的资源并将结果返回到本地计算机,这样,本地计算机几乎不需要做什么,所有的处理都在云计算提供商所提供的计算机群中完成。

云计算可以认为包括以下几个层次的服务:基础设施即服务(IaaS)、平台即服务(PaaS)和软件即服务(SaaS)。

(1)IaaS(Infrastructure-as-a-Service):基础设施即服务。消费者通过 Internet 可以从完善的计算机基础设施中获得服务。例如,硬件服务器租用。

(2)PaaS(Platform-as-a-Service):平台即服务。PaaS 实际上是指将软件研发的平台作为一种服务,以 SaaS 的模式提交给用户。因此,PaaS 也是 SaaS 模式的一种应用。但是,PaaS 的出现可以加快 SaaS 的发展,尤其是加快 SaaS 应用的开发速度。例如,软件的个性化定制开发。

(3)SaaS(Software-as-a- Service):软件即服务。它是一种通过 Internet 提供软件的模式,用户无须购买软件,而是向提供商租用基于 Web 的软件。例如,阳光云服务器。

10.5　云计算的现状和优势

10.5.1　云计算的现状

(1)国外"云计算"发展现状。Google 于 2007 年 10 月在全球宣布了云计划,Google 与 IBM 开展雄心勃勃的合作,要把全球多所大学纳入"云计算"中。IBM 于 2007 年 8 月高调推出"蓝云(Blue Cloud)"计划,目前这一计划已经在上海推出。IBM 的 Willy Chiu 透露,"云计算将是 IBM 接下来的一个重点业务。"这也是 IBM 扩张自身领地的绝佳机会,

IBM 具有发展云计算业务的一切有利因素：应用服务器、存储、管理软件、中间件等，因此 IBM 自然不会放过这样一个成名机会，提出了"蓝云"计划。亚马逊（Amazon.com）于 2007 年向开发者开放了名为"弹性计算机云"的服务，让小软件公司可以按需购买亚马逊数据中心的处理能力。2007 年 11 月，雅虎也将一个小规模的服务器群，即"云"，开放给卡内基–梅隆大学的研究人员。惠普、英特尔和雅虎三家公司联合创立了一系列数据中心，目的同样是推广云计算技术。而另外一家以虚拟化起家的公司 VMware，从 2008 年也开始摇起了云计算的大旗。VMware 具有坚实的企业客户基础，为超过 19 万家企业客户构建了虚拟化平台，而虚拟化平台正成为云计算最重要的基石。没有虚拟化的云计算，绝对是空中楼阁，特别是面向企业的内部云。到目前为止，VMware 已经推出了云操作系统 vSphere、云服务目录构件 vCloud Director、云资源审批管理模块 vCloud Request Manager 和云计费 vCenter Chargeback。VMware 致力于开放式云平台建设，是目前业界唯一一款不需要修改现有的应用就能将今天数据中心的应用无缝迁移到云平台的解决方案，也是目前唯一提供完善路线图帮助用户实现内部云和外部云联邦的厂家。

云计算的标准也在国外快速发展，目前最典型的两个云标准就是 OVF 和 vCloud API。OVF 是 VMware 领导业界厂商一起提交并经过 DMTF 核准的业界云负载标准。现在 VMware 的管理软件包都开始通过这个格式进行发布，而且越来越多的软件开始走上 OVF 的格式标准。vCloud API 也是 VMware 和众多友商一起提交 DMTF 标准委员会的一个云访问控制 API 标准，相信不久也会获得核准而成为业界云开发接口标准。VMware 正在与 DMTF 的众多行业领导厂商共同协作，不断推动业界开放标准的发展。

（2）我国"云计算"发展现状。2008 年 3 月 17 日，Google 全球 CEO 埃里克·斯密特（Eric Schmidt）在北京访问期间，宣布在中国大陆推出"云计算（Cloud Computing）"计划。在中国的"云计算"计划中，清华大学将是第一家参与合作的高校。它将与 Google 合作开设"大规模数据处理"课程，其中，Google 提供课程资料给清华大学教授整理加工，提供实验设备，并协助学校在现有的运算资源上构建"云计算"实验环境。合作将于 3 月底开始。未来 Google 将把课程向其他学校推广。

2008 年年初，IBM 与无锡市政府合作建立了无锡软件园云计算中心，开始了云计算在中国的商业应用。2008 年 7 月，瑞星推出了"云安全"计划。2009 年，VMware 在中国召开的 vForum 用户大会，第一次将开放云计算的概念带入中国。而 VMware 在北京清华园的研发中心，也如火如荼地进行着云计算核心技术的研发和布阵。2010 年 10 月 18 日发布的《国务院关于加快培育和发展战略性新兴产业的决定》文件中，将云计算定位于"十二五"战略性新兴产业之一。同一天，工信部、发改委联合印发《关于做好云计算服务创新发展试点示范工作的通知》，确定在北京、上海、深圳、杭州、无锡等五个城市先行开展云计算服务创新发展试点示范工作，让国内的云计算热潮率先从政府云开始熊熊燃烧。

云计算在中国有着巨大的市场潜力，不仅仅在于中国幅员辽阔、人口众多，更重要的是中国从 2009 年已经成为全球最大的 PC 消费国，相信不久的将来也会成为最大的 PC 服务器拥有国。如此庞大的 IT 投资，也成为国家节能减排中值得重点关注的一环，特别是 2008 年国家发改委发布的 IT 设备的耗电量数据几乎接近于当年长江三峡的发电量,让所有国人为之震惊。云计算将成为绿色IT、节能减排最为重要的手段,提高了IT企业的灵活性和可持续发展能力,也将积极推动和谐社会的构建,这也是为什么政府在"十二五"规划中将云计算定位为战略性新兴产业的原因之一。至于大家最担心的云安全问题,如果从局部云或者私有云起步,安全问题可得到轻松解决,因为对它们的访问是受到严格监管的,而整个流程也都处于传统安全手段的可控范围之内。所以,在政府构建政府云、企业构建私有云的过程中,尽可以大胆放心往前走。而对于要构建的大范围公有云,政府相关部门要加紧立法,确保云安全可以得到法律层面的保障。云安全的核心不在于技术层面,而在于法律和人们的信心层面。

10.5.2 云计算的优势

当前众多的互联网企业都在推崇"云计算",那么云计算究竟有哪些优势让众多的互联网企业趋之若鹜呢?

(1)云计算提供了最可靠、最安全的数据存储中心,用户不用再担心数据丢失、病毒入侵等麻烦。

很多人觉得数据只有保存在自己看得见、摸得着的电脑里才最安全,其实不然。你的电脑可能会因为自己不小心而被损坏,或者被病毒攻击,导致硬盘上的数据无法恢复,而有机会接触你的电脑的不法之徒则可能利用各种机会窃取你的数据。

反之,当你的文档保存在类似Google Docs的网络硬盘上,当你把自己的照片上传到类似Google Picasa Web的网络相册里,你就再也不用担心数据丢失或损坏了。因为在"云"的另一端,有全世界最专业的团队来帮你管理信息,有全世界最先进的数据中心来帮你保存数据。同时,严格的权限管理策略可以让你放心地与你指定的人共享数据。

(2)云计算对用户端的设备要求最低,使用起来也最方便。

大家都有过维护个人电脑上种类繁多的应用软件的经历。为了使用某个最新的操作系统,或使用某个软件的最新版本,我们必须不断升级自己的电脑硬件。为了打开朋友发来的某种格式的文档,我们不得不疯狂寻找并下载某个应用软件。

为了防止在下载时引入病毒,我们不得不反复安装杀毒和防火墙软件。所有这些麻烦事加在一起,对于一个刚刚接触计算机,刚刚接触网络的新手来说不啻于一场噩梦。如果你再也无法忍受这样的电脑使用体验,云计算也许是你的最好选择。你只要有一台可以上网的电脑,有一个你喜欢的浏览器,你要做的就是在浏览器中键入URL,然后尽情享受云计算带给你的无限乐趣。

你可以在浏览器中直接编辑存储在"云"的另一端的文档,你也可以随时与朋友分享信息,而再也不用担心你的软件是否是最新版本或者为软件或文档染上病毒而发愁了。因为在"云"的另一端,有专业的IT人员帮你维护硬件,帮你安装和升级软件,帮你防范病毒和各类网络攻击,帮你做你以前在个人电脑上所做的一切。

(3)云计算可以轻松实现不同设备间的数据与应用共享。

大家不妨回想一下,你自己的联系人信息是如何保存的。考虑到不同设备的数据同步方法种类繁多、操作复杂,要在这许多不同的设备之间保存和维护最新的一份联系人信息,你必须为此付出难以计数的时间和精力。这时,你需要用云计算让一切都变得更简单。在云计算的网络应用模式中,数据只有一份,保存在"云"的另一端,你的所有电子设备只需连接到互联网,就可以同时访问和使用同一份数据了。

仍然以联系人信息的管理为例,当你使用网络服务来管理所有联系人的信息后,你可以在任何地方用任何一台电脑找到某个朋友的电子邮件地址,可以在任何一部手机上直接拨通朋友的电话号码,也可以把某个联系人的电子名片快速分享给好几个朋友。当然,这一切都是在严格的安全管理机制下进行的,只有对数据拥有访问权限的人,才可以使用或与他人分享这份数据。

(4)云计算为我们使用网络提供了几乎无限多的可能。

云计算为我们存储和管理数据提供了几乎无限多的空间,也为我们完成各类应用提供了几乎无限强大的计算能力。离开了云计算,单单使用个人电脑或手机上的客户端应用,这些不可能提供无限量的存储空间和计算能力,但在"云"的另一端,由数千台、数万台甚至更多服务器组成的庞大的集群却可以轻松地做到这一点。个人和单个设备的能力是有限的,但云计算的潜力却是几乎无限的。当你把最常用的数据和最重要的功能都放在"云"上时,我们相信,你对电脑、应用软件乃至网络的认识会有翻天覆地的变化,你的生活也会因此而改变。

互联网的精神实质是自由、平等和分享。作为一种最能体现互联网精神的计算模型,云计算必能在不远的将来展示出强大的生命力,并将从多个方面改变我们的工作和生活。无论是普通网络用户还是企业员工,无论是IT管理者还是软件开发人员,都能亲身体验到这种改变。

● 课 后 练 习 ●

(1)请描述物联网的主要特征。

(2)请描述物联网的技术体系框架。

(3)请查找和了解物联网技术在社会生活中的最新应用与发展趋势。

(4)请查找和了解云计算技术在社会生活中的最新应用与发展趋势。

(5)请查找和了解车联网技术的主要应用和发展趋势。

参考文献

［1］康桂花．计算概论［M］．北京：中国铁道出版社,2016.

［2］叶斌．信息技术基础［M］．重庆：重庆大学出版社,2017.

［3］战德臣．大学计算机——计算思维导论［M］．北京：电子工业出版社,2013.

［4］杨瑞良．大学计算机基础［M］．杭州：浙江大学出版社,2014.

［5］杨瑞良．大学计算机基础［M］．大连：东软电子出版社,2012.